Einsatzvorbereitung von Prozeßrechnern

Проектирование автоматизированных систем

Grundlagen der Verfahrenstechnik und chemischen Technologie

Основы химической техники и технологии

Herausgeber

Prof. Dr. K. Hartmann, Merseburg

Prof. Dr. W. Schirmer, Berlin
Ordentliches Mitglied der Akademie der Wissenschaften der DDR

Prof Dr. M. G. Slinko, Moskau
Korr. Mitglied der Akademie der Wissenschaften der UdSSR

Редакторы

профессор доктор К. Хартманн, Мерзебург

профессор доктор В. Ширмер, Берлин
член АН ГДР

профессор доктор М. Г. Слинько, Москва
член-корреспондент АН СССР

AKADEMIE-VERLAG · BERLIN

1979

Einsatzvorbereitung von Prozeßrechnern

(Prozeßanalyse und Entwurf von Steuerungsalgorithmen)

Проектирование автоматизированных систем с управляющими вычислительными машинами

(Анализ технологического процесса и синтез алгоритмов управления)

Mit 80 Abbildungen und 20 Tabellen

A K A D E M I E - V E R L A G · B E R L I N
1 9 7 9

Verantwortlich für die Herausgabe dieses Bandes:
Prof. Dr. K. Hartmann, Merseburg

Erschienen im Akademie-Verlag, 108 Berlin, Leipziger Straße 3—4

Lizenznummer: 202 · 100/501/79
Gesamtherstellung: VEB Druckhaus „Maxim Gorki", 74 Altenburg
Einband und Schutzumschlag: Karl Salzbrunn
Bestellnummer: 762 532 3 (2144/8) · LSV 1205/1095
Printed in GDR
DDR 56,— M

Inhalt

Methodik des Entwurfs von Prozeßsteuerungssystemen
(D. Balzer)

Ableitung von Steuerungsaufgaben für Prozeßsteuerungssysteme
(D. Balzer)

Synthese verfahrenstechnischer Systeme unter besonderer Berücksichtigung des dynamischen Verhaltens der Elemente
(W. Weiss)

Abschätzung der ökonomischen Effektivität von Steuerungsalgorithmen (D. Balzer, G. Reinig)

Anwendung verschiedener Identifikationsverfahren für Steuerungsobjekte der chemischen Technologie (K. Damert, H. Greeske, G. Reinig, B. Werner)

Entwurf von Algorithmen zur Prozeßsteuerung
(D. Balzer, E. Raasch, G. Reinig, F. Seifert)

Optimierung verfahrenstechnischer Systeme
(M. Grauer, K. Hartmann)

Содержание

Методика проектирования автоматизированных систем управления технологическими процессами.
(Д. Бальцер)

Формулирование задач управления для автоматизированных систем управления технологическими процессами.
(Д. Бальцер)

Синтез химико-технологических систем с учётом динамических свойств элементов.
(В. Вайс)

Оценка экономической эффективности алгоритмов управления.
(Д. Бальцер, Г. Райниг)

Применение различных способов идентификации объектов управления в химической технологии
(К. Дамерт, Х. Грезке, Г. Райниг, Б. Вернер)

Синтез алгоритмов управления технологическими процессами
(Д. Бальцер, Э. Рааш, Г. Райниг, Ф. Зайферт)

Оптимизация химико-технологических систем
(М. Грауэр, К. Хартманн)

Расчёт материальных балансов для случая исходных данных с погрешностями
(В. Каушус)

Расчёт материальных балансов элементов химико-технологических систем для случая неполных исходных данных
(В. Каушус)

Methodik des Entwurfs von Prozeßsteuerungssystemen

(D. Balzer)

Резюме

Дается описание методики по проектированию автоматизированных систем управления технологическими процессами (АСУТП).

При этом учитываются различные этапы проектирования. Указывается на ещё не решённые теоретические проблемы.

Summary

Conuption and planning of process control systems are treated in the present paper. Single steps of planning are described in complex without mention of details. Untreated theoretical problems are shown.

1. Einleitung

Die bisherigen Erfahrungen beim Einsatz von Prozeßrechnern zeigen, daß methodische Fragen der Einsatzvorbereitung entscheidenden Einfluß auf die ökonomischen Parameter des Prozeßsteuerungssystems haben. Es wurde bereits eine Reihe von Versuchen unternommen, methodische Hinweise für den Einsatz von Prozeßrechnern auszuarbeiten [1, 2]. Diese Methodiken orientieren jedoch in erster Linie auf die Aktivitäten, die der Hersteller bzw. der Verkäufer von Prozeßrechnern abzuarbeiten hat. In diesem Artikel wird auf die Aufgaben orientiert, die heute noch vom Anwender der Prozeßrechentechnik zu lösen sind. Dabei setzen wir voraus, daß der Prozeßrechner, einschließlich Betriebssystem und Prozeßaus- und -eingabevorrichtungen, vorhanden ist.

Vom Standpunkt des Anwenders existieren zwei verschiedene Ausgangssituationen beim Einsatz von Prozeßrechnern. Zum einen kann es darum gehen, einen Prozeßrechner in einer bestehenden Anlage einzusetzen. Zum anderen ist der Fall zu betrachten, daß für eine neu zu errichtende Produktionsanlage ein Automatisierungssystem zu konzipieren ist, das den Prozeßrechner als integrierten Bestandteil enthält.

Im ersten Fall muß vor Beginn der Arbeiten zum Einsatz eines Prozeßrechners eine ökonomische Vorabschätzung vorgenommen werden. Der Beginn der Vorbereitungsarbeiten ist, so zeigen die bisher gesammelten Erfahrungen, ökonomisch gerechtfertigt, wenn eine Verbesserung der ökonomischen Parameter (z. B. Verringerung der Selbstkosten, Erhöhung der Warenproduktion) um 3% zu einer Rückflußdauer für die Aufwendungen zur Schaffung eines Prozeßsteuerungssystems von 5 Jahren führt.

Hierbei muß von den Kosten für die Prozeßrechentechnik, für die Rekonstruktion der BMSR-Technik, für den Anschluß des Prozeßrechners und von den Kosten für die Schaffung der Systemunterlagen einschließlich ihrer Testung ausgegangen werden.

Im zweiten Fall sind die Voraussetzungen für einen effektiven Einsatz eines Prozeßsteuerungssystems bedeutend günstiger. Eine Kostenreduktion gegenüber dem ersten Fall wird vor allem dadurch erreicht, daß der Prozeßrechner als integrierter Bestandteil der Automatisierungsanlage betrachtet wird. Dadurch entstehen keine Kosten für eine Rekonstruktion der BMSR-Technik. Außerdem können in größerem Umfang Sekundärgeräte eingespart werden, was gleichzeitig gestattet, die Meßwarte zu reduzieren (Einsparung von Baukapazität) und gleichzeitig kompakter und übersichtlicher zu gestalten. Hierbei ist festzustellen, daß der Einsatz von Prozeßrechnern als integrierter Bestandteil der Automatisierungsanlage in Neuanlagen bzw. grundlegend rekonstruierten Anlagen in der Zukunft immer mehr an Bedeutung gewinnen wird. Daher ist zu empfehlen, beim Aufbau des integrierten Prozeßsteuerungssystems grundsätzlich so vorzugehen, daß in der Phase der Investitionsvorbereitung und -durchführung lediglich das Informationssystem (1. Einsatzebene) realisiert wird, während der Prozeßrechner von seiner Speicherkapazität sowie von seinen Ein- und Ausgabemöglichkeiten her so konzipiert werden muß, daß eine Realisierung des Optimierungssystems ohne großen zusätzlichen technischen Aufwand vorgenommen werden kann. Das in diesem Fall bereits vorhandene Informationssystem schafft dabei sehr günstige Voraussetzungen für eine experimentelle Prozeßanalyse, die neben einer theoretischen Analyse für den Entwurf des Optimierungssystems notwendig ist.

Der wesentliche Grund dafür, daß das Optimierungssystem erst nach der Inbetriebnahme der technologischen Anlage realisiert werden kann, besteht darin, daß die Eigenschaften des Steuerungsobjektes und der Störgrößen durch eine theoretische Analyse nur bedingt ermittelt werden können.

An dieser Stelle sei vermerkt, daß die in diesem Sammelband dargestellten Ergebnisse und Methoden für die Einsatzvorbereitung von Prozeßrechnern jeglicher Art anwendbar sind, unabhängig davon, ob es sich um Mikroprozeßrechner oder um konventionelle Prozeßrechner handelt.

2. Etappen des Entwurfs von Prozeßsteuerungssystemen

Abb. 1 zeigt die einzelnen Etappen bei der Schaffung von Prozeßsteuerungssystemen für den Fall, daß der Prozeßrechner in einer bereits produzierenden Produktionsanlage eingesetzt wird.

Wenn wir es jedoch mit dem Fall zu tun haben, bei dem der Prozeßrechner in die Automatisierungsanlage integriert ist, muß die erste Etappe der Einsatzvorbereitung als Bestandteil der Projektierung der Automatisierungsanlage angesehen werden. Darüber hinaus müssen im Rahmen der ersten Etappe noch folgende Arbeiten durchgeführt werden:

1. Formulierung von Aufgaben für den Prozeßrechner bezüglich Informationsgewinnung und -verdichtung für den Anfahr- und Probebetrieb der technologischen Anlage sowie für den Dauerbetrieb.
2. Ausarbeitung und Testung (einschließlich der Aufnahme in das Echtzeitoperationssystem) der unter 1. genannten Aufgaben des Informationssystems. Damit ist ein Teil der Probleme der in Abb. 1 dargestellten 3. Etappe bereits parallel zu den Arbeiten zur Investitionsvorbereitung zu lösen.
3. Informationstechnische Integration des Prozeßrechners in die Automatisierungsanlage und Ausarbeitung eines aufeinander abgestimmten Gesamtprojektes für die Automatisierungstechnik (konventionelle BMSR-Technik und Prozeßrechentechnik) und die Meßwarte.

Die erste Etappe geht von den Anforderungen der Planung und operativen Lenkung an die Prozeßsteuerung aus. Im vorliegenden Sammelband wird auf diese Probleme nicht eingegangen (hier sei auf [3] verwiesen). Unter Berücksichtigung dieser Anforderungen und der Forderungen an die Intensivierung der konkreten technologischen Anlage selbst wird eine vorläufige Auswahl der Steuerungsaufgaben vorgenommen. Dabei werden die in [4] dargestellten Prinzipien der Sensibilitätsanalyse angewendet. Betont werden muß, daß die dafür notwendigen Untersuchungen der spezifischen Eigenschaften der Sensibilitäten der Zielfunktion bezüglich Variationen der Ausgangsgrößen der Teilsysteme sowie der Sensibilitäten der Ausgangsgrößen dieser Teilsysteme bezüglich Variationen der Steuergrößen oft ohne mathematisches Modell durchgeführt werden. Es werden die Ergebnisse von Expertenbefragungen und von Langzeitmessungen ausgewertet. Im Fall von neu zu installierenden Anlagen dagegen werden die Erkenntnisse über das verfahrenstechnische System herangezogen, die bei seiner Synthese gewonnen werden. Darüber hinaus können in diesem Fall durch die Auswahl der Zielfunktion und der Nebenbedingungen bei der Synthese des verfahrenstechnischen Systems die Struktur und die Parameter dieses Systems als Steuerungsobjekt so ausgewählt werden, daß günstige Einsatzmöglichkeiten für Prozeßrechner geschaffen werden. Bei der endgültigen Bewertung der ökonomischen Parameter des verfahrenstechnischen Systems muß dann der Prozeßrechner mit seinen Systemunterlagen als Bestandteil dieses Systems betrachtet werden. Den hier aufgeworfenen Fragen der Synthese verfahrenstechnischer Systeme unter Berücksichtigung der Dynamik ist der Beitrag [5] gewidmet. In diesem Fall ist die vorläufige Auswahl der Steuerungsaufgaben und die Erstellung eines Grobmodells der Anlage im Rahmen der Synthese des verfahrenstechnischen Systems als eine Einheit zu betrachten.

Eine Grobabschätzung der Störgrößen beinhaltet in der ersten Etappe eine Abschätzung der Mittelwerte, der Streuung und der Korrelationsfunktionen. Dazu werden Mitschriften der wichtigsten Störgrößen verwendet. Der stationäre Prozeßrechner kann in dieser Phase für die Analyse der Störgrößen verständlicherweise nicht eingesetzt werden. Es ist in diesem Zusammenhang jedoch zu bemerken, daß mobile Datenverarbeitungsanlagen mit Echtzeitverarbeitung zur experimentellen Prozeßanalyse eingesetzt werden könnten. Diese Datenverarbeitungsanlagen können dann nach Durchführung der Prozeßanalyse an einem anderen Prozeß eingesetzt werden.

Der Vorteil einer solchen Vorgehensweise liegt in folgendem:

- Verringerung des ökonomischen Risikos beim Einsatz von Prozeßrechnern
- Durchführung einer umfassenden Analyse des technologischen Prozesses. Möglichkeit der Ableitung von Rekonstruktionsmaßnahmen und der Bestimmung verbesserter Fahrregime, die auch ohne Prozeßrechner realisierbar sind.

Sollten jedoch grundsätzlich keine experimentellen Möglichkeiten zur Abschätzung der Störgrößen bestehen (z. B. bei Neuanlagen), so können erste Vorstellungen über mögliche Eigenschaften der Störgrößen durch folgende Vorgehensweise gewonnen werden: Es wird angenommen, daß auf die Anlage, die der zu steuernden Anlage vorgelagert ist und deren Ausgangsgrößen die hier zu betrachtenden Störgrößen sind, Eingangsgrößen in Form eines konstanten Signals (Mittelwert) mit additiv überlagertem weißem Rauschen einwirken. Wird für die vorgelagerte Anlage ein sehr stark vereinfachtes dynamisches Modell (Reihenschaltung eines Totzeitgliedes und eines Verzögerungsgliedes erster oder zweiter Ordnung) angenommen, so sind die Eigenschaften der interessierenden Störgrößen mit den bekannten Methoden bestimmbar. Für verfahrenstechnische Systeme sind mit einer solchen Betrachtungsweise bereits positive Erfahrungen gesammelt worden.

Die Grobabschätzung der Störgrößen erfolgt dann unter Verwendung der in [6] angegebenen Methoden.

Die zum Abschluß der ersten Etappe zu treffende Entscheidung über den Prozeßrechnereinsatz geht einmal von den Systemreserven und zum anderen von den Aufwendungen zur Schaffung des Prozeßsteuerungssystems aus. Die bisher gesammelten Erfahrungen zeigen, daß einer der wichtigsten Anhaltspunkte für die zu fällende Entscheidung folgende Beziehung ist:

$$t_r \leqq \frac{0{,}7 \cdot G_s \cdot V}{a \cdot P_T} \tag{1}$$

In Gl. (1) wurden folgende Bezeichnungen verwendet:

G_s — die abgeschätzten Systemreserven für eine Durchsatzeinheit, z. B. [m^3/h],
V — Durchsatz,
a — ein Koeffizient, der das Verhältnis der finanziellen Aufwendungen für die Systemtechnik einschließlich Betriebssystem und der Aufwendungen für die Erstellung der anwenderspezifischen Systemunterlagen (beim gegenwärtigen Stand des Einsatzes der Prozeßrechentechnik muß mit einem Koeffizienten $a = 2$ gerechnet werden; es ist eine Tendenz zur Erhöhung von a und zur Verringerung von P_T zu beobachten),
P_T — sind die Kosten für die Systemtechnik (Prozeßrechentechnik einschließlich Prozeßein- und -ausgabeeinrichtungen),

t_r — ist die geforderte Rückflußdauer der Aufwendungen für die Realisierung des Prozeßsteuerungssystems (allgemein wird angenommen $t_r = 5$ Jahre),

Die Entscheidung über den Einsatz eines Prozeßrechners fällt bei Neuanlagen im Rahmen der Projektierung der Automatisierungsanlage.

Wenn die Entscheidung im Rahmen der ersten Etappe positiv anläuft, wird die zweite Etappe in Angriff genommen. Über Installation des Prozeßrechners und über seinen Anschluß an die technologische Anlage wird im vorliegenden Sammelband nicht berichtet. Die dritte Etappe ist vom Standpunkt der Entwicklung der Systemunterlagen die schwierigste und die aufwendigste. Diese Etappe wird mit der Formulierung und Dekomposition der globalen Steuerungsaufgabe eingeleitet. Es sei darauf hingewiesen, daß es sich hier um die Präzisierung der in der ersten Etappe vorgenommenen Ableitung der Steuerungsaufgaben handelt. Auch hier werden die in [4] beschriebenen Methoden verwendet. Für jede in diesem Zusammenhang abgeleitete Teilsteuerungsaufgabe wird der in gestrichelten Linien in Abb. 1 dargestellte Bearbeitungsalgorithmus durchlaufen. Charakteristisch ist hierbei, daß es nicht möglich ist, den Steuerungsalgorithmus in einem Zuge zu erarbeiten. Eine Vielzahl von Iterationen ist in der Praxis zu durchlaufen.

Beim Entwurf von Prozeßsteuerungssystemen wird die Prozeßanalyse in Form einer Komplexanalyse durchgeführt. Unter einer Komplexanalyse versteht man die vergleichende Analyse der Eigenschaften des Steuerungsobjektes und der auf das Steuerungsobjekt einwirkenden Störgrößen.

Die praktischen Erfahrungen zeigen, daß die statistische Prozeßanalyse durch Anwendung eines am zu untersuchenden Objekt installierten Rechners effektiver durchgeführt werden kann. Die wichtigsten Vorteile sind dabei:

Hohe Genauigkeit der Übertragung und Verarbeitung der Meßwerte;
Garantie einer vollständigen zeitlichen Synchronität bei Analyse mehrerer Signale;
Verarbeitung und Speicherung von Massendaten;
Möglichkeit der Durchführung aktiver Experimente mit Hilfe des Rechners;
Anwendung komplizierter Algorithmen zur Meßwertverarbeitung u. a. m.

Darüber hinaus können die für die Untersuchung von Zufallsprozessen der chemischen Technologie typischen Schwierigkeiten (Nichtstationarität der Störgrößen sowie teilweise nur zeitdiskrete Information über wichtige Prozeßgrößen) besser überwunden werden.

Fragen einer ausführlichen Störgrößenanalyse, wie sie entsprechend Abb. 1 gefordert wird, werden im vorliegenden Sammelband nicht behandelt. Hier sei auf [7], Kapitel IV, verwiesen.

Die Eigenschaften des Steuerungsobjektes werden durch ein entsprechendes mathematisches Modell beschrieben. Mathematische Modelle werden für die Lösung folgender Aufgaben eingesetzt:

— Formulierung und Reduktion von Steuerungsaufgaben
— Entwurf von Steuerungsalgorithmen
— Betrieb von Prozeßsteuerungssystemen

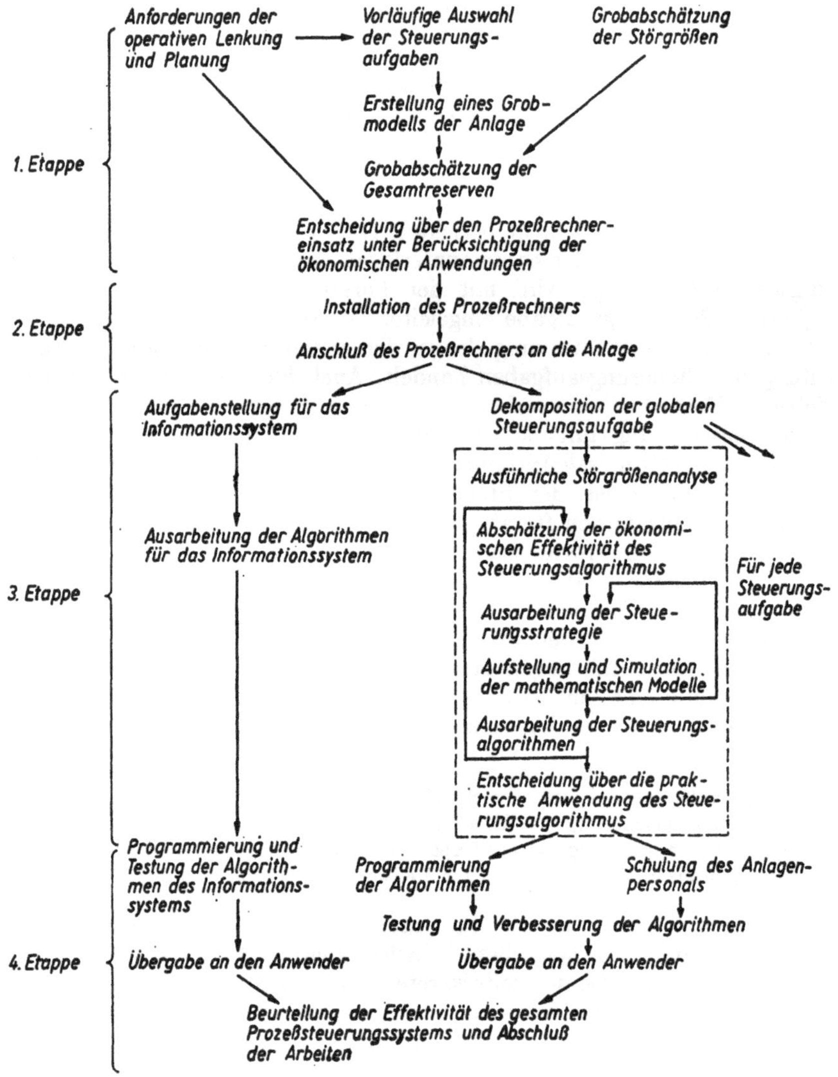

Abb. 1: Methodik des Prozeßrechnereinsatzes.

Die Praxis hat gezeigt, daß es nicht möglich ist, für die Lösung aller Aufgaben der Analyse und Steuerung verfahrenstechnischer Systeme nur ein mathematisches Modell der Elemente des Systems bzw. des Gesamtsystems zu verwenden, um ein mathematisches Modell mit optimaler Schärfe zu definieren.

Es muß für jede Etappe der Analyse und Synthese des Steuerungssystems die optimale Struktur des mathematischen Modells ausgewählt werden. Hierbei handelt es sich um eine Entscheidung zwischen einer begrenzten Anzahl von Modelltypen. Die Verwendung spezialisierter Modelle für ein und dasselbe Steuerungsobjekt fordert den Angleich eines vollständigen und relativ komplizierten mathematischen Modells (oft physikalisch-chemische Modelle) an Meßwerte. Dieses vollständige mathematische Modell, das das Steuerungsobjekt so genau wie möglich beschreibt, dient dann als Bezugsmodell, das durch einfache Ansätze approximiert wird (siehe auch [7], Kapitel III).

Von besonders großer Wichtigkeit für die Prozeßsteuerung sind mathematische Modelle, die die dynamischen Eigenschaften des Steuerungsobjektes beschreiben. Diese Modelle werden vor allem für den Entwurf von Stabilisierungsalgorithmen eingesetzt. In [8] wird auf die Ermittlung von statistischen dynamischen Modellen eingegangen. Hier werden praktische Erfahrungen bei der Anwendung der verschiedenen Identifikationsverfahren vermittelt.

Bei der Ausarbeitung der Steuerungsalgorithmen sind die in [9] dargestellten Methoden zu verwenden.

Bei der Synthese von Steuerungsalgorithmen fanden am häufigsten direkte Methoden zur Lösung der Optimierungsaufgaben Verwendung, die die Ideen der nichtlinearen Optimierung ausnutzen. Das hat folgende Ursachen: Einige Optimierungsprobleme erweisen sich als zu kompliziert, um für sie die Methoden der Variationsrechnung anzuwenden, die auf der Ausnutzung der notwendigen und hinreichenden Bedingungen für das Extremum der Zielfunktion basieren (Unmöglichkeit der Darstellung des Optimierungskriteriums in expliziter Form als Funktion der gesuchten unabhängigen Variablen, Kompliziertheit der mathematischen Beschreibung des Steuerungsobjektes oder des mehrdimensionalen Steuerungssystems; Existenz einer Vielzahl von Nebenbedingungen, darunter auch für die Phasenvariablen). Die überwiegende Anzahl komplizierter Aufgaben für die Synthese von Steuerungsalgorithmen läßt sich bei der Suche nach Lösungsmethoden und mathematischen Formulierungen am einfachsten als Aufgabe der nichtlinearen Optimierung formulieren. In [10] wird in einem Übersichtsartikel auf Erfahrungen bei der Anwendung der verschiedenen Optimierungsverfahren für die Lösung von Problemen der Gestaltung und der Steuerung verfahrenstechnischer Systeme eingegangen. Die Entscheidung über die praktische Anwendung eines jeden Steuerungsalgorithmus erfolgt in Abhängigkeit davon, welche zu erwartende ökonomische Effektivität in Übereinstimmung mit [6] ausgewiesen wird.

Eine wichtige Aufgabe der dritten Etappe besteht darin, für jeden Algorithmus des Informationssystems die entsprechenden Vorbereitungsarbeiten durchzuführen. In [10] und [11] werden in diesem Zusammenhang wichtige Probleme der Meßwertkorrektur (Bilanzausgleich) behandelt. In diesem Zusammenhang sei darauf hingewiesen, daß der Bilanzausgleich auch die Ausgangsinformation für die Steuerungsalgorithmen liefert.

Die abschließende vierte Etappe beinhaltet die Programmierung der Steuerungsalgorithmen sowie der Algorithmen des Informationssystems.

Eine wichtige Besonderheit der vierten Etappe besteht darin, daß parallel zur Programmierung der Algorithmen eine Schulung des Anlagenpersonals erfolgt, das die Steuerungsalgorithmen zur unmittelbaren Führung des Prozesses verwendet.

Auf eine weitere wichtige Besonderheit sei hingewiesen. Die Übergabe der einzelnen Steuerungsalgorithmen sowie des Algorithmus des Informationssystems erfolgt nach Fertigstellung der entsprechenden Echtzeitprogramme an den Anwender. Dadurch werden Teilergebnisse sofort produktionswirksam. Außerdem trägt eine solche Vorgehensweise dazu bei, die psychologische Barriere beim Prozeßrechnereinsatz zu überwinden.

3. Schlußfolgerungen für zukünftige Arbeiten

Die bisher erzielten theoretischen und praktischen Ergebnisse auf dem Gebiet des Entwurfs von automatisierten Steuerungssystemen für verfahrenstechnische Prozesse sowie die Auswertung bisheriger Betriebserfahrungen mit Prozeßsteuerungssystemen führen zu einer Reihe von Schlußfolgerungen, die die weiteren Arbeiten auf diesem Gebiet betreffen:

1. Da der Prozeßrechner in zunehmendem Maße integrierter Bestandteil der Automatisierungsanlage wird, gewinnen die Fragen der Mensch-Maschine-Beziehungen in einem Automatisierungssystem immer größere Bedeutung. Vor allem folgende Probleme sind verstärkt zu bearbeiten:

   - Verdichtung und Darstellung von Informationen über den Prozeß, Einsatz der Bildschirmtechnik
   - Meßwartengestaltung bei integriertem Prozeßrechner
   - Schaffung von theoretischen Voraussetzungen für eine Prozeßsimulation auf dem Prozeßrechner unter Verwendung von im Echtzeitbetrieb erfaßter Daten

2. Einsatz von Prozeßsteuerungssystemen mit dem Ziel, die Stabilität und Zuverlässigkeit komplexer Systeme, bestehend aus Chemieanlage, Automatisierungssystem und Energieversorgungssystem, zu erhöhen. Bei der Bearbeitung dieses Problems bestehen die größten Schwierigkeiten offensichtlich darin, ein mathematisches Modell dieses komplexen Systems mit dem Ziel zu erstellen, das Stabilitäts- und Zuverlässigkeitsverhalten zu simulieren.
3. Es müssen Methoden entwickelt werden, um — ausgehend von einem Steuerungsalgorithmus für ein komplexes verfahrenstechnisches System — die Struktur und die Parameter eines Prozeßrechnersystems zu bestimmen. Dabei ist besonders die Entwicklung auf dem Gebiet der Mikroprozeßrechner zu beachten.
4. Ausgehend von zum Teil sehr unscharfen Informationen über die Eigenschaften des verfahrenstechnischen Systems müssen bereits im Stadium der Projektierung der Chemieanlage Aussagen über den Einsatz von Prozeßrechnern getroffen werden. Es müssen Methoden entwickelt werden, die es

gestatten, auf Grund unvollständiger a-priori-Informationen über die Eigenschaften des verfahrenstechnischen Systems und der auf dieses System einwirkenden Störgrößen Grobabschätzungen über den zu erwartenden ökonomischen Nutzen vorzunehmen. Hierbei kommt es vor allem darauf an, die Systemreserven abzuschätzen, die durch eine Prozeßsteuerung teilweise ausgeschöpft werden können. Die Methoden in [6] können den Ausgangspunkt für die durchzuführenden Untersuchungen bilden.

5. Die bisher bei der Prozeßsteuerung hauptsächlich eingesetzten Methoden zur Optimierung im Echtzeitbetrieb basieren darauf, daß die mathematische Erwartung oder der momentan gemessene Wert der Störgröße bzw. des Modellparameters für die Berechnung der optimalen Steuerung benutzt wird. Es ist zu erwarten, daß der durch eine Prozeßsteuerung erzielbare ökonomische Effekt größer ist, wenn der Erwartungswert der Zielfunktion unter Berücksichtigung der Verteilerdichtungsfunktionen der Störgröße und der Modellfehler mit Hilfe der entsprechenden Steuergröße optimiert wird.
6. Für eine Rationalisierung der Bearbeitung von Problemen des Entwurfs und der Testung der Steuerungsalgorithmen ist es im weiteren notwendig, verstärkt Probleme der digitalen Simulation komplexer verfahrenstechnischer Systeme zu bearbeiten.
   Hierbei kommt es vom Standpunkt der Prozeßsteuerung vor allem auf folgendes an:

   — Schaffung von Möglichkeiten, die dynamischen Eigenschaften des Systems zu untersuchen.
   — Entwicklung von Methoden, die Sensibilität der Ausgangsgrößen des Systems bezüglich Variationen der Modellparameter und der Eingangsgrößen zu untersuchen. Außerdem ist es in diesem Zusammenhang notwendig, das Stabilitätsverhalten des Systems abzuschätzen.
   — Ausarbeitung einer einheitlichen Strategie der digitalen Simulation und der Optimierung verfahrenstechnischer Systeme. Die Programmsysteme zur digitalen Simulation und zur Optimierung müssen aufeinander abgestimmt und eventuell ein einheitliches Programmsystem ausgearbeitet werden.

7. Zur weiteren Verbesserung der Steuerungsalgorithmen kommt es in der Zukunft in verstärktem Maße darauf an, Optimierungsmethoden zu entwickeln, die den Echtzeitaspekt berücksichtigen. Eine mögliche Strategie wird darin bestehen, durch die Anwendung adaptiver Algorithmen Parameter und Struktur des Optimierungsalgorithmus unter Berücksichtigung der durch den Prozeßrechner laufend zu gewinnenden Informationen über die Störgrößen zu verändern. Außerdem wäre zu empfehlen, unter Verwendung der Echtzeitinformationen Richtung und Länge der Optimierungsschritte zu korrigieren. Dadurch scheint es möglich zu sein, verstärkt Methoden der nichtlinearen Optimierung für eine Prozeßsteuerung im Echtzeitbetrieb einsetzen zu können. Dadurch kann die Genauigkeit bei der Berechnung der optimalen Steuergrößen wesentlich gesteigert werden.

8. Bei der Ausarbeitung von Steuerungsalgorithmen wurde bisher in der Regel davon ausgegangen, daß eine definierte Zielfunktion existiert (zum Beispiel „Rohstoffmenge", „Selbstkosten", „Warenproduktion"). Alle anderen Forderungen an das Prozeßsteuerungssystem wurden in Form von Nebenbedingungen berücksichtigt. Für die weiteren Arbeiten ist vom Standpunkt der praktischen Prozeßführung zu empfehlen, bei der Erarbeitung von Prozeßsteuerungsalgorithmen von Kompromißstrategien auszugehen. So könnte die Aufgabe zu lösen sein, einen Kompromiß zwischen Selbstkosten und Warenproduktion sowie zwischen Kosten und Zuverlässigkeit des Prozeßsteuerungssystems einzugehen. Genauso sind oft Kompromisse zwischen drei Forderungen einzugehen. Hier liegt ein breites Anwendungsfeld der sogenannten Polyoptimierung [13] vor.

4. Literatur

[1] Autorenkollektiv: „Blaue Reihe", VEB GRW Teltow, Betriebsteil Berlin, Berlin 1971–1976.

[2] Koordinierungsvereinbarung zwischen VVB AEA und VEB Kombinat Robotron, Berlin 1971.

[3] Autorenkollektiv: „*Automatisierte Steuerung kontinuierlicher Produktionsprozesse*", Akademie-Verlag, Berlin 1975.

[4] BALZER, D.: „Ableitung von Steuerungsaufgaben für Prozeßsteuerungssysteme". Im vorliegenden Sammelband.

[5] WEISS, W.: „Synthese verfahrenstechnischer Systeme unter besonderer Berücksichtigung des dynamischen Verhaltens der Elemente". Im vorliegenden Sammelband.

[6] BALZER, D., und REINIG, G.: „Abschätzung der ökonomischen Effektivität von Steuerungsalgorithmen". Im vorliegenden Sammelband.

[7] BALZER, D.: „Automatisierte Steuerung verfahrenstechnischer Systeme". Dissertation B. TH Leipzig, 1976.

[8] DAMERT, K., GREESKE, H., REINIG, G., und WERNER, B.: „Anwendung verschiedener Identifikationsverfahren für Steuerungsobjekte der chemischen Technologie." Im vorliegenden Sammelband.

[9] BALZER, D., RAASCH, E., REINIG, G., und SEIFERT, F.: „Entwurf von Algorithmen zur Prozeßsteuerung." Im vorliegenden Sammelband.

[10] GRAUER, M., und HARTMANN, K.: „Optimierung verfahrenstechnischer Systeme". Im vorliegenden Sammelband.

[11] KAUSCHUS, W.: „Ausgleich von Stoffbilanzen bei fehlerhaften Meßwerten." Im vorliegenden Sammelband.

[12] KAUSCHUS, W.: „Ausgleich von Stoffbilanzen bei teilweise gemessenen Mengenströmen einer verfahrenstechnischen Einheit." Im vorliegenden Sammelband.

[13] PESCHEL, M., und RIEDEL, C.: „*Polyoptimierung*." Verlag Technik, Berlin 1976.

Ableitung von Steuerungsaufgaben für Prozeßsteuerungssysteme

(D. BALZER)

Резюме

Формулирование задач управления для АСУТП относится к самым сложным задачам при проектпрование АСУТП.

Главным в данной статье является применение метода анализа чувствительности для декомпозиции и упрощения глобальной задачи управления. На практическом примере показывается, как применяется данный метод для синтеза АСУТП.

Summary

One of the mast difficult problems in developing these systems is the derivation of problems for control equipment. The major part of the article deals with the application of the sensibility analysis for decomposition and reduction of the global controlproblem. A practical example shows how this method can be used for designing process control systems in assembly production.

1. Einleitung

Die aus der allgemeinen technologischen Aufgabenstellung abgeleitete globale Steuerungsaufgabe für ein verfahrenstechnisches System ist mit Hilfe eines Prozeßrechners ohne zusätzliche analytische Arbeiten nicht lösbar. Die allgemeine mathematische Formulierung der globalen Steuerungsaufgabe sowie eine Bewertung ihrer Lösbarkeit in einem Prozeßsteuerungssystem sind in [1] enthalten. Zur Ableitung von realisierbaren Steuerungsaufgaben sind eine Reduktion und Dekomposition der globalen Aufgabe notwendig. Die bisher bekannten mathematischen Methoden der Dekomposition (Mehrebenenoptimierung) eignen sich nur in begrenztem Umfang für die Vereinfachung von Steuerungsaufgaben, wenn eine Lösung dieser Aufgabe im Echtzeitbetrieb gefordert wird.

Es besteht jedoch die Möglichkeit, durch Methoden der Mehrebenenoptimierung Hinweise für die Bestimmung der Zielfunktion bei der Steuerung von Einzelanlagen zu geben (Bestimmung der Gewichtskoeffizienten in additiven Zielfunktionen). Bei der Vereinfachung von Steuerungsaufgaben haben sich in der Praxis die sogenannten kombinierten Methoden bewährt, die für die Dekomposition die Sensibilitätsfunktionen des verfahrenstechnischen Systems verwenden.

Die in [1] ebenfalls dargestellten Schritte bei der Ableitung realisierbarer Steuerungsaufgaben auf der Basis der kombinierten Methoden (Anwendung von heuristischen und mathematischen Prinzipien) geben nur allgemeine Hinweise zur Problemlösung. Eine durchgehende Formalisierung ist nicht möglich. Im folgenden sollen einige Überlegungen erfolgen, die zusätzliche Hinweise auf eine mögliche Reduktion der globalen Steuerungsaufgabe geben können.

2. Ableitung von Steuerungsaufgaben durch Analyse der Sensibilitätsfunktionen

Wir versuchen, für den statischen Zustand die Zielfunktion der ursprünglichen Steuerungsaufgabe wie folgt darzustellen:

$$F(x, y, u) = \sum_{j,k,l} \left(\frac{\partial F}{\partial y_{ij}} \frac{\partial y_{ij}}{\partial u_{kl}} + \frac{\partial F}{\partial u_{kl}} \right) \Delta u_{kl} + F_l(x, y, u) \quad i = 1, 2, \ldots, M. \tag{1}$$

y_{ij} — j-te Ausgangsgröße bzw. Phasenvariable des i-ten Produktionsabschnitts,
u_{kl} — k-te Steuergröße des l-ten Produktionsabschnittes,
$F_l\ (x, y, u)$ — Restglied und
M — Anzahl der betrachteten Produktionsabschnitte

Dabei ist oft $k = i$ und $j = 1$. Gl. (1) kann für jeden Abschnitt i des Gesamtsystems aufgestellt werden.

Es wird nun für jede Steuergröße u_{kl} ein solcher Abschnitt i gesucht, daß eine der folgenden Bedingungen erfüllt ist:

1. Wenn

$$\sum_j \left(\frac{\partial F}{\partial y_{ij}} \frac{\partial y_{ij}}{\partial u_{kl}} + \frac{\partial F}{\partial u_{kl}} \right)$$

immer größer oder immer kleiner Null, dann muß u_{kl} maximiert oder minimiert werden, wenn dabei alle $y_{rs} \in Y_{rs}$ sind.

Wenn jedoch dabei $y_{rs} \in Y_{rs}$ nicht erfüllt ist, dann muß mit Hilfe von u_{kl} die Größe y_{rs} stabilisiert werden, für die bei monotoner Variation (Vergrößerung oder Verkleinerung) von u_{kl} zuerst gilt $y_{rs} \notin Y_{rs}$.

2. Wenn im zulässigen Bereich $u_{kl} \in U_{kl}$

$$\sum_j \left(\frac{\partial F}{\partial y_{ij}} \frac{\partial y_{ij}}{\partial u_{kl}} + \frac{\partial F}{\partial u_{kl}} \right) = 0$$

ist bei bestimmten u_{kl}, dann muß u_{kl} so gesteuert werden, daß bei $\dfrac{\partial F}{\partial y_{ij}} \neq 0$ (für alle j) und $\dfrac{\partial F}{\partial u_{kl}} \equiv 0$ das y_{ij} zu maximieren bzw. minimieren (2. Ableitung ist zu untersuchen) ist, für das $\left| \dfrac{\partial^2 y_{ij}}{\partial u_{kl}^2} \right|$ am größten ist.

Durch die Berücksichtigung, der 2. Ableitung wird die Größe y_{ij} bestimmt, die bezüglich u_{kl} das „schärfste“ Optimum besitzt.

Dabei werden nur die y_{ij} berücksichtigt, für die gilt:

$$\delta u_{kl}^{(j)} \leqq \overline{\delta u_{kl}} \tag{2}$$

wobei

$$\delta u_{kl}^{(j)} = \arg\sup F(u_{kl}) - \arg\sup y_{ij}(u_{kl}). \tag{3}$$

$\overline{\delta u_{kl}}$ ist eine vorgegebene Schranke.

Die Größe $\delta u_{kl}^{(j)}$ ist also der Wert (meistens wird die mathematische Erwartung eingesetzt), um den sich die Steuergröße u_{kl} unterscheidet, wenn einmal y_{ij} und ein andermal F optimiert werden soll. Die Praxis zeigt, daß oft solche y_{ij} gefunden werden können, für die diese Bedingung erfüllt ist.

3. Wenn hingegen gilt:

$\sum_j \left(\frac{\partial F}{\partial y_{ij}} \frac{\partial y_{ij}}{\partial u_{kl}} + \frac{\partial F}{\partial u_{kl}}\right) = 0$ bei $y_{ij} \in Y_{ij}$ und $u_{kl} \in U_{kl}$ und wenn dabei $\frac{\partial F}{\partial y_{ij}} \approx 0$ für alle j und $\frac{\partial y_{ij}}{\partial u_{kl}} \neq 0$, so ist der optimale Wert y_{ij}^* durch Variation von u_{kl} zu stabilisieren. Dabei ist ein solches i zu suchen, bei dem Steuerbarkeit und Erkennbarkeit der y_{ij} in notwendigem Umfang gewährleistet sind. Dabei ist zu untersuchen, ob eine Neuberechnung von y_{ij}^* bei Veränderung der Störgröße notwendig ist.

In diesem Fall gilt bezüglich y_{ij} sinngemäß das unter Punkt 2 Gesagte. In den Gln. (2) und (3) ist u_{kl} durch y_{ij} zu ersetzen.

Abschließend ist zu bemerken, daß verfahrenstechnische Systeme oft die Eigenschaft besitzen, daß die Sensibilitäten $\frac{\partial F}{\partial y_{ij}}$ bei bestimmten i entweder für alle j ungleich Null oder gleich Null sind. Dies vereinfacht die hier beschriebene Methodik und ist auf die starke Verkopplung der einzelnen Bilanzgleichungen zurückzuführen.

Die Sensibilitäten, die für eine Dekomposition der globalen Steuerungsaufgabe notwendig sind, werden meistens mit Hilfe unangeglichener mathematischer Modelle bestimmt.

In vielen Fällen müssen diese Sensibilitäten auch mit Hilfe von experimentellen Daten, die in bestimmten Punkten ermittelt wurden, berechnet werden, wenn selbst unangeglichene mathematische Modelle fehlen. Solche experimentellen Daten sind entweder in der Literatur veröffentlicht oder sind aus den Betriebsprotokollen der Anlage zu ermitteln.

3. Ableitung von Steuerungsaufgaben für eine Ammoniakanlage

Die im Abschnitt 2. beschriebenen methodischen Prinzipien sollen hier für die Ableitung von realisierbaren Steuerungsaufgaben für eine Ammoniakanlage verwendet werden.

Das technologische Schema einer Einstrangammoniakanlage ist in den Abb. 1 und 2 dargestellt.

Abgeleitet aus den Erfordernissen der operativen Lenkung besteht das Ziel bei der Steuerung einer Ammoniakanlage oft darin, die maximal mögliche Menge an Flüssigammoniak über einen vorgegebenen Betriebszeitraum zu erzeugen.

An dieser Stelle sollen die wesentlichen Ergebnisse einer Analyse der globalen Steuerungsaufgabe einer Ammoniakanlage zusammengefaßt werden [1, 2], bevor wir zur Untersuchung der Sensibilitätsfunktionen übergehen:

1. Die Flüssigammoniakmenge, die pro Zeiteinheit im Primär- und Sekundärabscheider des Ammoniakkreislaufs abgeschieden wird, hängt von der Austritts- und Eintrittskonzentration des Ammoniaks am Ammoniakreaktor und vom Durchsatz durch den Reaktor ab.

$$G_{Fl} = \frac{1}{T} \int_0^T (Z_A - Z_e) \, V \, dt \tag{4}$$

G_{Fl} — Flüssigammoniakmenge
Z_A — Ammoniakaustritt
Z_e — Ammoniakeintrittskonzentration
V — Durchsatz durch den Reaktor
T — betrachteter Zeitabschnitt

2. Die Bilanzgleichung des Kreislaufs lautet:

$$\frac{dC}{dt} = (M_A - M_e) \, A \tag{5}$$

C — Vektor der Konzentration an Wasserstoff, Stickstoff und Inerten im Kreislauf
M_A und M_e — Vektoren der zugeführten und abgeführten Mengen
A — eine die Dynamik des Kreislaufs charakterisierende Größe

3. Für den Reaktor, der der wichtigste Bestandteil des Kreislaufs ist, gilt als Objekt mit verteilten Parametern folgende Gleichung:

$$\frac{\partial y}{\partial t} + a \frac{\partial y}{\partial l} = f(y, i, \gamma, P, V, u_1, u_2, Z_e) \tag{6}$$

y — Vektor der Phasenvariablen des Reaktors (Ammoniakkonzentration und Temperaturen)
i, γ, P — Inertenkonzentration, H_2/N_2-Verhältnis und Druck im Kreislauf
u_1, u_2 — Bypaßöffnungen im Reaktor

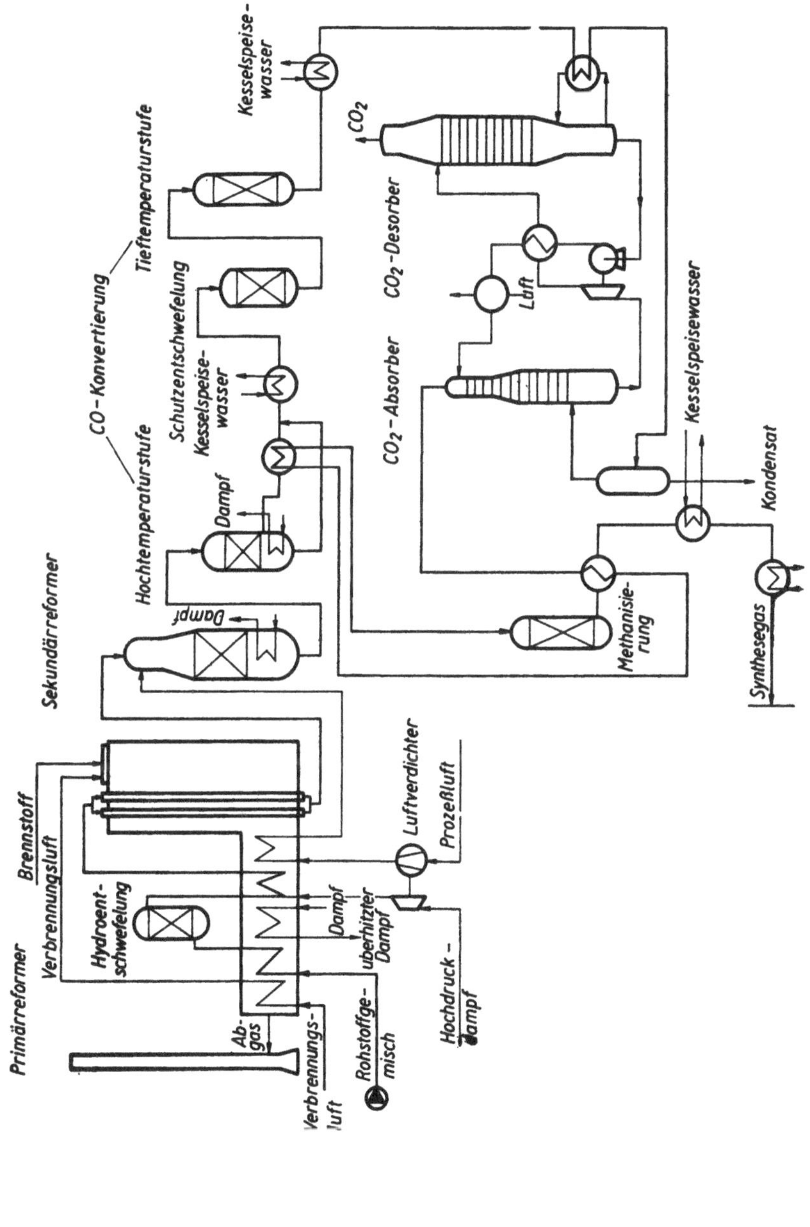

Abb. 1: Schema der Synthesegaserzeugung.

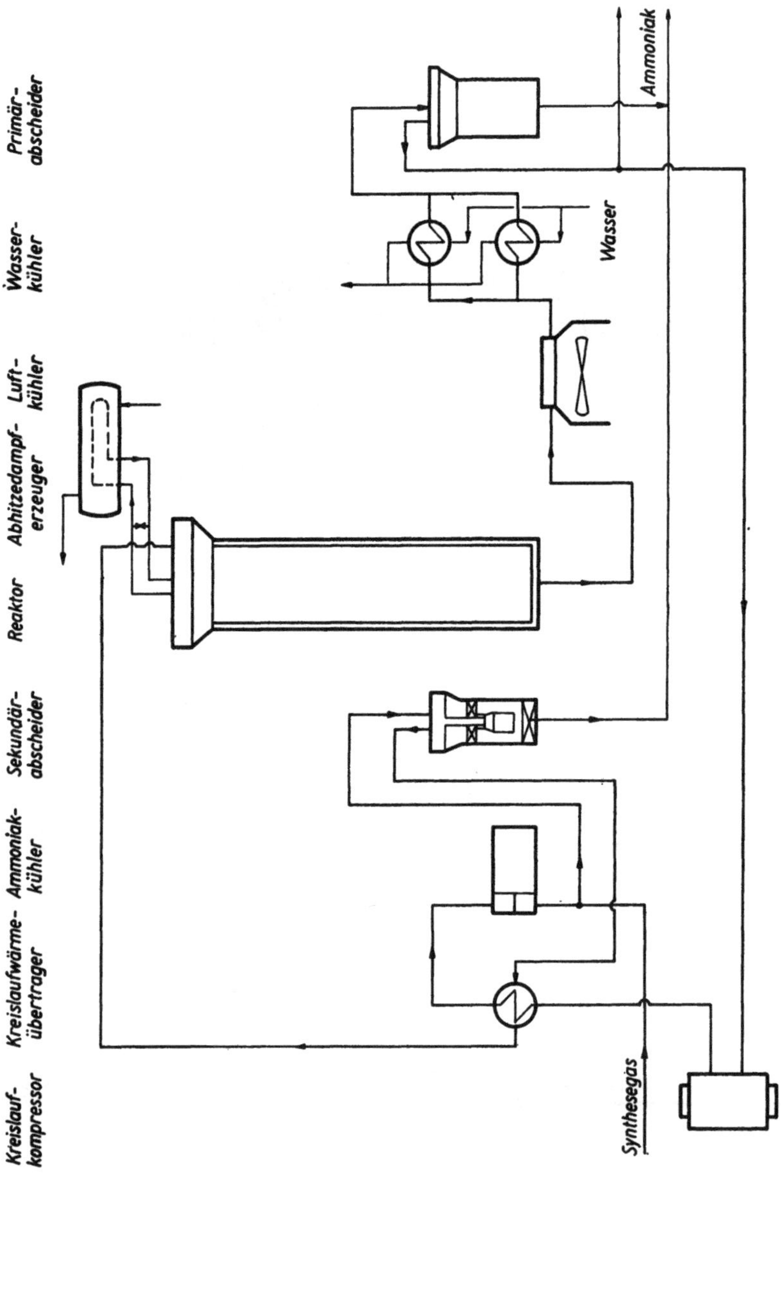

Abb. 2: Schema des Ammoniaksynthesekreislaufs.

Die Größen P und V in Gl. (6) hängen von n (Fördermenge des Kompressors im Ammoniakkreislauf) und G_p (Purgegasmenge) ab.

4. Die globale Steuerungsaufgabe kann wie folgt formuliert werden: Unter Berücksichtigung aller auf das Steuerungsobjekt (Ammoniakkreislauf) einwirkenden Störgrößen, sind die inneren Steuervariablen u_1, u_2, Z_e, n, G_p und die äußeren Steuervariablen (Eingangsgrößen im Kreislauf) so zu bestimmen, daß bei gleichzeitiger Einhaltung der Nebenbedingungen in Form der Gln. (5) und (6) $G_p \to \max$ wird.

5. Die Zielfunktion (4) kann durch folgende mathematische Erwartung ersetzt werden:

$$E\{(Z_A - Z_e)\, V\} \tag{7}$$

6. Aus der Analyse der Struktur der Nebenbedingungen geht hervor, daß insgesamt 3 Gruppen („Blöcke") von Phasenvariablen mit den dazugehörigen Steuergrößen existieren. Die Ammoniakkonzentration am Reaktorausgang Z_A wird durch u_1, u_2 und Z_e gesteuert.
Der Druck P im Kreislauf und der Durchsatz V durch den Reaktor werden durch die Fördermenge des Kompressors und durch die Menge des aus dem Kreislauf zu entfernenden Purgegases gesteuert.
Die Inertenkonzentration im Kreislauf i und das H_2/N_2-Verhältnis im Kreislauf γ werden durch die Frischgasmenge G_F, die Inertenkonzentration und durch das H_2/N_2-Verhältnis im Frischgas (γ_F) gesteuert. Weiterhin zeigt eine Analyse, daß die Phasenvariablen der ersten und der zweiten Gruppe etwa gleiche Steuerbarkeit aufzeigen, während in der dritten Gruppe das H_2/N_2-Verhältnis im Kreislauf über das H_2/N_2-Verhältnis im Frischgas eine bessere Steuerbarkeit als die anderen Phasenvariablen dieser Gruppe besitzt.

Zur Ableitung von konkreten Steuerungsaufgaben für jede Gruppe wird nun die im Abschnitt 2. dargestellte Methodik angewendet.
Die Steuergrößen sind u_1, u_2, Z_e, n und G_p sowie die Eingangsgrößen in den Kreislauf.
Für Z_e gilt:

$$\frac{\partial(Z_A - Z_e)\, V}{\partial Z_A}\,\frac{\partial Z_A}{\partial Z_e} + \frac{\partial[(Z_A - Z_e)\, V]}{\partial Z_e} = \left(\frac{\partial Z_A}{\partial Z_e} - 1\right) V < 0 \tag{8}$$

Das bedeutet, daß die Eintrittskonzentration immer zu minimieren ist, was unabhängig von allen anderen Steuergrößen erfolgen kann. Bezüglich u_1 bzw. u_2 gilt für bestimmte $u_1{}^*$ und $u_2{}^*$:

$$\frac{\partial[(Z_A - Z_e)\, V]}{\partial Z_A}\,\frac{\partial Z_A}{\partial u_i} = \frac{\partial Z_A}{\partial u_i}\, V = 0 \tag{9}$$

im zulässigen Bereich von $u_1 \in U_1$ und $u_2 \in U_2$. Da außerdem die optimalen Werte von u_1 und u_2 unter Einwirkung der Störgrößen stark schwanken, kann für den Ammoniaksynthesereaktor die autonome Steuerungsaufgabe formuliert werden:

Maximierung der Ammoniakaustrittskonzentration durch Steuerung von u_1 und u_2 bei sich ändernden Störgrößen. Diese Aufgabe (und deren Lösung) wird in [3] ausführlicher betrachtet.

Die zweite Gruppe von Phasenvariablen ist auf Grund von Zusatzbedingungen bezüglich Druckabfall in bestimmten Apparategruppen nicht weiter teilbar. Es sei nur vermerkt, daß

$$\frac{\partial[(Z_A - Z_e)\,V]}{\partial P}\,\frac{\partial P}{\partial n} + \frac{\partial[(Z_A - Z_e)\,V]}{\partial V}\,\frac{\partial V}{\partial n} > 0 \tag{10}$$

und

$$\frac{\partial[(Z_A - Z_e)\,V]}{\partial P}\,\frac{\partial P}{\partial G_p} + \frac{\partial[(Z_A - Z_e)\,V]}{\partial V}\,\frac{\partial V}{\partial G_q} < 0 \tag{11}$$

Das läßt Rückschlüsse darauf zu, daß das n zu maximieren und G_q zu minimieren ist. Dabei sind jedoch eine Reihe von Nebenbedingungen bezüglich Druckabfall zu berücksichtigen. Die dritte Gruppe von Phasenvariablen hat nur auf Z_A Einfluß.

Die Untersuchungen zeigen, daß

$$\frac{\partial[(Z_A - Z_e)\,V]}{\partial i}\,\frac{\partial i}{\partial i_F} + \frac{\partial[(Z_A - Z_e)\,V]}{\partial \gamma}\,\frac{\partial \gamma}{\partial i_F} = \left(\frac{\partial Z_A}{\partial i}\,\frac{\partial i}{\partial i_F} + \frac{\partial Z_A}{\partial \gamma}\,\frac{\partial \gamma}{\partial i_F}\right) V < 0 \tag{12}$$

gilt.

Das erste Glied in der Klammer ist immer negativ, während das zweite Glied sein Vorzeichen bei $\gamma \approx 2{,}8$ wechselt. Insgesamt ist der Wert in der Klammer negativ. Die Größe i_F ist also immer zu minimieren.

Bezüglich γ gilt, daß

$$\frac{\partial[(Z_A - Z_e)\,V]}{\partial i}\,\frac{\partial i}{\partial \gamma_F} + \frac{\partial[(Z_A - Z_e)\,V]}{\partial \gamma}\,\frac{\partial \gamma}{\partial \gamma_F} = \left(\frac{\partial Z_A}{\partial i}\,\frac{\partial i}{\partial \gamma_F} + \frac{\partial Z_A}{\partial \gamma}\,\frac{\partial \gamma}{\partial \gamma_F}\right) V = 0 \tag{13}$$

Im zulässigen Bereich gilt: $\gamma_F \in \widetilde{\gamma_F}$. Das zweite Glied in der Klammer wird bei

$$\gamma^{(1)}(\gamma_F) = \arg\sup F[\gamma(\gamma_F)] \mp \gamma^{(2)}(\gamma_F) = \arg\sup Z_A[\gamma(\gamma_F)] \tag{14}$$

zu Null.

Dabei ist die Bedingung $\delta\gamma \leqq \overline{\delta\gamma}$ erfüllt. Der Wert von γ_{opt} ist praktisch von allen Steuer- und Phasenvariablen unabhängig. Es lassen sich also zwei unabhängige Steuerungsaufgaben formulieren: Stabilisierung des H_2/N_2-Verhältnisses auf einem konstanten optimalen Wert mit Hilfe H_2/N_2-Verhältnisses im Frischgas (γ_F) und Minimierung von i durch Minimierung des Inertengehaltes im Frischgas (i_F).

Für die Frischgasmenge G_F gilt:

$$\frac{\partial[(Z_A - Z_e)\,V]}{\partial i}\,\frac{\partial i}{\partial G_F} + \frac{\partial[(Z_A - Z_e)\,V]}{\partial \gamma}\,\frac{\partial \gamma}{\partial G_F}$$

$$= \left(\frac{\partial Z_A}{\partial i}\,\frac{\partial i}{\partial G_F} + \frac{\partial Z_A}{\partial \gamma}\,\frac{\partial \gamma}{\partial G_F}\right) V > 0 \tag{15}$$

Das erste Glied in der Klammer ist immer positiv, während das zweite bei $\gamma = 2{,}8$ das Vorzeichen wechselt. Insgesamt ist der Wert der Klammer jedoch immer größer Null. G_F ist also zu maximieren. Außerdem ist zu vermerken, daß eine Vergrößerung der Frischgasmenge G_F sowohl auf i als auch auf γ bezüglich Steuerbarkeit einen positiven Einfluß im Sinne der für die Steuerung von i und γ formulierten Kriterien hat. Bei begrenzter Purgegasmenge kann jedoch nur eine der Kreislaufbilanz (15) entsprechende Menge an Frischgas verarbeitet werden. Das heißt, daß eine im Kreislauf umsetzbare maximale Frischgasmenge zu produzieren ist.

Die für die Steuerung der Ausgangsgröße der Synthesegaserzeugung formulierten Steuerungsaufgaben müssen im weiteren noch präzisiert werden. Dabei geht man wieder von den bereits formulierten Dekompositionsprinzipien aus.

Durch Analyse der Steuerbarkeit des H_2/N_2-Verhältnisses im Kreislauf γ und der Frischgasmenge G_F durch die verschiedenen Steuergrößen wurde festgelegt:

γ wird durch die Luftmenge, die in die Reaktionszone des Sekundärreformers eingeblasen wird, und G_F wird durch die Rohstoffmenge bzw. durch Variation des Wasserstoffanteils im Rohstoff gesteuert.

Eine vorgegebene Rohstoffmenge kann jedoch durch unendlich viele Kombinationen der drei Rohstoffströme erreicht werden. Für die Steuerung von G_F ergeben sich also zusäzliche Freiheitsgrade, die es gestatten, in diesem Fall folgende Aufgabe zu formulieren:

$$\sum_{i=1}^{3} p_i m_i \to \min \quad \text{bei} \quad G_F = \overline{G_F} \qquad m_i \in M_i,\ i = 1, 2, 3 \tag{16}$$

wobei p_i — Preise und m_i — die Rohstoffmengen charakterisieren.

Sollte bei beliebigen Kombinationen vom m_i gelten

$$G_F < \overline{G_F} \tag{17}$$

dann ist G_F durch eine optimale Kombination der Rohstoffmengen zu maximieren und die Rohstoffkosten bleiben unberücksichtigt.

Die durch Analyse der Gl. (12) formulierte Aufgabe, die Inertenkonzentration im Frischgas i_F zu minimieren, muß nun dahingehend untersucht werden, welche Steuerungsaufgaben für die Steuergrößen abzuleiten sind, die auf die Inertenkonzentration i_F Einfluß haben. Es sind dies: Waschlaugenmenge (G_L) und Waschlaugentemperatur (T_L) in der CO_2-Wäsche, Quenchwassermenge (G_q) und Eintrittstemperaturen (T_{TE}, T_{HE}) in den Tief- und Hochtemperaturkonverter. Die notwendigen Untersuchungen werden auch hier wieder unter Beachtung der Hinweise zur Dekomposition von Steuerungsaufgaben (Abschnitt 2.) durchgeführt.

Dabei wurde beachtet, daß immer ein solcher Abschnitt i (s. Gl. (1)) ausgewählt wird, dessen Phasenvariablen bezüglich der Steuergrößen u_{kl} eine gute Steuerbarkeit aufweisen.

Bezüglich G_L gilt im zulässigen Bereich $G_L \in \widetilde{G}_L$:

$$\frac{\partial i_F}{\partial C^w_{CO_2}} \frac{\partial C^w_{CO_2}}{\partial G_L} = 0$$

Die Variable $C^w_{CO_2}$ bezeichnet die CO_2-Konzentration nach der CO_2-Wäsche.

Die gleiche Beziehung gilt auch für T_L. Da die optimalen Werte für G_L und T_L ausreichend stark schwanken, kann folgende Steuerungsaufgabe formuliert werden:

Minimierung der CO_2-Konzentration nach der CO_2-Wäsche durch Steuerung der Menge und der Temperatur der Waschlauge.

Bezüglich G_q gilt im zulässigen Bereich von $G_q \in \widetilde{G}_q$:

$$\frac{\partial i_F}{\partial C^k_{CO}} \frac{\partial C^k_{CO}}{\partial G_q} + \frac{\partial i_F}{\partial C^k_{CO_2}} \frac{\partial C^k_{CO_2}}{\partial G_q} = 0$$

Dabei sind sowohl

$$\frac{\partial C^k_{CO}}{\partial G_q} = 0 \quad \text{als auch} \quad \frac{\partial C^k_{CO_2}}{\partial G_q} = 0.$$

(Die Variablen C^k_{CO} und $C^k_{CO_2}$ sind die CO-Konzentrationen und die CO_2-Konzentration am Ausgang aus dem Hochtemperaturkonverter).

Da jedoch $\left|\frac{\partial^2 C^k_{CO}}{\partial G_q^2}\right| > \left|\frac{\partial^2 C^k_{CO_2}}{\partial G_q^2}\right|$ gilt, ist zu fordern, C^k_{CO} durch die Steuerung von G_q zu minimieren. Die gleichen Aussagen gelten für T_{TE} und T_{HE}. Es kann also folgende Steuerungsaufgabe formuliert werden:

Minimierung der CO-Konzentration nach dem Tieftemperaturkonverter durch die Steuerung der Quenchwassermenge und der Eintrittstemperatur in den Tief- und Hochtemperaturkonverter. Bezüglich G_B gilt

$\frac{\partial i_F}{\partial C_{CH_4}} \frac{\partial C_{CH_4}}{\partial G_B} > 0.$ Es müßte G_B maximiert werden.

Bei monotoner Vergrößerung wird jedoch zuerst die Begrenzung der Austrittstemperatur aus dem Sekundärreformer $T_s \leqq \widetilde{T}_s$ verletzt. Aus diesem Grunde kann folgende Steuerungsaufgabe formuliert werden:

Stabilisierung der Austrittstemperatur aus dem Sekundärreformer auf dem maximal zulässigen Wert durch Steuerung der Brennstoffmenge im Primärreformer.

Die in den Gleichungen dieses Abschnittes benötigten Sensibilitäten wurden mit Hilfe mathematischer Modelle von Einzelapparaten und verfahrenstechnischer Systeme berechnet. In den Abb. 3, 4 und 5 sind diese Sensibilitäten für verschiedene Steuer- und Phasenvariable dargestellt. Eine wichtige zusätzliche Schlußfolgerung aus diesen Abbildungen besteht darin, daß für die Ableitung unangeglichene mathematische Modelle verwendet werden

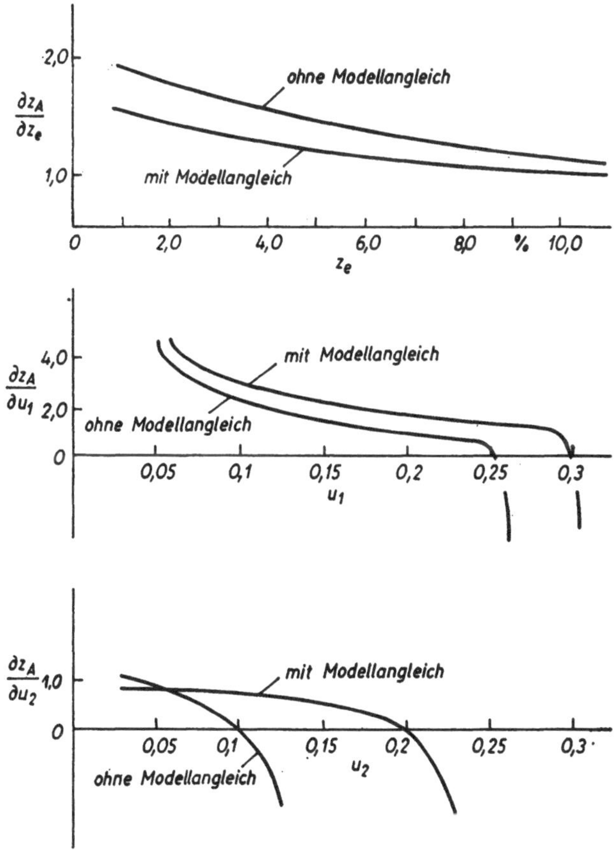

Abb. 3: Eigenschaften der Sensibilitäten $\frac{\partial Z_A}{\partial Z_e}$, $\frac{\partial Z_A}{\partial U_1}$ und $\frac{\partial Z_A}{\partial U_2}$ eines Rohrreaktors zur Ammoniaksynthese.

können, da für theoretische Modelle in der Regel selbst bei fehlendem Modellangleich die für die Ableitung von Steuerungsaufgaben wichtigen Eigenschaften der Sensibilitätsfunktion, die im Abschnitt 2. beschrieben wurden, erhalten bleiben.

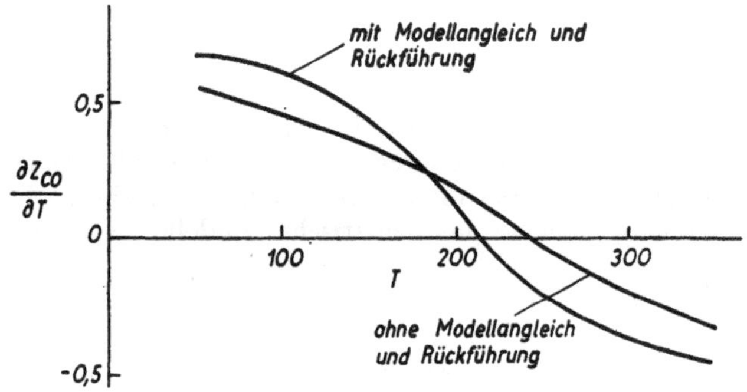

Abb. 4: Eigenschaften der Sensibilitäten $\frac{\partial Z_{CO}}{\partial T}$.

Z_{CO} – CO-Konzentration am Ausgang der Tieftemperaturkonvertierung, T – Eintrittstemperatur in die Tieftemperaturkonvertierung

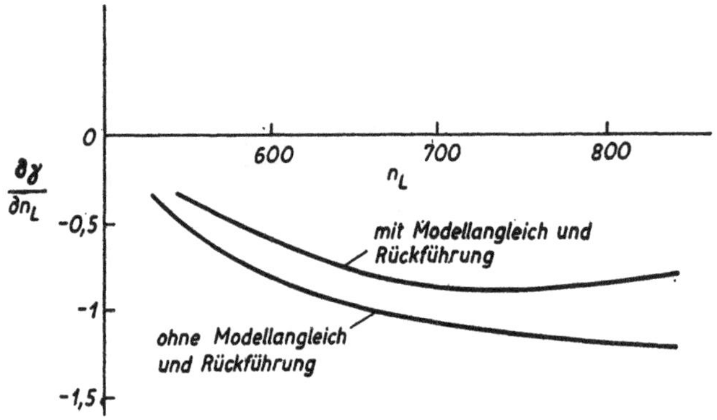

Abb. 5: Eigenschaften der Sensibilitäten $\frac{\partial \gamma}{\partial n_L}$.

γ – H_2/N_2-Verhältnis im Kreislauf,
n_L – Luftmenge am Sekundärreformereingang

4. Literatur

[1] DAMERT, K., BALZER, D., REINIG, G.: „*Nichtlineare Optimierung und Prozeßsteuerung.*“ Akademie-Verlag, Berlin 1976.

[2] BALZER, D.: Automatisierte Steuerung verfahrenstechnischer Systeme. Dissertationsschrift (B), TH Leipzig, 1976.

[3] BALZER, D., ILJIN, B. W., REINIG, G.: „Optimale Steuerung eines Rohrreaktors.“ Im Sammelband „*Automatisierte Steuerung kontinuierlicher Produktionsprozesse*“. Akademie-Verlag, Berlin 1975.

Synthese verfahrenstechnischer Systeme unter besonderer Berücksichtigung des dynamischen Verhaltens der Elemente

(W. Weiss)

Резюме

В данной статье указывается на необходимость учёта динамики элементов химико-технологической системы при синтезе систем. В первой части статьи приводится исследование динамики химико-технологической системы. Описываются возможности изменения динамических свойств элементов системы. Обсуждаются проблемы чувствительности динамических свойств систем и их устойчивости.

Во второй части статьи описывается алгоритм синтеза химико-технологических систем. Этот алгоритм разработан на основе дискретного принципа максимума. На примере одной конкретной системы проверялся данный алгоритм.

Summary

In the present article the urgency of considering the dynamic behaviour of the system elements in connection with the system synthesis is shown for a series of application cases. In the first part of the article the investigation of the dynamic behaviour of chemical engineering systems is performed.

Especially, possibilities for influencing the dynamic properties of chemical engineering elements are named. Problems concerning the response of dynamic parameters of chemical engineering systems and the stability are discussed.

An algorithm for the synthesis of chemical engineering systems is represented in the second part of the article. This algorithm was derived on the basis of the theory of the discrete maximum principle. Using a reactor separate system as an illustration the testing of this synthesis algorithm and corresponding computational technical investigations are performed.

1. Einführung

1.1. Das verfahrenstechnische System

Die Herstellung eines Zwischen- oder Fertigproduktes mit hohen Gebrauchswerteigenschaften und geringen Kosten erfolgt in der stoffumwandelnden Industrie in der Regel in mehreren Stufen. Die einzelnen Verfahrensstufen werden in einer Grundausrüstung bzw. in mehreren gleichartigen oder unterschiedlichen Grundausrüstungen realisiert. Geht man davon aus, daß die Herstellung eines gewünschten Produktes mehrere Verfahrensstufen erfordert, so ist die Zahl der benötigten Grundausrüstungen mit N festgelegt, wobei N

bei real existierenden industriellen Anlagen in der Größenordnung 10^2—10^3 liegen kann. Diese N Grundausrüstungen unterscheiden sich ganz erheblich in ihrem Verhalten. Außerdem existieren bei einer Anlage zahlreiche Kopplungen zwischen diesen Grundausrüstungen, so daß die Gesamtanlage auf Grund der genannten Charakteristika zunächst ein „kaum übersehbares“ Gebilde darstellt.

Mit der Entwicklung vor allem der Kybernetik, der Systemtheorie und der Systemverfahrenstechnik sind in den letzten Jahren Methoden und Vorschriften bereitgestellt worden, die es gestatten, das Verhalten bzw. die Eigenschaften der Anlagen zu untersuchen (Analyse) und ein gewünschtes Verhalten zu erreichen (Synthese).

Ein verfahrenstechnisches System als eine durch Stoff-, Energie-, Informations- und Kostenströme miteinander verbundenen Menge von Elementen kann nach verschiedenen Gliederungs-, Kennzeichnungs- und Ordnungsmerkmalen klassifiziert werden. Dabei wird die Definition des Systemelementes ebenso wie die Klassifizierung wesentlich durch das Untersuchungsziel bestimmt.

In der Systemtheorie spricht man von

— linearen oder nichtlinearen Systemen
— zeitvarianten oder zeitinvarianten Systemen
— digitalen Systemen
— mehrdimensionalen Systemen
— dynamischen Systemen u. a.

Diese speziellen Systemklassen weisen z. T. enge strukturelle Ähnlichkeiten auf und werden in der Regel in Abhängigkeit vom Untersuchungsziel unabhängig voneinander begründet und weiterentwickelt [1].

Das verfahrenstechnische System kann ebenfalls — in Analogie zu den o. g. speziellen Systemklassen — in verschiedener Hinsicht analysiert werden. In den folgenden Ausführungen soll der dynamische Aspekt im Vordergrund stehen.

1.2. Die Notwendigkeit dynamischer Untersuchungen

Eine dynamische Betrachtungsweise, die das Verhalten eines Systems bei zeitlichen Änderungen von Ursachen- und Wirkungsgrößen untersucht, ist prinzipiell bei allen Anlagen der stoffwandelnden Industrie möglich, in einer ganzen Reihe von Fällen erforderlich. So gibt es zahlreiche industrielle Prozesse, bei denen die zeitlichen Änderungen der Prozeßgrößen nicht vernachlässigt werden können, z. B.:

— Grundausrüstungen und Teilanlagen mit diskontinuierlicher Betriebsweise
— Anfahr- und Abfahrvorgänge in Anlagen mit kontinuierlicher Betriebsweise
— Umsteuerung einer Teilanlage von einem stationären Arbeitspunkt in einen anderen stationären Arbeitspunkt

— Teilanlagen mit oszillatorischer Betriebsweise
— Zustandsänderung infolge von Havarien.

Trotz der vielfachen Annahme eines statischen bzw. stationären Verhaltens werden in der Praxis auf Grund der auftretenden Störungen die prozeßbeschreibenden Größen eine Zeitabhängigkeit besitzen. Über die Vernachlässigung solcher dynamischer Effekte bzw. deren Kompensation durch geeignete Maßnahmen (entsprechende Fahrweise der Anlage, Einsatz von Automatisierungsmitteln, ...) ist verantwortungsbewußt zu entscheiden. Andererseits können dynamische Effekte genutzt werden, bestimmte Verfahrensstufen mit einer weitaus besseren Ökonomie zu realisieren.

Die dynamische Betrachtungsweise ist gegenüber der Betrachtung des statischen Verhaltens umfassender. Das drückt sich nicht nur allgemein in einem vergleichsweise höheren mathematischen Schwierigkeitsgrad der zu lösenden Aufgaben aus, sondern wird auch durch folgende Ausführung deutlich. Generell kann eingeschätzt werden, daß das dynamische Verhalten eines verfahrenstechnischen Elementes nicht nur durch seine eigene dynamische Charakteristik, sondern auch durch die dynamischen Eigenschaften des ihn einschließenden Teilsystems bestimmt wird, d. h. die dynamischen Eigenschaften des Teilsystems bestimmen sowohl die Größe als auch die Geschwindigkeit der Änderungen der Zustandsgrößen des verfahrenstechnischen Elementes mit. Gleichzeitig werden die Übergangsprozesse in diesem Teil-

Tabelle 1: Dynamische Kennwerte verfahrenstechnischer Elemente [2].

	Verzugszeit bzw. Totzeit	Verzögerungszeitkonstante 1. Ordnung	kleinste Anstiegszeiten
Temperatur:			
Glühofen	1···3 min	10···20 min	3 s/°C
Destillationskolonne	1···7 min	40···60 min	20···40 s/°C
Überhitzer	···2 min	—	0,5 s/°C
Raumheizung	1···5 min	10···60 min	1 min/°C
NH_3-Absorber	···8 min	—	5 s/°C
Druck:			
Gasrohrleitung	0	0,1 s	
Großwasserraumkessel	—	< 1000 s	
Drehzahl:			
Turbinen	—		20 s/1000 U min^{-1}
Elektromotorantriebe:			
klein	—	0,2···10 s	
groß	—	5···40 s	

system nicht nur durch dessen dynamischen Eigenschaften, sondern auch durch die Charakteristik der am Eingang des Teilsystems wirkenden Änderungen der Stoff- und Energieströme beeinflußt.

Charakteristisch ist dabei, daß die dynamischen Kennzahlen (Zeitkonstanten, Grenzfrequenzen, ...) im Element, Teilsystem und Gesamtsystemen in breiten Grenzen schwanken können (Tab. 1).

Die Untersuchung des dynamischen Verhaltens setzt voraus, daß geeignete Formen zur Beschreibung der Dynamik eines verfahrenstechnischen Systems zur Verfügung stehen. Auf dieser Basis wird es möglich sein, entsprechende Aussagen über die dynamischen Eigenschaften des betrachteten Systems zu gewinnen, die ihrerseits als Entscheidungsgrundlage für Rekonstruktionen und dgl. dienen.

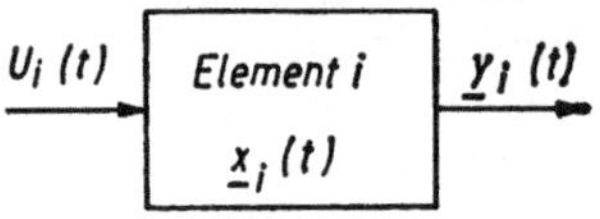

Abb. 1: Prozeßgrößen eines verfahrenstechnischen Elementes.

Das i-te Element eines Systems wird im Zusammenhang mit Abb. 1 wie folgt gekennzeichnet.

$$\mathbf{Y}_i(t) = \mathbf{T}_{1i}(\mathbf{U}_i(t)) \tag{1}$$

$$\dot{\mathbf{X}}_i(t) = \mathbf{T}_{2i}(\mathbf{U}_i(t), \mathbf{X}_i(t)) \tag{2}$$

$$\mathbf{U}_i = \begin{pmatrix} U_{i1} \\ \vdots \\ U_{im} \end{pmatrix}; \quad \mathbf{X}_i = \begin{pmatrix} X_{i1} \\ \vdots \\ X_{in} \end{pmatrix}; \quad \mathbf{Y}_i = \begin{pmatrix} Y_{i1} \\ \vdots \\ Y_{ir} \end{pmatrix},$$

wobei durch U die Eingangsgrößen, durch X die Zustandsgrößen und durch Y die Ausgangsgrößen des Elementes beschrieben werden. Die Operatoren T_1 und T_2 charakterisieren die Transformation der Eingangsgrößen in die Ausgangsgrößen.

Die Ausgangsgrößen stellen dabei eine Auswahl interessierender Zustandsgrößen dar.

Für die Beschreibung des verfahrenstechnischen Systems ist es erforderlich, Übervektoren zu definieren:

$$\mathbf{U}(t) = \begin{pmatrix} \mathbf{U}_1(t) \\ \vdots \\ \mathbf{U}_i(t) \\ \vdots \\ \mathbf{U}_N(t) \end{pmatrix}; \quad \mathbf{Y}(t) = \begin{pmatrix} \mathbf{Y}_i(t) \\ \vdots \\ \mathbf{Y}_i(t) \\ \vdots \\ \mathbf{Y}_N(t) \end{pmatrix}.$$

Dann ergibt sich für das System mit N Elementen folgende Gleichung:

$$\mathbf{Y}(t) = \mathbf{T}[\mathbf{U}(t)] \tag{3}$$

$\mathbf{T}$ — Übermatrix der Transformationsoperatoren $\mathbf{T}_{1i}$.

Mit Gl. (3) werden die Eigenschaften der Systemelemente vollständig beschrieben. Zur vollständigen Beschreibung eines Systems ist weiterhin eine Beziehung zur Kennzeichnung der Art der Kopplungen zwischen den einzelnen Elementen erforderlich. Die Ausgangsgrößen des i-ten Elementes können Eingangsgrößen des i-ten Elementes selbst oder des j-ten Elementes sein ($i, j = 1, 2, \ldots, N$).

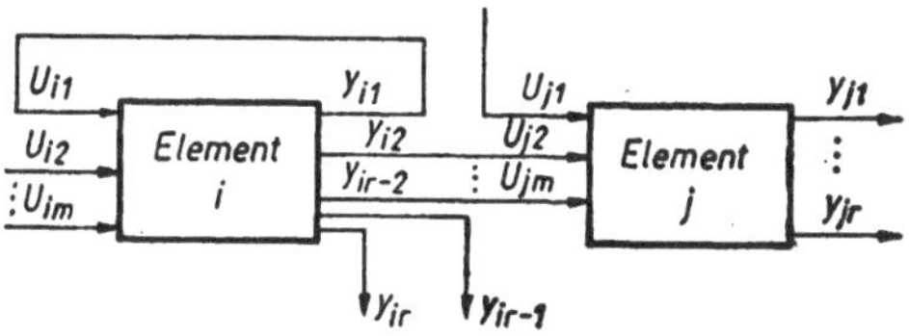

Abb. 2: Kopplung zwischen Elementen.

Aus Abb. 2 ist ersichtlich, daß die Kopplungen zwischen den Elementen durch weitere Gleichungen ausgedrückt werden können, z. B. gilt:

$$U_{j2} = Y_{i2}$$
$$U_{jm} = Y_{ir-2}$$
$$U_{i1} = Y_{i1}$$

oder allgemein:

$$\mathbf{U}_j = \mathbf{K}_{ji}\mathbf{Y}_i \tag{4}$$

Bei N Systemelementen existieren N^2 Kopplungsmatrizen $\mathbf{K}_{ji}$, wobei die Elemente der Koppelmatrizen nur die Werte 0 und 1 annehmen können. Alle Koppelmatrizen sind in der Strukturmatrix $\mathbf{S}$ zusammengefaßt, d. h.

$$\mathbf{S} = \begin{pmatrix} \mathbf{K}_{11} & \cdots & \mathbf{K}_{1N} \\ \vdots & K_{ji} & \vdots \\ \mathbf{K}_{N1} & \cdots & \mathbf{K}_{NN} \end{pmatrix} \tag{5}$$

Mit $\mathbf{T}$ (Gl. (3)) und $\mathbf{S}$ (Gl. (5)) ist das verfahrenstechnische System vollständig beschrieben.

In Abhängigkeit vom Transformationsalgorithmus, der die Umwandlung des Vektors der Eingangsgrößen in den Vektor der Ausgangsgrößen eines verfahrenstechnischen Elementes kennzeichnet, kann das dynamische Verhalten im Zeitbereich (Differentialgleichungen), im Bildbereich (Übertragungsfunktionen) oder im Frequenzbereich (Beschreibungsfunktion, Frequenzgang) beschrieben werden. Die Möglichkeit einer Approximation des beschreibenden mathematischen Modells durch lineare Gleichungen oder der Charakter der Ursachenzeitverläufe (monoton, periodisch, ...) z. B. entscheiden in diesem Zusammenhang u. a. über die Zweckmäßigkeit der Beschreibung des dynamischen Verhaltens in einem der o. g. Bereiche.

Zur Berechnung des dynamischen Verhaltens eines Systems sind generell dessen mathematisches Modell, der zeitliche Verlauf der Eingangsgrößen und eine Aussage über den Anfangszustand der systembeschreibenden Größen erforderlich.

Auf eine detaillierte Darstellung zur Kennzeichnung des dynamischen Verhaltens wird verzichtet und auf die einschlägige Fachliteratur verwiesen (z. B. [3, 4, 5, 6]).

1.3. Dynamisch günstiges Verhalten

In den letzten 20 Jahren ist ein stetiges Anwachsen des Anteils der Automatisierungsmittel an den Gesamtinvestitionskosten verfahrenstechnischer Anlagen zu verzeichnen. Für einige Anlagen stieg der Anteil auf über 20% [7]. Diese Entwicklung ist in erster Linie im Zusammenhang mit den Entwicklungstendenzen der Verfahren selbst zu sehen, d. h. mit der Leistungssteigerung der Anlagen. Andererseits muß festgestellt werden, daß gegenwärtig die Möglichkeiten der Anwendung moderner Automatisierungsmittel (elektronische Rechner) für die optimale Steuerung nicht voll genutzt werden, da bei der Auslegung der Anlage die Forderungen der Automatisierung größtenteils unberücksichtigt bleiben [7, 8]. Eigene Untersuchungsergebnisse bestätigen dabei bereits publizierte allgemeine Aussagen, daß bei einer „geeigneten" Apparate- bzw. Anlagengestaltung der notwendige Aufwand an Automatisierungsmitteln reduziert werden kann bzw. bei gleichem Automatisierungsumfang bessere Ergebnisse erzielbar sind. Eine weitere wesentliche Voraussetzung zur Erreichung einer höheren Effektivität besteht in der Einordnung der Anlage in das System der operativen Lenkung der Gesamtproduktion des Werkes. Die Fahrweise der Anlage ist unter diesen Bedingungen von der optimalen Gesamtproduktion abhängig. So können aus der operativen Lenkung der Gesamtproduktion Umsteuerungen der einzelnen Anlagen von einem stationären Arbeitspunkt in einen anderen stationären Arbeitspunkt oder das An- bzw. Abfahren von Anlagen folgen. Aus dieser Wechselwirkung zwischen operativer Lenkung und Prozeßsteuerung und wegen der in Abschnitt 1.2. aufgeführten Gründe der zeitlichen Änderungen von Prozeßgrößen muß die Forderung nach der Beherrschung des dynamischen Verhaltens einer Anlage abgeleitet werden.

Für die Optimierung eines Produktionsprozesses im stationären Zustand existieren bereits zahlreiche Erfahrungen in der Anwendung der entsprechenden mathematischen Methoden. Dagegen bedürfen in der Anwendung der dynamischen Optimierung noch zahlreiche Probleme einer Klärung. Vom mathematischen Standpunkt aus sind die Bang-Bang-Methode, das Maximumprinzip, die Methode der dynamischen Programmierung, die WIENER-HOPF-Methode und abgeleitete Modifikationen ausgearbeitet. Zufriedenstellende und ingenieurtechnisch anwendbare Methoden, insbesondere für Systeme, die nichtlineares Verhalten und eine hohe Zahl von unabhängigen Variablen besitzen, existieren nur unzureichend [9].

Die Berücksichtigung des dynamischen Verhaltens bei der Synthese verfahrenstechnischer Systeme muß in der Weise erfolgen, daß allgemein die Zeitabhängigkeit der Prozeßgrößen sowohl in der Zielfunktion als auch in den Nebenbedingungen Beachtung findet. Im konkreten Fall ist die Struktur der Zielfunktion für die Synthese so zu wählen, daß die durch das dynamische Verhalten der Teilanlage bedingten Kosten ebenfalls berücksichtigt werden. Das Optimalitätskriterium erhält dann folgende allgemeine Grundstruktur:

$$Q = Q_{\text{statisch}} + Q_{\text{dynamisch}} \tag{6}$$

In Gl. (6) beschreibt $Q_{\text{dynamisch}}$ insbesondere den dynamischen Teil der Aufgabenstellung. Für ingenieurtechnische Problemstellungen läßt sich $Q_{\text{dynamisch}}$ durch Gl. (7) ausdrücken (siehe Abschn. 3.1.).

$$Q_{\text{dynamisch}} = c^* \cdot \int_0^T q(\mathbf{x}, \mathbf{u}, t)\, dt \tag{7}$$

$$c^* = \begin{cases} 0, & \text{wenn } |\mathbf{x} - \mathbf{x}_{\text{soll}}| < \varepsilon \\ 1, & \text{wenn } |\mathbf{x} - \mathbf{x}_{\text{soll}}| \geqq \varepsilon \end{cases}$$

Mit c^* soll gekennzeichnet werden, daß der 2. Summand in Gl. (6) nur Bedeutung hat, wenn die Zustandsgrößen $\mathbf{x}$ des Prozesses größere Abweichungen vom stationären Arbeitspunkt $\mathbf{x}_{\text{soll}}$ erreichen (z. B. bei An- und Abfahrvorgängen) als ein durch vorgegebenes geringes aber zulässiges Schwingen der Größen $\mathbf{x}$ um ihren stationären Betriebspunkt.

Es wurde bereits festgestellt, daß in Abhängigkeit von der operativen Lenkung der Gesamtproduktion für die Teilanlage verschiedene Fahrweisen erforderlich werden (Vollast, Teillast, ...). Eine solche Forderung schließt ein, daß die zur Charakterisierung und Bewertung des dynamischen Verhaltens einer Anlage typischen Merkmale wie

— Steuerbarkeit
— Stabilität
— Regelbarkeit
— Sensibilität

den geforderten entsprechen bzw. durch geeignete Maßnahmen (z. B. Einsatz von Automatisierungsmitteln) erreicht werden. Anhand dieser Merkmale soll erläutert werden, was erstrebenswerte dynamische Eigenschaften einer Anlage sind. Dabei wird nur eine qualitative Interpretation erfolgen können, denn erst unter Berücksichtigung weiterer Kriterien bzw. Vorgaben, wie z. B. geforderter Produktionsumfang, Anforderung an die Produktqualität, hohe Sicherheit für Mensch und Anlage im Zusammenhang mit der Zuverlässigkeit der Gesamtanlage, Charakteristika der wesentlichen Störgrößen u. a., kann endgültig entschieden werden, welche Lösung bzw. Realisierung die geeignete ist.

Unter Steuerbarkeit einer verfahrenstechnischen Anlage wird verstanden, daß der Vektor der Zustandsgrößen $\mathbf{X}_0$ des Prozesses zum Zeitpunkt t_0 innerhalb einer endlichen Zeit τ in den Vektor der Zustandsgrößen $\mathbf{X}_\tau$ überführt werden kann. Der Vektor $\mathbf{X}_\tau$ wird in Abhängigkeit vom System der operativen Lenkung festgelegt. Neben der Steuerbarkeit der Gesamtanlage unterscheidet man weiterhin die Steuerbarkeit des verfahrenstechnischen Elementes (Apparat). Die letztgenannte Art der Steuerbarkeit stellt eine notwendige Bedingung für die Steuerbarkeit der Gesamtanlage dar. Unter der Bedingung, daß keine Dekomposition des verfahrenstechnischen Systems für die Prozeßsteuerung erforderlich ist, ist diese Bedingung notwendig und hinreichend [10]. Anzustreben sind solche Eigenschaften, daß

— die Steuerbarkeit der Anlage überhaupt gewährt ist,
— die Zeit τ für die Erreichung des geforderten Zustandes X_τ minimal ist und
— der Gesamtaufwand für die Umsteuerung den durch die operative Lenkung ermittelten zusätzlichen Nutzen nicht kompensiert.

Die verfahrenstechnische Anlage sollte weiterhin solche dynamische Eigenschaften besitzen, daß ihre durch die operative Lenkung der Gesamtproduktion vorgegebenen suboptimalen Zustände $X_{\tau i}$ möglichst im Einzugsbereich stabiler Betriebszustände liegen bzw. durch einfache Mittel stabilisiert werden können (Stabilität — siehe Abschn. 2.4.).

Nicht selten sind bei industriellen Prozessen stationäre Betriebszustände zu stabilisieren. Zur Beurteilung der dynamischen Eigenschaften einer Anlage unter dem Gesichtspunkt der Stabilisierung eines vorgegebenen Betriebszustandes sind mehrere Kriterien anwendbar (Tab. 2).

Eine verfahrenstechnische Anlage besitzt in dynamischer Hinsicht dann günstige Eigenschaften, wenn im Zusammenhang mit der geforderten Stabilisierung die Steuergrößen möglichst wenig verzögert und ungedämpft auf den Systemzustand einwirken, die Störgrößen hingegen weitestgehend durch entsprechendes Tiefpaßverhalten des betreffenden Übertragungskanals wirkungslos bleiben, d. h. im Falle der Verwendung des Kriteriums der Regelbarkeit die Größe R^* einen möglichst großen Wert annimmt. Bei einer Darstellung dieser Forderung im Frequenzbereich (lineares bzw. linearisiertes Verhalten erforderlich) bedeutet das, daß die charakteristischen Kennwerte der Amplitudenkennlinien (z. B. Grenzfrequenz ω_G) des zu stabilisierenden Systems und der Hauptstörgröße um mindestens eine Größenordnung differieren (Abb. 3).

Im engen Zusammenhang stehen Stabilität und Sensibilität bei der Unter-

Tabelle 2: Kriterien zur Beurteilung der dynamischen Eigenschaften [11].

Beurteilungskriterium	Definition
Schwierigkeitsgrad S	$S = \frac{\text{unvermeidliche Regelfläche}}{\text{zulässige Regelfläche}}$
Trägheit A	$A = \int_0^\infty (f(t = \infty) - f(t))\,dt - T_t \cdot f(t = \infty)$
Regelbarkeit nach DEWJATOW R	$R = \frac{A}{T_t \cdot f(t = \infty)}$
Regelbarkeit nach MÜLLER R^*	$R^* = \frac{\text{Summenzeitkonstante im Störsignalweg}}{\text{Summenzeitkonstante im Stellsignalweg}}$

suchung des dynamischen Verhaltens einer Anlage. Unter Sensibilität des verfahrenstechnischen Systems ist die relative Abweichung eines systemkennzeichnenden Merkmals, die durch eine andere Systemgröße hervorgerufen wird, zu verstehen (siehe Abschn. 2.3.). Anzustreben ist eine solche Systemgestaltung, daß die Empfindlichkeit des statischen und dynamischen Anteils der Zielfunktion (Gl. (6)) gegenüber Störgrößen möglichst gering bleibt.

Diese allgemein anzustrebenden dynamischen Eigenschaften gilt es in Abhängigkeit vom Optimalitätskriterium (Gl. (6)) für dynamisch relevante verfahrenstechnische Systeme zu realisieren. Da das Verhalten eines verfahrenstechnischen Systems durch Struktur, Eigenschaften der Elemente und Charakteristika der Eingangsgrößen (einschließlich Störgrößen) festgelegt ist, kann das dynamische Verhalten einer Anlage auch nur über diese 3 Faktoren beeinflußt werden. Der Einfluß der Struktur wird im Abschnitt 3. näher betrachtet. Die Möglichkeiten einer entsprechenden Gestaltung der verfahrenstechnischen Elemente werden im Abschnitt 2.2. aufgewiesen. Neben der eigentlichen Apparategestaltung zählen auch hierzu die verschiedenen Automati-

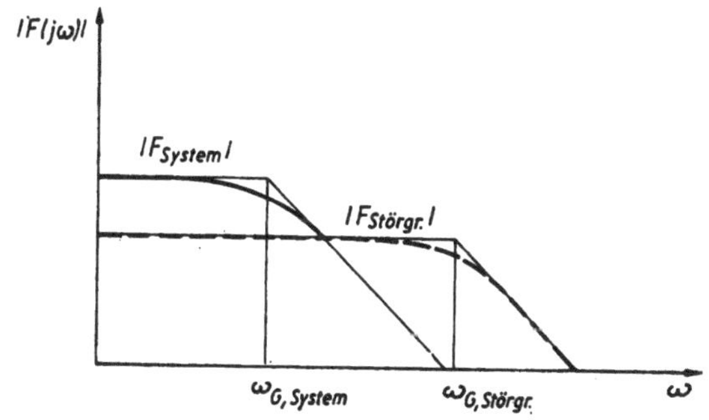

Abb. 3: Amplitudenkennlinien.

sierungsmaßnahmen. In Abhängigkeit von der Zielfunktion (Gl. (6)) und dem Grad des Erreichens der o. g. anzustrebenden dynamischen Eigenschaften ist der erforderliche Automatisierungsumfang zu bemessen. Allgemein kann eingeschätzt werden, daß die zu lösenden Automatisierungsaufgaben mit der weiteren Annäherung an die anzustrebenden dynamischen Eigenschaften des verfahrenstechnischen Systems einfacher werden, d. h. bei Abweichungen von diesem Zustand können die durch die Dynamik erzielbaren ökonomischen Effekte nur teilweise bzw. nur mit erhöhten Automatisierungsaufwendungen realisiert werden.

2. Analyse des dynamischen Verhaltens verfahrenstechnischer Systeme

Es wurde bereits auf die Wechselwirkung Element-Teilsystem hinsichtlich der dynamischen Eigenschaften hingewiesen. Da außerdem die eigentliche Zielstellung — Synthese optimaler verfahrenstechnischer Systeme — u. a. die Kenntnis des dynamischen Verhaltens voraussetzt, soll in diesem Kapitel zu einigen speziellen Problemen Stellung genommen werden, die sich insbesondere aus der Betrachtung des dynamischen Aspektes ergeben.

2.1. „Dynamische Dekomposition“ verfahrenstechnischer Systeme

Die Kenntnis des Aufwandes bei der Berechnung großer chemisch-technologischer Systeme einerseits und die bereits erwähnte enge Wechselwirkung zwischen den dynamischen Eigenschaften eines verfahrenstechnischen Teilsystems und seiner Elemente andererseits zwingen zu der Forderung, die Möglichkeiten der Auftrennung eines komplexen Systems in eine Menge einfacher Teilsysteme zu überprüfen. Eine diesbezügliche Dekomposition erfolgt primär unter dem Gesichtspunkt, daß aus einem verfahrenstechnischen System sogenannte „quasistationäre“ Teilsysteme eliminiert werden und soll daher als „dynamische“ Dekomposition bezeichnet werden. Die dadurch erhaltenen Teilsysteme mit unbedingt zu berücksichtigenden dynamischem Verhalten können in Abhängigkeit ihrer Dimension (Anzahl der Elemente) weiterhin so zerlegt werden, daß nur noch die Grundschaltungsarten (Reihen-, Parallel- und Rückführungsschaltung) zu betrachten sind.

Unter Stationarität soll verstanden werden, daß der arithmetische Mittelwert $\bar{x}$ und der quadratische Mittelwert $\overline{x^2}$ eines zeitlich veränderlichen Vorganges konstant sind, d. h. Gln. (8) und (9) erfüllt werden.

$$\bar{x} = \lim_{T\to\infty} \frac{1}{T} \int_0^T x(t)\, dt = \text{const} \tag{8}$$

$$\overline{x^2} = \lim_{T\to\infty} \frac{1}{T} \int_0^T x^2(t)\, dt = \text{const}\,. \tag{9}$$

Für ingenieurtechnische Untersuchungen ist eine schwächere Bedingung zulässig, d. h. die Erfüllung der Quasistationarität. Hierbei besteht die Forderung darin, daß die Zeitabhängigkeiten der Mittelwerte $\bar{x}$ und $\bar{x}^2$ vernachlässigbar sind. Die Erfüllung dieser Bedingung ist für jedes Element zu prüfen, so daß man im Ergebnis dieser Untersuchungen bereits zu einer Aufgliederung des Gesamtsystems in „quasistationäre" und „dynamische" Elemente bzw. Teilsysteme kommt.

Eine zusätzliche Untergliederung der a priori nichtstationären verfahrenstechnischen Teilsysteme in „quasistationär" und „dynamisch" ergibt sich dann, wenn die Absolutwerte ihrer dynamischen Kennwerte gegenübergestellt werden. Unterscheiden sich diese Kennwerte sehr beträchtlich, z. B. um ein bis zwei Größenordnungen, so spricht man von „Kurzzeit-" und „Langzeitübergangsprozessen". In diesem Fall wird das Erreichen des neuen stationären Zustandes des Gesamtsystems durch den Langzeitprozeß geprägt, so daß bei der Betrachtung des dynamischen Verhaltens des Gesamtsystems die Dynamik des Kurzzeitprozesses u. U. vernachlässigt werden kann. Für ein einfaches System von 2 Elementen (Abb. 4*a*) erfolgt zur Illustration die Darstellung des zeitlichen Verlaufes der Prozeßgrößen bei stärker differierender Dynamik der Einzelelemente. Es wird angenommen, daß das dynamische Verhalten der linearen Elemente durch PT_1- bzw. PT_2-Übertragungsfunktionen approximiert werden kann. Unter Beachtung von Tab. 1 werden folgende Zahlenwerte gewählt:

$$K_{\text{I}} = K_{\text{II}} = 1$$

$$\tau_{\text{I}} = 10 \text{ min}$$

$$\tau_{\text{II}} = 90 \text{ min}.$$

Die nach einer sprungförmigen Eingangsstörung (Abb. 4*b*) berechneten Zeitfunktionen der Ausgangsgröße der Elemente zeigen bereits beträchtliche Unterschiede (Abb. 4*c*). Während die Funktion $y_{\text{I}}(t)$ 95% ihres neuen stationären Endwertes erreicht hat ($y^{0,95}$), beträgt zum gleichen Zeitpunkt die Änderung am Ausgang des Elementes II erst 8%. In dem gewählten Beispiel ist die Zeitdauer für die Erreichung des Wertes $y^{0,95}$ bei Element II um annähernd 14mal größer als bei Element I. Sind beide Elemente in Reihe geschaltet, so zeigt Abb. 4*d*, daß das dynamische Verhalten des Teilsystems eindeutig durch das Element mit der größeren Verzögerung geprägt wird. Bei der Parallelschaltung ergibt sich die Zeitfunktion der Systemausgangsgröße durch Überlagerung der Ausgangsgrößen der Elemente (Abb. 4*e*).

Für die Eliminierung „quasistationärer" verfahrenstechnischer Teilsysteme ist es erforderlich, Kenngrößen als Grundlage für eine diesbezügliche Abschätzung verwenden zu können. Die Abschätzung basiert darauf, daß der Betrag des in Abb. 4*f* dargestellten Fehlers $\Delta y = \Delta y(t)$ zwischen exakter Systemantwortfunktion und „Ersatzantwortfunktion" (hier identisch mit $y_{\text{II}}(t)$;

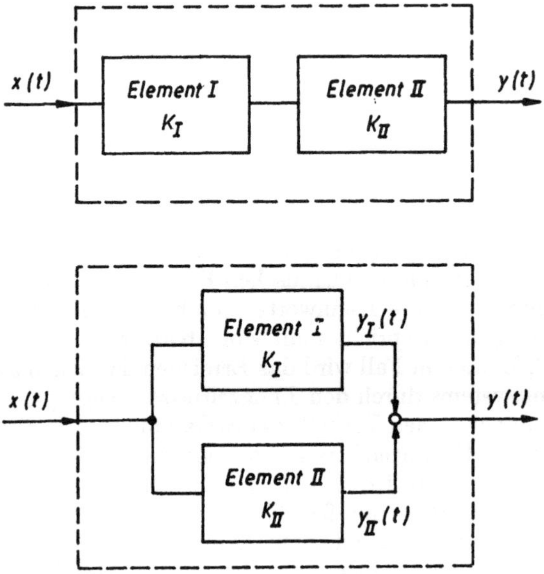

Abb. 4: **Qualitative Darstellung des Zeitverhaltens.**

a) **Reihen- u. Parallelschaltung**

$$F_{\mathrm{I}} = \frac{K_{\mathrm{I}}}{1 + \tau_{\mathrm{I}} p}$$

$$F = \frac{K_{\mathrm{II}}}{1 + 2\tau_{\mathrm{II}} p + \tau_{\mathrm{II}}^2 p^2}$$

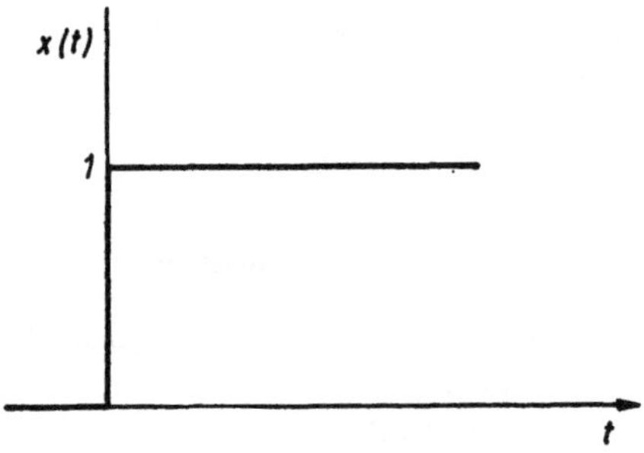

b) **Zeitverlauf der Systemeingangsgröße**

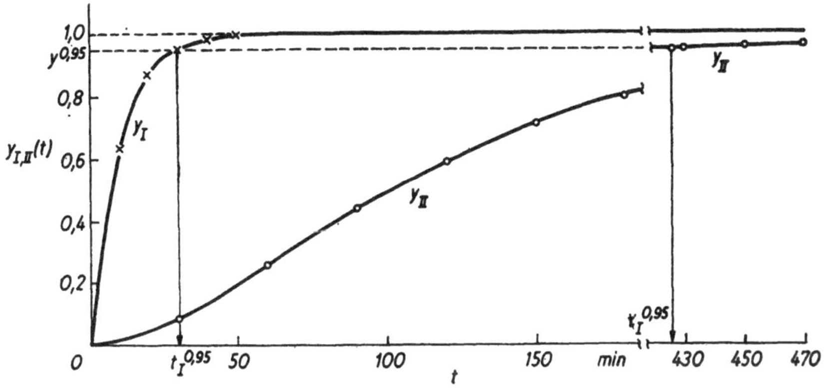

c) Zeitverlauf der Ausgangsgrößen der Einzelelemente

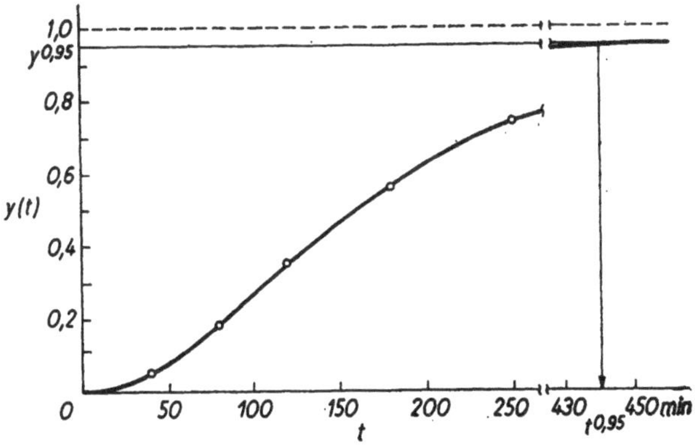

d) Übergangsverhalten bei Reihenschaltung

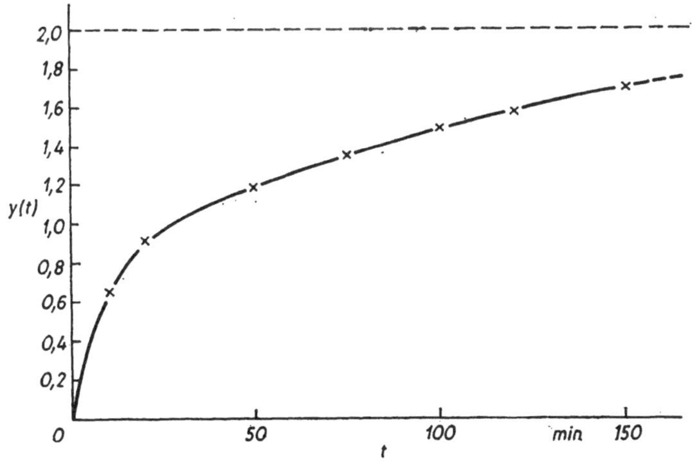

e) Übergangsverhalten bei Parallelschaltung

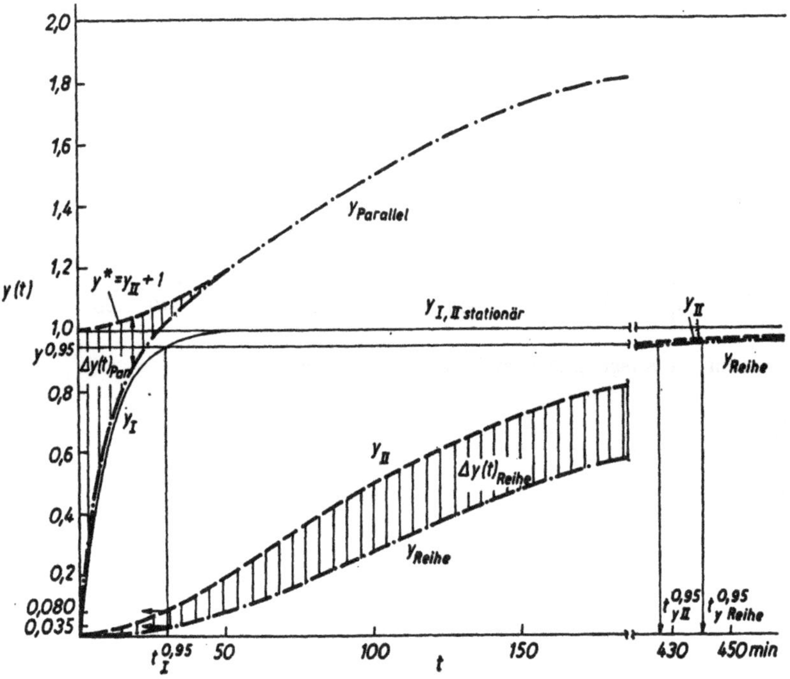

f) Zeitverhalten bei „dynamischer“ Dekomposition

bei der Parallelschaltung ist eine analoge Betrachtung möglich) einen oberen Grenzwert nicht überschreitet, d. h.

$$|\Delta y(t)| = |y(t) - y_{\text{Ersatz}}(t)| \leqq M \tag{10}$$

$M > 0$; t — beliebig.

Der Fehler $\Delta y(t)$ im vorliegenden Beispiel wird mit größer werdender Differenz der dynamischen Kennwerte (Zeitkonstanten) kleiner. Eine allgemeine quantitative Aussage erfordert jedoch, daß Untersuchungen für alle für verfahrenstechnische Systeme typischen dynamischen Elementecharakteristika durchgeführt werden (z. B. variable Werte für K_{I}, $K_{\text{II}}, \ldots$, Berücksichtigung von Totzeit usw.). Durch die Anwendung der Methoden zur Vereinfachung dynamischer Modelle kann die aufgeworfene Problematik theoretisch tiefgründig behandelt werden. Es kommt jedoch darauf an, schon bei Kenntnis der Art des Zeitverhaltens (z. B. Verzögerung 2. Ordnung mit Totzeit, nur Totzeit, ...) und der charakteristischen dynamischen Kennwerte auf einfache Weise eine Aussage zur Dekomposition machen zu können. Unter Beachtung dieser Forderung werden 2 Kenngrößen vorgeschlagen, die zur Abschätzung der Quasistationarität linearer Teilsysteme (T_{I}) und zur Beurteilung der Filtereigenschaften (T_{II}) dienen sollen.

$$T_{\text{I}} = \frac{\sum_{p=1}^{p_i} \tau_{ip} \cdot a_p}{\sum_{p=1}^{p_j} \tau_{jp} \cdot a_p} \tag{11}$$

$$T_{\text{II}} = \frac{\omega_k}{\omega_j} \tag{12}$$

τ_{ip} – p-ter dynamischer Kennwert des i-ten Teilsystems
τ_{jp} – p-ter dynamischer Kennwert des j-ten Teilsystems
ω_j – obere Grenzfrequenz des j-ten Elementes
ω_k – charakteristische Frequenz der k-ten Eingangsgröße des j-ten Elementes

$$a_p = \begin{cases} +1, & \text{wenn } p\text{-ter Kennwert Verzögerungskonstante oder Totzeit charakterisiert} \\ -1, & \text{wenn } p\text{-ter Kennwert Vorhaltzeitkonstante charakterisiert.} \end{cases}$$

Bei der Festlegung der Summationsindices p_i, p_j sollte davon ausgegangen werden, daß das dynamische Verhalten durch maximal 4 unabhängige Größen gekennzeichnet wird (Verzögerungszeitkonstante 1. und 2. Ordnung, Totzeit und Vorhaltzeitkonstante).

Die möglichen Grenzfälle der Kenngrößen T_{I} und T_{II} sind in den Tab. 3 und 4 dargestellt.

Tabelle 3: Falluntersuchung der Kenngröße T_{I} bei Reihen- und Parallelschaltung der verfahrenstechnischen Elemente.

Nr.	T_{I}	Bemerkung
1	$\gg 1$	Teilsystem j beeinflußt die Systemdynamik wenig
2	$\ll 1$	Teilsystem i beeinflußt die Systemdynamik wenig
3	≈ 1	beide Teilsysteme haben Einfluß auf die Systemdynamik
4	> 1 < 1	„Übergangsbereich"; Elimination ist Ermessensproblem

Tabelle 4: Falluntersuchung der Kenngröße T_{II}.

Nr.	T_{II}	Bemerkung
1	$\gg 1$	starke Filterwirkung des j-ten Elementes, Glättung
2	$\ll 1$	keine Filterwirkung des j-ten Elementes
3	< 1 > 1	„Übergangsbereich"

Als ein noch zulässiges Beispiel für Fall 1 der Tab. 3 kann das in Abb. 4 dargestellte einfache verfahrenstechnische Teilsystem angesehen werden. Bei einer Reihenschaltung verfahrenstechnischer Elemente ist aus dynamischer Sicht Fall 1 der Tab. 4 anzustreben, wenn keine pulsierende Betriebsweise gefordert ist. Sowohl die auf das Element einwirkenden Störgrößen als auch die höherfrequenten Eingangsgrößen, die identisch mit den Ausgangsgrößen des vorgeschalteten Elementes sind, werden stark gefiltert, d. h. es werden sogenannte „Selbstregeleffekte" wirksam.

Durch Anwendung dieser Kenngrößen wird eine Entscheidung über die Aufgliederung eines verfahrenstechnischen Systems in „dynamische" Teilsysteme und Teilsysteme, für deren Beschreibung ein statisches mathematisches Modell ausreichend ist, vereinfacht.

In der Regel sind für konkrete verfahrenstechnische Systeme die günstigsten Schaltungsvarianten und die optimalen Eingangs- und Steuervariablen zu bestimmen (siehe Abschn. 3.). Besitzt das nach obiger Betrachtung vorliegende „dynamisch" bewertete System für die rechentechnischen Untersuchungen eine zu große Zahl unbedingt zu berücksichtigender „dynamischer" Elemente, so ist im Zusammenhang mit der Anwendung der Lösungsalgorithmen eine Dekomposition des dynamischen mathematischen Modells vorzunehmen. Die Aufgabe wird in der Weise gelöst, daß entsprechend eines vorgegebenen Gütekriteriums

$$Q = \sum_{i=1}^{N} Q_i = \sum_{i=1}^{N} \int_0^T q_i\big(U_i(t), Y_i(t)\big)\, dt \tag{13}$$

1. die einzelnen Teilsysteme des verfahrenstechnischen Systems (Abb. 5) isoliert optimiert werden und anschließend im Zusammenhang mit der Koordinierung entsprechende Korrekturen erfolgen oder
2. bereits bei jedem Schritt im Optimierungsalgorithmus die Erfüllung der Koppelbedingungen überprüft wird [12, 13].

Abb. 5: Verfahrenstechnisches System.

2.2. Beeinflussung der dynamischen Eigenschaften verfahrenstechnischer Elemente

Obwohl im allgemeinen Fall die Dimensionierung der Elemente nicht unabhängig von der Festlegung der Struktur erfolgen kann, wird im folgenden trotzdem eine ausschließliche Betrachtung des Elementes erfolgen, da mit der auf Grund einer statischen Auslegung erfolgten Dimensionierung (z. B. Festlegung des Volumens eines Rührkesselreaktors oder der Fläche eines Wärmeübertragers) keine eindeutige und damit hinreichende Bedingung zur Beurteilung des dynamischen Verhaltens vorliegt. Dabei wird das dynamische Verhalten eines verfahrenstechnischen Elementes von verschiedenen Faktoren bestimmt (Abb. 6). Über die Einflußfaktoren „Prozeß“ ist bei einer konkreten Aufgabenstellung im Rahmen der Möglichkeiten speziell zu entscheiden. Die Beeinflussung des dynamischen Verhaltens durch eine gezielte Apparategestaltung soll nachfolgend näher untersucht werden.

Dynamik des Elementes

Prozeß	*Apparat*	*Meß- und Stellort*
· *Stoffeigenschaften* · *statischer Auslegungszustand* · *Kinetik der Grundprozesse* · *Zeitfunktionen aller Eingangsgrößen (einschließlich Störgrößen)*	· *Materialeigenschaften* · *geometrische Gestaltung*	

Abb. 6: Wesentliche Einflußfaktoren auf das dynamische Verhalten eines verfahrenstechnischen Elementes (Apparat).

Der allgemeine dynamische Zusammenhang zwischen den Prozeßvariablen eines verfahrenstechnischen Elementes mit linearer Charakteristik ist in Abb. 7 dargestellt. Nach der bisherigen Betrachtungsweise kann der Vektor der Aus-

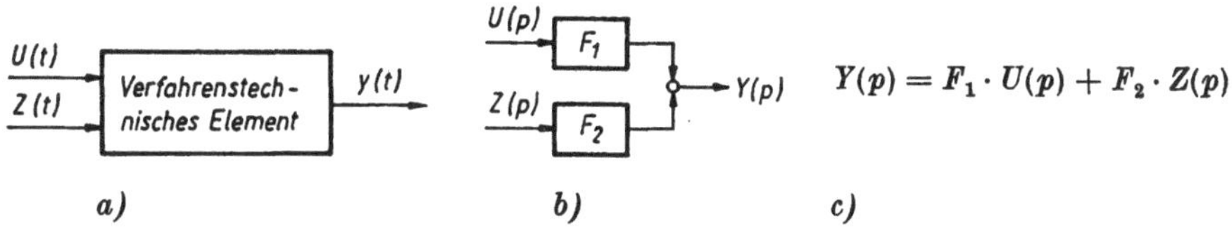

Abb. 7: Zusammenhang der Prozeßvariablen.

a) Blockbild b) Signalflußbild c) mathematischer Zusammenhang

U — Vektor der Steuergrößen
Z — Vektor der Störgrößen
$F_{1,2}$ — Matrizen der Übertragungsfunktionen

gangsgrößen $\mathbf{y}(t)$ nur durch Variation der Elemente des Eingangsgrößenvektors $\mathbf{u}(t)$ (Steuergrößen) beeinflußt werden (z. B. Einsatz von Automatisierungsmitteln), d. h. ein gewünschtes dynamisches Verhalten wurde in der Weise realisiert, daß folgendes Gütekriterium erfüllt wurde:

$$Q_{1,\max} = \max_{u \in U} Q(u, y)|_{F=F^*} \tag{14}$$

Im Gegensatz zu dieser Vorgehensweise soll außerdem im zulässigen Bereich ΔF die Matrix der Übertragungsfunktionen F so bestimmt werden, daß Gl. (15) gilt.

$$Q_{2,\max} = \max_{\substack{u \in U \\ F \in \Delta F}} Q(u, y, F) \tag{15}$$

Für technische Apparate wird die konkrete Beantwortung der aufgeworfenen Frage nach dem dynamisch günstigsten Verhalten global nicht möglich sein, da ein verfahrenstechnisches Element bei unterschiedlichen Betriebsregimen und für verschiedene Zielstellungen eingesetzt werden kann. Unter Annahme einschränkender Voraussetzungen (z. B. Kenntnis der Eingangsgrößen, Kenntnis der statischen Auslegungsparameter, Linearität) wird es jedoch gelingen, ein Element mit dynamisch günstigen Eigenschaften zu bestimmen. Das geschieht in der Weise, daß die Matrix der Übertragungsfunktionen F im zulässigen Bereich ΔF derart variiert wird, daß Gl. (16) gilt.

$$Q_{3,\max} = \max_{F \in \Delta F} Q(u, y, F) \tag{16}$$

Der zulässige Bereich ΔF wird u. a. durch TGL-Vorschriften, statische Auslegung, ... festgelegt.
Berechnungsbeispiel: Am Beispiel des Rührkesselreaktors soll gezeigt werden, welchen Einfluß die geometrische Gestaltung auf das dynamische Verhalten hat.
Aufgabenstellung: Ein Reaktionsvolumen V_R ist durch einen Rührkesselreaktor so zu realisieren, daß dieser Apparat günstige dynamische Eigenschaften bzw. eine gute Regelbarkeit besitzt. Das Verhältnis der Höhe des Reaktors zu seinem Durchmesser ist zu bestimmen.
Vorgaben: Die volumenbeständige, homogene Flüssigphasenreaktion ist exotherm. Der Reaktorinhalt wird ideal durchmischt. Stoffwerteänderungen infolge kleiner Prozeßgrößenänderungen in der Nähe des Arbeitspunktes werden vernachlässigt. Der örtliche Gradient der Kühlmitteltemperatur kann vernachlässigt werden. Der Reaktionsmechanismus wird durch folgende Gleichung beschrieben:

$$\text{Stoff } A \rightleftharpoons \text{Stoff } B. \tag{17}$$

Die zeitlichen Änderungen der Schlüsselkomponente des Reaktionssystems c_M, der Reaktortemperatur T_p, der Kühlmitteltemperatur T_K und der Wandtemperatur T_W werden durch folgendes System von Differentialgleichungen beschrieben[1]):

$$\frac{dc_M}{dt} = \frac{1}{Vc_p}(\Delta \dot{c}_M - R) \tag{18}$$

$$\frac{dT_p}{dt} = \frac{1}{V\varrho_p c_p}(\Delta \dot{Q}_M + \dot{Q}_R + \dot{Q}_{Rü} - \dot{Q}_{PW} - \dot{Q}_{VP}) \tag{19}$$

$$\frac{dT_K}{dt} = \frac{1}{V_K \varrho_K c_K}(\Delta \dot{Q}_K + \dot{Q}_{WK} - \dot{Q}_{VK}) \tag{20}$$

$$\frac{dT_W}{dt} = \frac{1}{V_W \varrho_W c_p}(\dot{Q}_{PW} - \dot{Q}_{WK}) \tag{21}$$

$\dot{Q}$ — Wärmestrom
V — Volumen
ϱ — spezif. Dichte
c — spezif. Wärmekapazität
t — Zeit
R — Reaktionsterm

Indices
K — Kühlmedium
P — Produkt
V — Verlust
W — Wand
$Rü$ — Rührer

Lösung, Ergebnisse: Zur Beurteilung des dynamischen Verhaltens dieses verfahrenstechnischen Elementes wird die Regelbarkeit r gewählt, die als Quotient der Summenzeitkonstanten im Stör- und Stellsignalweg definiert ist, Gl. (22), [15].

$$r = \frac{\sum\limits_i T_{i\text{Stör.}} + \sum\limits_j T_{tj\text{Stör.}} - \sum\limits_r T_{vr\text{Stör.}}}{\sum\limits_i T_{i\text{Stell.}} + \sum\limits_j T_{tj\text{Stell.}} - \sum\limits_r T_{vr\text{Stell.}}} \tag{22}$$

Der Rührkesselreaktor ist so zu gestalten, daß r einen maximalen Wert annimmt.

Unter technischen Bedingungen wird die Produkttemperatur T_P als Hauptwirkungsgröße und der Kühlmittelstrom $\dot{V}_K$ als beeinflußbare Ursachengröße gewählt. Als Hauptstörgröße ergab sich die Produkteingangstemperatur T_{PE}. Der untersuchte lineare Betriebsfall ist in Abb. 8 dargestellt.

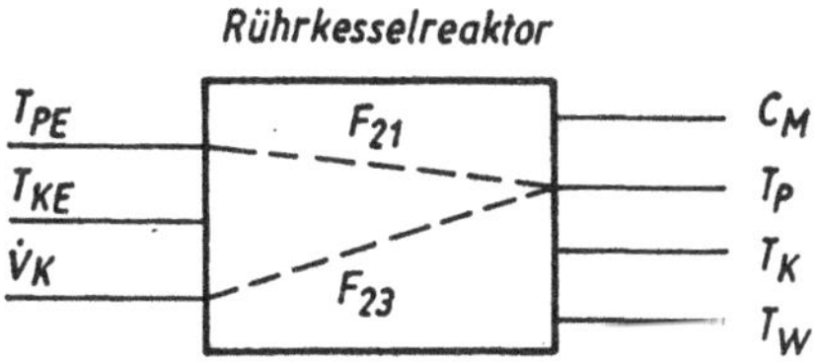

Abb. 8: Untersuchtes Übertragungsverhalten.

$F_{21}(p) = \frac{\Delta T_p(p)}{\Delta T_{PE}(p)}$ Störsignalübertragungsfunktion

$F_{23}(p) = \frac{\Delta T_p(p)}{\Delta \dot{V}_K(p)}$ Stellsignalübertragungsfunktion

[1]) Die Berechnung wurde mit Zahlenwerten durchgeführt, die [14] zu entnehmen sind.

In Abhängigkeit vom Schlankheitsgrad des Rührkesselreaktors ($s = H/D$) sind die Regelbarkeit r, die statischen Übertragungsfaktoren K_{21} und K_{23} und die Wärmeströme Q_{ij} in den Abb. 9 bis 11 dargestellt.

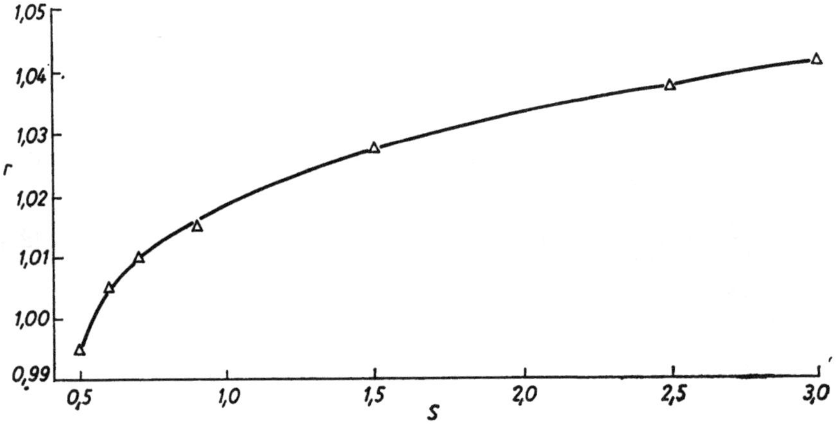

Abb. 9: Abhängigkeit der Regelbarkeit vom Schlankheitsgrad.

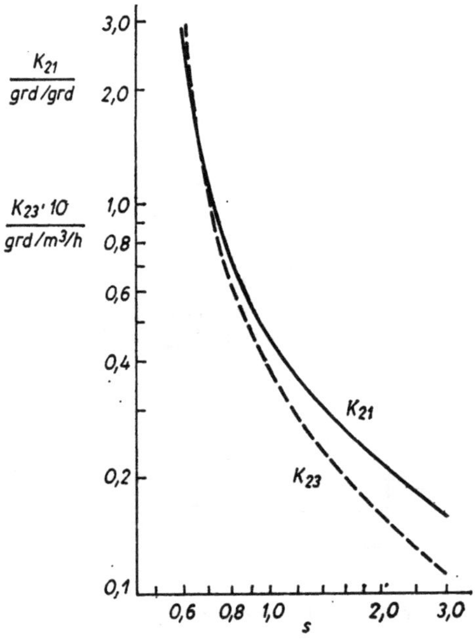

Abb. 10: **Abhängigkeit des statischen Übertragungsfaktors vom Schlankheitsgrad.**

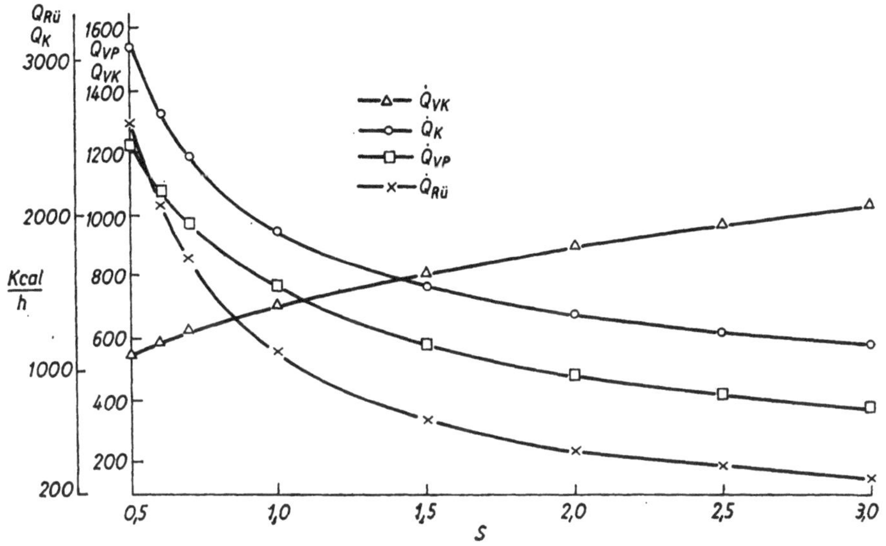

Abb. 11: Wärmeströme in Abhängigkeit vom Schlankheitsgrad.

Abb. 12 zeigt die Abhängigkeit der Verzögerungszeitkonstanten τ_1 und τ_2 der Stellsignalübertragungsfunktion $F_{23}(p)$.

Aus dynamischer Sicht ergibt sich für das vorliegende Beispiel die Empfehlung, $s \geqq 2$ zu wählen. Eine globale Empfehlung für die Wahl des Schlankheitsgrades kann erst erfolgen, wenn die Abhängigkeit des Prozeßverlaufes (Grad der Durchmischung), des Energiebedarfs (für den Rührerantrieb) und der

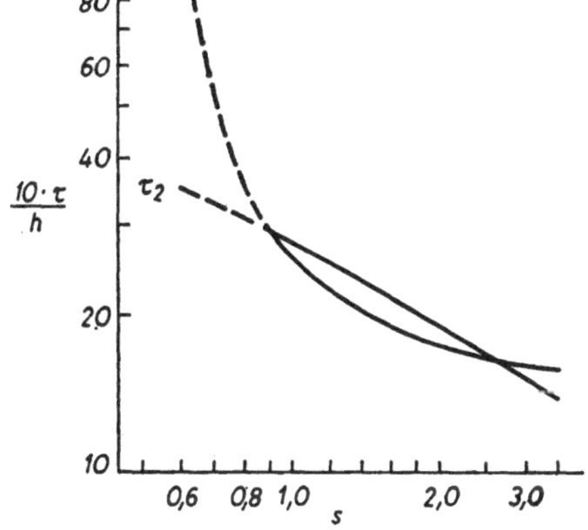

Abb. 12: Abhängigkeit der Zeitkonstanten vom Schlankheitsgrad.

Apparatekosten vom Schlankheitsgrad bestimmt sind (Polyoptimierung). Die Untersuchungsergebnisse zeigen jedoch, daß neben der bereits bekannten Möglichkeit des Einsatzes von Automatisierungsmitteln auch durch eine geeignete Apparategestaltung bzw. Auswahl von Apparaten [8] das dynamische Verhalten entscheidend beeinflußt werden kann. Diese Erkenntnis gewinnt an Bedeutung, wenn im Zusammenhang mit der Systemsynthese die verfahrenstechnischen Elemente zu dimensionieren sind.

Für den Fall, daß das dynamische Verhalten des verfahrenstechnischen Elementes zu bestimmen ist, wenn bei vorliegender Charakteristik der Eingangsgrößen eines linearen Elementes (z. B. Spektraldichte) die Streuung der entsprechenden Ausgangsgröße einen Grenzwert nicht übersteigen darf, können die entsprechenden Synthesevorschriften für das Element der einschlägigen Fachliteratur entnommen werden (Filtertheorie, z. B. [16]).

2.3. Untersuchung der Empfindlichkeit dynamischer Kennwerte verfahrenstechnischer Systeme

Zur vollständigen Kennzeichnung eines verfahrenstechnischen Systems sind Aussagen zu den Transformationsalgorithmen der Elemente (Gl. (3)) und zur Struktur (Gl. (5)) erforderlich. Das ist insofern nur eine notwendige Bedingung, da Gl. (3) und Gl. (5) zunächst keine Aussage darüber liefern, auf welche Weise ein bestimmtes charakteristisches Merkmal eines Systems effektiv verändert werden kann. Auf der Grundlage der durch die Anwendung der Methode der Empfindlichkeitsanalyse auf konkrete verfahrenstechnische Systeme erzielten Ergebnisse können jedoch entsprechende Maßnahmen festgelegt werden.

Die Empfindlichkeit E des Systems ist als die relative Abweichung eines systemkennzeichnenden Merkmals U (z. B. Übertragungsfunktion), die durch die Änderung einer bezogenen Systemkenngröße b hervorgerufen wird, definiert [17]:

$$E = \frac{\partial U/U}{\partial b/b} = \frac{\partial \ln U}{\partial \ln b} \tag{23}$$

Als Empfindlichkeitsfunktion Φ bezeichnet man die partielle Ableitung einer Kenngröße Q, die die Systemgüte charakterisiert, nach einem Parameter b_i (Gl. (24)).

$$\Phi_j = \frac{\partial Q}{\partial b_j} \quad (j = 1, 2, \ldots) \tag{24}$$

Wird Gl. (24) für die Analyse des dynamischen Verhaltens eines verfahrenstechnischen Systems angewendet, so sind zunächst unter den b_j die Struktur S des Systems bzw. die Funktionen T_{1i} ($i = 1, \ldots, N$) der Elemente (Gl. (1)) zu verstehen. Q kennzeichnet die dynamischen Eigenschaften des Systems (z. B. Summenzeitkonstante der Systemausgangsgröße, Werte der Streuungen ausgewählter Ausgangsgrößen verfahrenstechnischer Elemente, ...). Es existieren also mehrere Möglichkeiten zur Definition einer konkreten Funktion Φ. Unter der Voraussetzung, daß das Verhalten des Systems linear ist, kann folgender Zusammenhang hergeleitet werden. Zur Kennzeichnung des dynamischen Verhaltens des verfahrenstechnischen Systems wird der Wert der Streuung verwendet (Abb. 13).

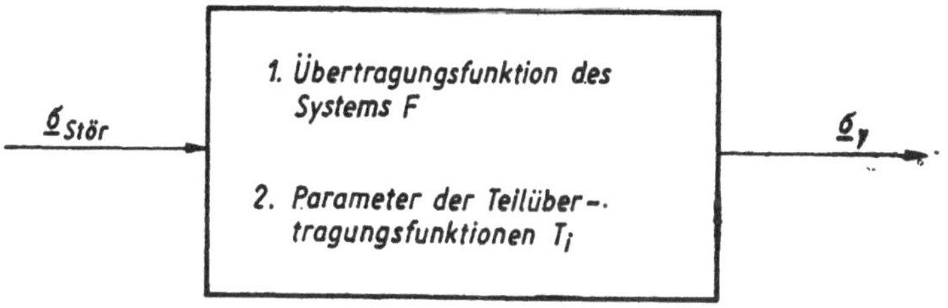

Abb. 13: Verfahrenstechnisches System.

Es ist bekannt, daß sich die spektrale Leistungsdichte der Ausgangsgröße $S_a(\omega)$ aus der spektralen Leistungsdichte der Eingangsgröße $S_e(\omega)$ und dem Übertragungsverhalten des verfahrenstechnischen Systems F errechnet (Gl. (25)).

$$S_a(\omega) = |F(j\omega)|^2 \, S_e(\omega) \tag{25}$$

Der Zusammenhang zwischen der Streuung σ und der spektralen Leistungsdichte ist mit dem PARSEVALschem Theorem gegeben. Wenn der Mittelwert der betrachteten Größe gleich 0 ist, dann gilt Gl. (26).

$$\sigma^2 = \frac{1}{2\pi} \int_{-\infty}^{\infty} S(\omega)\, d\omega \tag{26}$$

Da außerdem die Gesamtübertragungsfunktion des verfahrenstechnischen Systems F eine Funktion der Einzelübertragungsfunktionen F_i der verfahrenstechnischen Elemente (entspricht der Struktur des Systems) und deren Zeitkonstanten T_{ij} (entspricht den Parametern der Elemente) ist, ergibt sich für die Streuung der Systemausgangsgröße folgende Abhängigkeit.

$$\sigma_y = f(F_i, T_{ij}) \tag{27}$$

Unter Anwendung der Gl. (24) können dann 2 Empfindlichkeitsfunktionen Φ definiert werden:

$$\Phi_1 = \frac{\partial \sigma_y}{\partial F^*} = \frac{\partial f(F_i, T_{ij})}{\partial F^*} \tag{28}$$

$$\Phi_2 = \frac{\partial \sigma_y}{\partial T_{ij}} = \frac{\partial f(F_i, T_{ij})}{\partial T_{ij}} \tag{29}$$

Φ_1 kennzeichnet insbesondere den Einfluß der Strukturveränderungen (F^*) auf die Streuung der betrachteten Ausgangsgröße. Unter der Größe F^* sind die entsprechenden Teilübertragungsfunktionen des verfahrenstechnischen Systems zu verstehen (z. B. einzelne Schleifen bzw. Pfade des Systems). Durch Φ_2 wird der Einfluß von Veränderungen der Parameter einzelner Systemelemente auf die Streuung ausgedrückt. Diese Untersuchungen basieren auf den in der Praxis vorliegenden Fall, daß sich z. B. auf Grund der Funktionsuntüchtigkeit eines verfahrenstechnischen Elementes die Struktur des Systems ebenso ändern kann wie bei vorgesehenen Rekonstruktionsmaßnahmen mit der Zielstellung, eine bessere Stoff- und Energieausnutzung zu erreichen. Analoge Beispiele können zu den möglichen Änderungen der Parameter der einzelnen verfahrenstechnischen Elemente angeführt werden.

Mit Hilfe der errechneten Φ_j kann entschieden werden, welche Maßnahmen für die Aufrechterhaltung des dynamischen Verhaltens erforderlich sind bzw. durch welche Maßnahmen das dynamische Verhalten des verfahrenstechnischen Systems effektiv verändert werden kann.

Die Realisierbarkeit dieser Maßnahmen muß allerdings im Zusammenhang mit allen weiteren Aspekten der Systemauslegung überprüft werden (Gesamtkosten, Statik, ...). Am Beispiel eines konkreten verfahrenstechnischen Systems [18] wurde untersucht, wie sich die Werte der Streuungen σ_{ij} aller Ausgangsgrößen der verfahrenstechnischen Elemente als Maß der dynamischen Eigenschaften bei Änderung der Übertragungseigenschaften (Gl. (3)) ausgewählter Elemente ändern. Der Einfluß der Struktur auf die σ_{ij} wurde ebenfalls betrachtet.

Die mathematischen Modelle der Elemente des in Abb. 14 dargestellten Systems sind Übertragungsfunktionen vom Typ $P\text{-}T_1$ [18]. Am Eingang des Systems wirkt als Störgröße ein Tiefpaßrauschen 1. Ordnung ($w_{\text{grenz}} = 0{,}75\ \text{s}^{-1}$). Folgende Strukturvarianten sind untersucht worden.

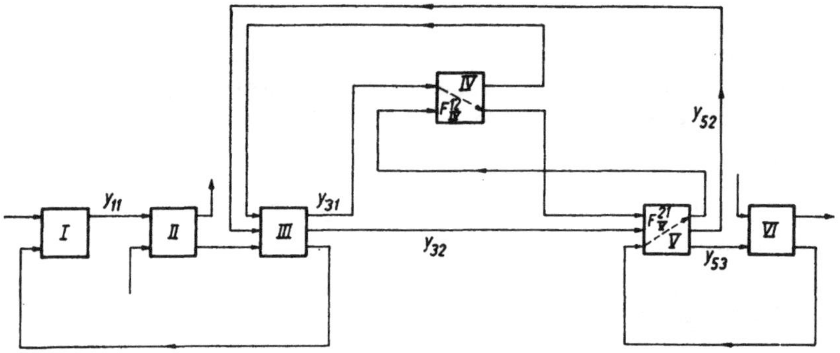

Abb. 14: Blockschaltbild des untersuchten verfahrenstechnischen Systems [18].

Variante	1	2	3	4
Erläuterung	s. Abb. 14	wie Var. 1, ohne Element II	Kopplung zw. Element IV u. V entfällt	wie Variante 1, ohne Element IV

Aus technologischer Sicht interessieren insbesondere die Werte der Streuungen der in Abb. 14 gekennzeichneten Ausgangsströme.

Die ermittelten Rechenergebnisse sind auszugsweise in Tab. 5 zusammengefaßt.

Tabelle 5: Ergebnisse der quantitativen Untersuchung.

Ausgangsgrößen ↓	Streuungen → σ	Variante			
		1	2	3	4
y_{11}		0,1948	0,7133	0,0734	0,0332
y_{31}		1,1577	4,5651	0,1908	—
y_{32}		0,6934	2,7260	0,1215	0,0728
y_{52}		3,4494	14,296	0,4648	0,4496
y_{53}		1,6459	5,4016	0,2469	0,1624

Ausgehend von dem ursprünglichen verfahrenstechnischen System (Variante 1) zeigt sich, daß bei Ausfall des in Reihe geschalteten Elementes II (Variante 2) unter Berücksichtigung der Eigenschaften der Elementenmodelle (Verzögerungsverhalten 1. Ordnung) die Werte der Streuungen sehr stark ansteigen, d. h. die Abweichungen vom Mittelwert nehmen in diesem Fall zu. Der Ausfall des Elementes IV führt andererseits dazu, daß gegenüber der Vergleichsvariante die Werte der Streuungen wesentlich kleiner sind. Die insgesamt durchgeführten Untersuchungen [18] rechtfertigen folgende Aussagen:

- Die Werte der Streuungen sind von der Systemstruktur abhängig.
- Verfahrenstechnische Rückkopplungen haben einen ungünstigen Einfluß auf die Werte der Streuungen.
- Bei Reihenschaltungen sind die Werte der Streuungen stark vom Verhältnis der Grenzfrequenz der verfahrenstechnischen Elemente und der entsprechenden Frequenz der Störgrößen abhängig.

Die quantitative Bestimmung der Funktion Φ_1 setzt voraus, daß Gl. (27) analytisch erfaßt wird.

$$\sigma = \sqrt{\frac{1}{2\pi} \int_{-\infty}^{\infty} |F(j\omega)|^2 \cdot S_e(\omega)\, d\omega} \tag{30}$$

Der Frequenzgang des verfahrenstechnischen Systems $F(j\omega)$ setzt sich entsprechend der vorliegenden Struktur aus den Teilfrequenzgängen der Elemente F_i zusammen. Die explizite Bestimmung von F kann beispielsweise nach der MEASON-Vorschrift erfolgen. In Abhängigkeit von der konkreten Gestalt der Gl. (30) kann dann Φ_1 auf analytischem oder numerischem Weg bestimmt werden.

Die Änderung der Übertragungseigenschaften einiger Elemente erfolgte für das ursprüngliche verfahrenstechnische System (Variante 1) in der Weise, daß die dynamischen Kennwerte (Zeitkonstanten) gezielt verändert wurden. Es bestehen daher die Möglichkeiten, das dynamische Verhalten durch entsprechende Automatisierungsmittel oder durch eine geometrische Gestaltung (siehe Abschn. 2.2.) zu beeinflussen. Nachfolgend werden auszugsweise einige Untersuchungsergebnisse interpretiert:

- Eine Vergrößerung der Verzögerungszeitkonstanten führt bei gegebener Störgrößencharakteristik zu einer Verringerung der Werte der Streuungen (z. B. verringerte sich für y_{21} die Streuung von $\sigma = 0{,}1747$ auf $\sigma = 0{,}1389$, nachdem die größte Zeitkonstante des Elementes II um 50% vergrößert wurde).
- Entscheidend für die Wahl der dynamischen Kennwerte der verfahrenstechnischen Elemente sind die Charakteristika der Störgrößen.
- Die Empfindlichkeitsfunktion Φ_2 kann in analoger Weise wie die Funktion Φ_1 bestimmt werden. In Abb. 15 sind die Funktionswerte Φ_2 für Änderungen der in Abb. 14

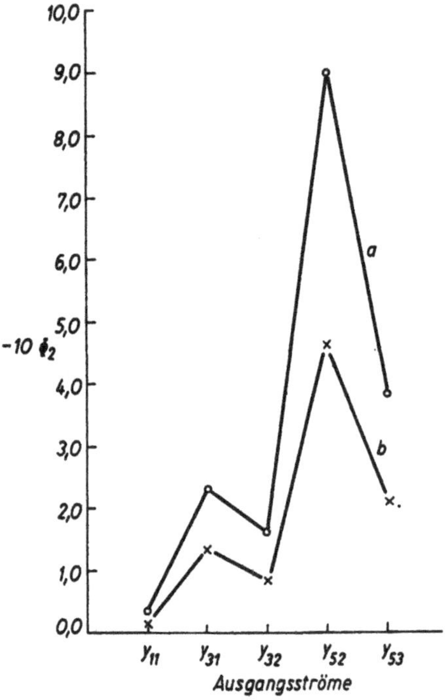

Abb. 15: Funktion Φ_2 für verschiedene Ausgangsströme.

a – Änderung der Zeitkonstante T der Übertragungsfunktion F_{IV}^{12} ($\Delta T = 50\%$)

b – Änderung der Zeitkonstante T der Übertragungsfunktion F_V^{21} ($\Delta T = 50\%$)

eingezeichneten Teilübertragungsfunktionen F_{VI}^{12} bzw. F_V^{21} dargestellt ($\Delta T = 50\%$). Die Ergebnisse zeigen, daß der Einfluß dieser Änderungen auf die einzelnen Ausgangsströme sehr unterschiedlich ist. Auf Grund der Kopplung der einzelnen Prozeßgrößen und des Übertragungverhaltens der Elemente kann ohne Untersuchungen dieser Art nicht ohne weiteres angegeben werden, welche Auswirkungen Parameteränderungen auf die interessierenden Ausgangsgrößen y_{ij} haben, so daß die Kenntnis der Empfindlichkeitsfunktionen für eine Entscheidungsfindung eine entsprechende Bedeutung besitzen.

Im Hinblick auf die Systemsynthese kann eingeschätzt werden, daß das dynamische Verhalten des linearen Gesamtsystems erst mit Fixierung der Struktur und der dynamischen Eigenschaften der Elemente eindeutig bestimmbar ist.

2.4. Stabilitätsuntersuchungen

Ein Merkmal zur Kennzeichnung eines verfahrenstechnischen Systems ist die Kompliziertheit (Anzahl von Kopplungen zwischen den Elementen). Moderne Anlagen zeichnen sich vor allem dadurch aus, daß durch entsprechende Abwärmeausnutzung und Rohstoffverwertung (großer Kompliziertheitsgrad) eine hohe Effektivität erreicht wird. Die dabei erforderlichen Rückkopplungen als auch die ohnehin existierenden Rückkopplungen innerhalb eines verfahrenstechnischen Elementes (Wärmeleitung, Diffusion, ...) sind Ursachen für das Auftreten nichtstabiler stationärer Zustände. Eine wesentliche Forderung für die Synthese verfahrenstechnischer Systeme besteht jedoch darin, daß Stabilität garantiert ist.

Insbesondere in den letzten 15 Jahren ist in verstärktem Maße eine Auseinandersetzung mit den Problemen der Stabilität in der Fachliteratur festzustellen. Die Untersuchungen beschränken sich jedoch weitestgehend auf verfahrenstechnische Elemente, wie z. B. Reaktoren, oder auf einfache verfahrenstechnische Systeme, wie z. B. Reaktor mit Wärmeübertrager oder Reaktor mit Separator. Stabilitätsbetrachtungen bei komplizierten verfahrenstechnischen Systemen befinden sich noch im Anfangsstadium [12]. Die Ursachen liegen darin begründet, daß bei den letztgenannten Systemen die Zahl der Elemente und damit der Koppelbeziehungen sehr groß ist und die Elemente selbst in vielen Fällen unbedingt durch partielle Differentialgleichungen zu beschreiben sind (Objekte mit verteilten Parametern). Während für Elemente, deren Verhalten durch gewöhnliche Differentialgleichungen beschrieben wird, eine allgemeine Theorie für die Untersuchung der Stabilität der stationären Zustände angewendet werden kann, existiert eine solche Theorie für Elemente mit verteilten Parametern noch nicht. Die Stabilitätsuntersuchungen komplizierter verfahrenstechnischer Systeme sind eng mit den Schwierigkeiten der Modellierung dieser Systeme gekoppelt.

Eine weitere Spezifik besteht darin, daß solche Stabilitätskriterien zu finden sind, deren Anwendung auf konkrete Systeme rechentechnisch realisierbar ist (Rechenzeit, Speicherplatzbedarf) [12]. Ein konkretes verfahrenstechniches System ist außerdem dadurch gekennzeichnet, daß zahlreiche Elemente nichtlineares Verhalten besitzen. Für den Fall, daß das Stabilitätsverhalten nur in der Umgebung eines stationären Zustandes interessiert, können die nichtlinearen Beziehungen durch lineare substituiert werden. Der Umfang der zu lösenden rechentechnischen Probleme reduziert sich dann erheblich. Die erhaltenen Aussagen besitzen jedoch nur in unmittelbarer Nähe des stationären Zustandes Gültigkeit, man spricht daher von Stabilitätsuntersuchungen im „Kleinen“.

Untersuchungen, die auf der Grundlage linearisierter Gleichungen durchgeführt werden, ermöglichen außerdem keine umfassende Widerspiegelung der Stabilitätseigenschaften des ursprünglich nichtlinearen Systems. So existiert z. B. die reale Situation, daß im „Kleinen“ stabiles Verhalten ermittelt wurde, aber die Zustandsgrößen des Systems bei Einwirkung von Störgrößen einer bestimmten Amplitude Schwingungen ausführen. Eine Stabilitätsuntersuchung im „Großen“ ist daher ebenfalls erforderlich, wobei umfangreiche theoretische und mathematische Probleme auftreten (z. B. Bestimmung der Zahl und der Stabilitätseigenschaften stationärer Zustände). Bei der Stabilitätsuntersuchung bedürfen folgende Aufgaben einer Lösung:

1. Formulierung von Stabilitätskriterien für das linearisierte verfahrenstechnische System.
2. Bestimmung der Anzahl der stationären Zustände des Systems.
3. Formulierung der Bedingungen, bei denen aus der Stabilität im „Kleinen“ die Stabilität im „Großen“ folgt.
4. Stabilitätsuntersuchungen im „Großen“ (Stabilitätseigenschaften der stationären Zustände, Bestimmung der Einzugsgebiete, ...).
5. Schlußfolgerungen für die Systemsynthese.

Die Stabilität verfahrenstechnischer Systeme wird von 3 entscheidenden Faktoren beeinflußt:

- Stabilitätsverhalten der einzelnen Elemente
- Struktur des Systems
- Charakter der Eingangs- und Steuervariablen.

Insbesondere sind solche verfahrenstechnischen Elemente zu untersuchen, die Quell- oder Senkenterme (nichtlineares Verhalten) enthalten (vor allem Reaktoren). Für diese Elemente können trotz einer technisch bedingten Begrenzung des Variablenbereiches z. B. der Temperatur, der Konzentration, ... mehrere stationäre Lösungen existieren. Da auf analytischem Weg nur in einfachen Fällen die Anzahl der stationären Lösungen vorhergesagt werden kann, ist für die Untersuchung komplizierterer Anwendungsbeispiele ein Suchalgorithmus zu entwickeln, der das Auffinden aller stationären Lösungen gestattet. Existieren mehrere solcher Lösungen, sind deren Stabilität und die Einzugsgebiete der stabilen Zustände zu untersuchen.

Das Stabilitätsverhalten eines verfahrenstechnischen Systems wird wesentlich von seiner Struktur beeinflußt. Ein z. B. auf statischer Überlegung basierender Vorschlag für die Nutzung der Reaktionswärme bei einer chemischen Umsetzung kann mit einer positiven Rückkopplung verbunden sein (Abb. 16).

Hinsichtlich des Stabilitätsverhaltens treten hierbei instabile Zustände auf. In Abhängigkeit von der Größe der nutzbaren Wärmemenge kann in diesem speziellen Beispiel durch einen weiteren steuerbaren Wärmeübertrager eine stabile Betriebsweise garantiert werden. Anderenfalls ist die direkte Rückkopplung des Energiestromes zu umgehen (Reaktionswärme für sekundäres Teilsystem nutzen) oder im Extremfall sogar auf eine Wärmenutzung zu verzichten.

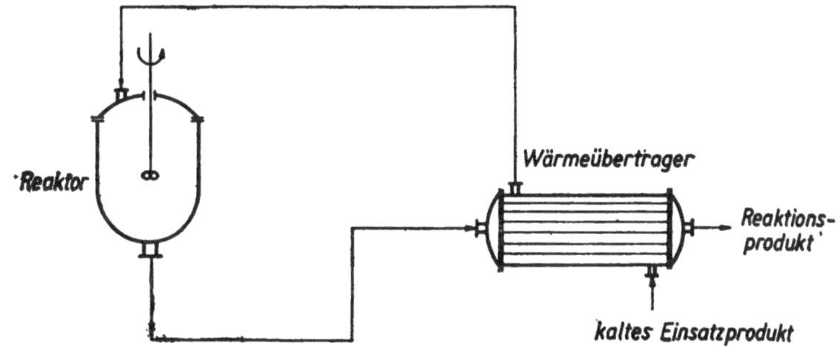

Abb. 16: Schaltung für die Nutzung von Reaktionswärme (instabil).

Der Einfluß der Struktur eines verfahrenstechnischen Systems auf das Stabilitätsverhalten wird allgemein dadurch deutlich, daß bei unterschiedlicher Verschaltung von Elementen mit a-priori-stabilem Verhalten unterschiedliche Stabilitätseigenschaften des Gesamtsystems auftreten können.

Auf dem Gebiet der Technischen Kybernetik existieren zahlreiche Untersuchungen zum Stabilitätsverhalten nichtlinearer Elemente. Es ist bekannt, daß dabei die Charakteristika der Eingangs- und Steuervariablen einen bedeutenden Einfluß auf das Stabilitätsverhalten haben (s. o.; Einfluß des Betrages der Amplitude einer Eingangsgröße auf die Herausbildung stabiler oder instabiler Grenzzyklen).

Im folgenden soll die Untersuchung der Stabilität im „Kleinen“ (lineare bzw. linearisierte verfahrenstechnische Systeme) näher betrachtet werden.

Das i-te Element eines verfahrenstechnischen Systems wird durch Gl. (1) beschrieben (Abschnitt 1.). Unter der Voraussetzung, daß der Transformationsalgorithmus T_{1i} linear ist und die Zustandsgrößen im Zeitpunkt $t = 0$ den Wert 0 haben, können die Größen des Elementes LAPLACE-transformiert werden. Aus Gl. (1) ergibt sich die äquivalente Beziehung im Bildbereich:

$$\mathbf{Y}_i^*(p) = \mathbf{H}_i(p)\, \mathbf{U}_i^*(p) \tag{31}$$

Die Transformation der Funktion $f(t)$ in den Bildbereich erfolgt nach folgender allgemeiner Vorschrift:

$$F^* = \mathscr{L}\{f(t)\} = \int_0^\infty f(t)\, e^{-pt}\, dt \qquad (32)$$

Die Übertragungsmatrix des i-ten Elementes $\mathbf{H}_i$ legt dabei fest, wie der Vektor der Eingangsgrößen $\mathbf{U}_i^*$ im Bildbereich in den Vektor der Ausgangsgrößen $\mathbf{Y}_i^*$ transformiert wird. Gl. (31) kann auch in folgender Form dargestellt werden.

$$Y_{ij}^* = H_i^{j1} U_{i1}^* + \cdots + H_i^{jm} U_{im}^*; \quad j = 1, \ldots, r \qquad (33)$$

Entsprechend der Annahme, daß das verfahrenstechnische System aus N Elementen besteht und jedes Element einen Eingangs- bzw. einen Ausgangsgrößenvektor besitzt, wird in Analogie zum Zeitbereich (Gl. (3)) das Verhalten des Systems im Bildbereich durch Gl. (34) beschrieben.

$$\boldsymbol{Y}^*(p) = \boldsymbol{H}(p)\, \boldsymbol{U}^*(p) \qquad (34)$$

$$\boldsymbol{Y}^* = \begin{pmatrix} \mathbf{Y}_1^* \\ \vdots \\ \mathbf{Y}_N^* \end{pmatrix}; \quad \boldsymbol{U}^* = \begin{pmatrix} \mathbf{U}_1^* \\ \vdots \\ \mathbf{U}_N^* \end{pmatrix}; \quad \boldsymbol{H} = \begin{pmatrix} \mathbf{H}_1 & \cdots & 0 \\ \vdots & \mathbf{H}_2 & \vdots \\ 0 & \cdots & \mathbf{H}_N \end{pmatrix}$$

Die Kopplung zwischen den einzelnen Elementen eines verfahrenstechnischen Systems wurde bereits durch Gl. (4) ausgedrückt. Die Gleichung für die Gesamtkopplungen des Systems lautet dann im Bildbereich:

$$\boldsymbol{U}^*(p) = \mathbf{S}\boldsymbol{Y}^*(p) \qquad (35)$$

Die Strukturmatrix $\mathbf{S}$ ist durch Gl. (5) erklärt.

Bei einem verfahrenstechnischen System ist zwischen Systemeingangs- oder Randeingangsgrößen ($\boldsymbol{U}_R$) und systeminternen Eingangsgrößen ($\boldsymbol{U}_\mathrm{I}$) zu untersuchen, d. h. es gilt

$$\boldsymbol{U}^*(p) = \begin{pmatrix} \boldsymbol{U}_\mathrm{I}^*(p) \\ \boldsymbol{U}_R^*(p) \end{pmatrix} \qquad (36)$$

Entsprechend Gl. (36) wird eine Zuordnung der Übertragungsmatrizen $\mathbf{H}_i$ vorgenommen. Für die systeminternen Eingangsgrößen $\boldsymbol{U}_\mathrm{I}^*(p)$ ergibt sich unter Berücksichtigung von Gl. (35)

$$\boldsymbol{U}_\mathrm{I}^*(p) = \mathbf{S}_\mathrm{I}\boldsymbol{Y}^*(p). \qquad (37)$$

Nach einfacher Umformung erhält man für die Berechnung der Ausgangsgrößen Gl. (38)

$$\boldsymbol{Y}^*(p) = \begin{pmatrix} \boldsymbol{Y}_\mathrm{I}^*(p) \\ \boldsymbol{Y}_R^*(p) \end{pmatrix} = \begin{pmatrix} \boldsymbol{H}_\mathrm{I}(p)\, \mathbf{S}_\mathrm{I}\boldsymbol{Y}^*(p) \\ \boldsymbol{H}_R(p)\;\; \boldsymbol{U}_R^*(p) \end{pmatrix}. \qquad (38)$$

Die charakteristische Gleichung des linearen bzw. linearisierten verfahrenstechnischen Systems folgt unter Berücksichtigung von Gl. (35) aus Gl. (34)

$$\det \{\boldsymbol{H}(p)\, S - \boldsymbol{E}\} = 0. \tag{39}$$

$\boldsymbol{E}$ stellt die Übermatrix aller Einheitsmatrizen dar.

Die Stabilitätsuntersuchung beschränkt sich nach den entsprechenden Transformationen auf die Analyse der Gl. (39). Es ist festzustellen, ob die Lösungen dieser Gleichungen reell bzw. komplex sind und negatives oder positives Vorzeichen besitzen. Für die Stabilität des stationären Zustandes muß gelten, daß der Realteil aller Wurzeln der Gl. (39) ein negatives Vorzeichen besitzt, d. h.

$$\mathrm{Re}\,(p_{ij}) < 0.$$

Der Rechenaufwand für die Bestimmung der Wurzeln wird von der Zahl der Elemente N und dem Kompliziertheitsgrad des Systems abhängig sein. Für einfache verfahrenstechnische Systeme existieren in der einschlägigen Fachliteratur zahlreiche Berechnungsbeispiele (z. B. [12, 13]). Besitzt ein verfahrenstechnisches System jedoch eine relativ hohe Anzahl N von Elementen, so ist es notwendig, das Gesamtsystem sinnvoll in Teilsysteme zu zerlegen und deren Stabilität zu untersuchen. Auf der Grundlage der Stabilitätseigenschaften dieser Teilsysteme und der Struktur der Koppelbeziehungen zwischen diesen Teilsystemen kann das Stabilitätsverhalten des Gesamtsystems ermittelt werden [19].

Zur Überprüfung der Stabilität kann weiterhin die Methode der Aufstellung und Untersuchung geeigneter Ljapunow-Funktionale angewendet werden [19, 20], ebenso die Methode der Analyse des Amplituden-Phasenganges eines verfahrenstechnischen Systems [13].

3. Synthese verfahrenstechnischer Systeme unter besonderer Berücksichtigung der Dynamik

3.1. Vorbemerkungen

Entwurfsalgorithmen besitzen für die Synthese verfahrenstechnischer Systeme eine große Bedeutung. Um die mit der Anwendung von Synthesevorschriften verbundenen Vorteile nutzen zu können, sind die entsprechenden Algorithmen so zu gestalten, daß einerseits der erforderliche Aufwand in vertretbarem Umfang bleibt und andererseits die wesentlichen Eigenschaften der real existierenden verfahrenstechnischen Systeme (z. B. lineares oder nichtlineares Verhalten, statisches oder dynamisches Verhalten, ...) erfaßt werden. Die Berücksichtigung des letztgenannten Gesichtspunktes wird entscheidend vom Charakter der Zielfunktion bestimmt.

Verschiedene Arbeiten der einschlägigen Fachliteratur setzten sich in den Jahren seit 1968 mit der optimalen Synthese verfahrenstechnischer Systeme auseinander, z. B.

Rudd, Westerberg, King, Nishida/Ichikawa, Kafarow, Hartmann, Ostrowski, Taganow.

Diese Arbeiten beziehen sich dabei auf die optimale Synthese statischer Prozeßsysteme. Bei zahlreichen industriellen Prozessen kann jedoch die zeitliche Änderung der Prozeßgrößen nicht vernachlässigt werden (siehe Abschn. 1.2.). Darüber hinaus gewinnt die Untersuchung des dynamischen Verhaltens verfahrenstechnischer Systeme an Bedeutung, da die Förderung nach stofflicher und energetischer Rückkopplung sehr oft als das Ergebnis einer theoretischen statischen Systemauslegung anzusehen ist, die damit verbundenen Konsequenzen in dynamischer Hinsicht aber unbekannt sind. Das Ziel der Untersuchung besteht deshalb darin, daß die bekannten und erprobten statischen Entwurfsalgorithmen dahingehend erweitert werden, daß die dynamischen Aspekte Berücksichtigung finden. Dann wird es möglich sein, die statische Systemsynthese der dynamischen gegenüberzustellen und eine Nutzensbetrachtung anzuschließen. Die bei einer statischen Systemauslegung auftretenden „dynamischen" Effekte müssen zwangsläufig durch eine externe Prozeßsteuerung kompensiert werden. Zunächst wird jedoch die Aufmerksamkeit auf die Entwicklung eines dynamischen Synthesealgorithmus gelenkt.

Definition:

Unter Synthese eines optimalen dynamischen verfahrenstechnischen Systems versteht man das Finden einer zulässigen Struktur sowie die Festlegung der Konstruktions-, Eingangs- und Steuervariablen der Elemente, so daß unter Einhaltung der Nebenbedingungen (Gl. (40)) die Systemzielfunktion Gl. (41) erfüllt wird.

$$\begin{aligned}
&\dot{Y}_i(t) = f_i\big(Y_i(t), U_{si}(t), U_{STi}(t), m_i\big)\\
&Y_i(0) = Y_i^0; \quad i = 1, 2, \ldots, N\\
&U_{si}(t) = \sum_{j=1}^{N} \alpha_{ij} Y_j(t); \quad j = 1, 2, \ldots, N\\
&\sum_{i=1}^{N} \alpha_{ij} = 1; \quad j = 1, 2, \ldots, N\\
&\alpha_{ij} \geqq 0; \quad i, j = 1, 2, \ldots, N\\
&\alpha_{1j} = 0; \quad j = 1, 2, \ldots, N\\
&\alpha_{iN} = 0; \quad i = 1, 2, \ldots, N
\end{aligned} \tag{40}$$

$$Q = \sum_{i=1}^{N} Q_i = \sum_{i=1}^{N} \int_0^T q_i\left(Y_i(t),\, U_{si}(t),\, U_{STi}(t),\, m_i\right) dt = \text{Extremwert} \quad (41)$$

$$q_i = q_{iE} + q_{iTr}$$

$$q_{iE} = f_{iE}(Y_i,\, U_{si},\, U_{STi},\, m_i)$$

$$q_{iTr} = f_{iTr}\left(Y_i,\, \sum_{j=1}^{N} \alpha_{ij}\right)$$

f — Funktionssymbol
i, j — Laufindices
m — Vektor der konstruktiven Variablen
N — Zahl der verfahrenstechnischen Elemente
Q — Systemzielfunktion
Q_i — Zielfunktion des Elementes i
q_{iE} — Betriebs- und Investkosten des Elementes
q_{iTr} — Kosten für den vom Element i in andere Elemente gehenden Ausgangsstrom
T — Endzeit des Prozesses
t — Zeit
U_{ST} — unabhängig veränderliche Eingangsgrößen; es gilt: $\{U_i\} = \{U_{ST}\} \cap \{U_s\}$
U_s — sonstige Eingangsgrößen
y — Ausgangsgrößen
α_{ij} — Strukturparameter.

3.2. Synthesealgorithmus

Voraussetzungen, Annahmen:

Die für die Erfüllung der Gl. (41) erforderliche Variation der Struktur-, Konstruktions-, Eingangs- und Steuervariablen kann nur in einem vorgegebenen zulässigen Bereich $\mathfrak{M}$ erfolgen. Dieser Bereich soll definiert sein. Man spricht dann von zulässigen Optimierungsvariablen, wenn diese innerhalb von $\mathfrak{M}$ liegen. Wenn durch Gl. (41) der sich zeitlich ändernde Systemzustand berücksichtigt wird, dann bezieht sich die Zeitvarianz nur auf die Eingangs-, Ausgangs- und Steuergrößen. Die zulässige Struktur sowie die Konstruktionsvariablen werden im Stadium der Systemsynthese bestimmt und bleiben während der Prozeßdauer T konstant.

Für die Lösung der Syntheseaufgabe ist ein geeignetes Optimierungsverfahren auszuwählen. Sollen die Mittel der Variationsrechnung zur Anwendung gelangen, dann sind weiterhin folgende Annahmen unerläßlich:

— 2fach stetige Differenzierbarkeit der Funktionen q_{iE}, q_{iTr} und f_i sowie die Erfüllung der Lipschitz-Bedingungen
— determiniertes Prozeßsystem, d. h. mit den Eingangs-, Konstruktions- und Steuergrößen sind die Ausgangsgrößen eines Elementes eindeutig festgelegt
— stückweise stetige Steuervektoren.

Notwendige Optimalitätsbedingungen:

Analog zur Theorie des Maximumprinzips werden folgende Skalarfunktionen definiert [21]:

$$H_i = -q_{iE}(Y_i, U_{si}, U_{STi}, m_i) + \lambda_i^T \cdot f_i(Y_i, U_{si}, U_{STi}, m_i) \tag{42}$$

$$S_i = \sum_{j=1}^{N} \left(-q_{iTr}(Y_i, \alpha_{ji}) + \mu_j^T \cdot Y_i \cdot \alpha_{ji}\right) \tag{43}$$

$$i = 1, 2, \ldots, N$$

(λ, μ — Hilfsvektoren).

Die gekoppelten Hilfsgleichungen sind durch Gln. (44), (45) und (46) gegeben.

$$\dot{\lambda}_i^T + \lambda_i^T \frac{\partial f_i}{\partial Y_i} - \left(\frac{\partial q_{iE}}{\partial Y_i} + \frac{\partial q_{iTr.}}{\partial Y_i}\right) + \sum_{j=1}^{N} \mu_j^T \cdot \alpha_{ji} = 0 \tag{44}$$

$$\frac{\partial q_{iE}}{\partial U_{is}} - \lambda_i^T \frac{\partial f_i}{\partial U_{is}} + \mu_i^T = 0 \tag{45}$$

$$\lambda_i(T) = 0 \tag{46}$$

$$(i = 1, 2, \ldots, N)$$

Das dynamische verfahrenstechnische System ist dann und nur dann optimal, wenn unter Berücksichtigung der formulierten Voraussetzungen die zulässige Struktur bzw. die zulässige Konstruktion die schwache Maximumbedingung und die zulässige Steuerung die Maximumbedingung erfüllen, d. h. für gegebene Werte von Y_i, U_{is}, λ_i und μ_i sind die Funktionen

$$\bar{H}_i = \int_0^T H_i(Y_i, U_{is}, U_{isT}, m_i, \lambda_i)\, dt \tag{47}$$

$$\bar{S}_i = \int_0^T S_i\left(Y_i, \sum_{j=1}^{N} \alpha_{ij}, \sum_{j=1}^{N} \mu_j\right) dt \tag{48}$$

bezüglich Struktur und Konstruktion stationär bzw. erreichen ihr Maximum, wenn die zulässige Struktur und/oder die zulässige Konstruktion auf dem Rand der zulässigen Bereiche liegen [21].

Die Anwendung dieser Bedingungen ist mit mathematischen Schwierigkeiten verbunden. Die optimalen Werte des Hilfsvektors erhält man durch Lösung des Hilfsgleichungssystems, das jedoch die Kenntnis der gesuchten optimalen Werte der Strukturvariablen voraussetzt, so daß die Synthese eines optimalen verfahrenstechnischen Systems mit der Lösung eines 2-Punkt-Randwertproblemes verbunden ist. Der Umfang der auftretenden Schwierigkeiten wird besonders dann deutlich, wenn an die hohe Zahl der Elemente und an die typischen Nichtlinearitäten eines verfahrenstechnischen Systemes gedacht wird. Es ist deshalb ein effektiver Berechnungsalgorithmus zu finden. Ausgehend von dem von Ichikawa und Fan [22] entwickelten statischen Synthesealgorithmus wird folgende Erweiterung vorgeschlagen (Abb. 17).

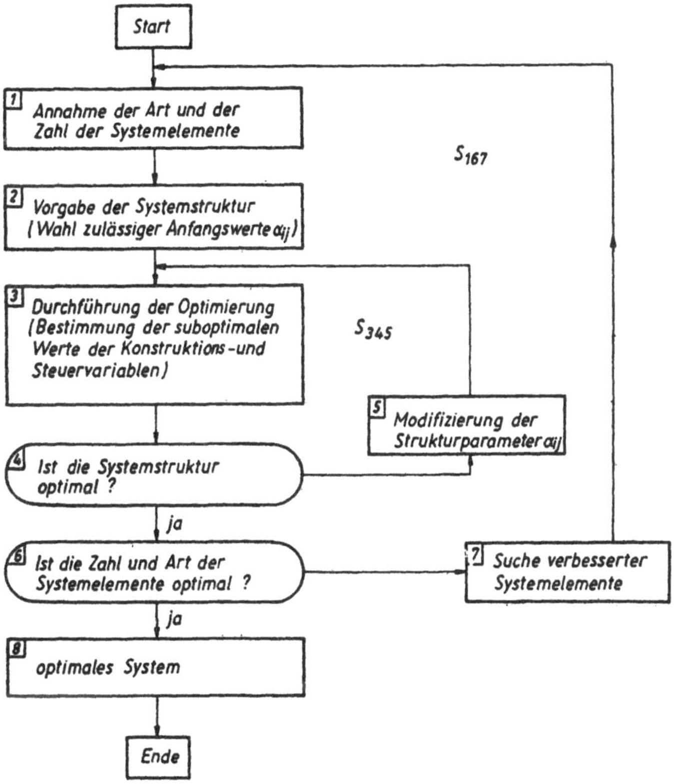

Abb. 17: Grobalgorithmus zur Systemsynthese.

- Die Optimierung im Block 3 erfolgt unter der Bedingung, daß die Nebenbedingungen als gewöhnliche Differentialgleichungen mit der Zeitkoordinate t als unabhängige Variable oder als partielle Differentialgleichungen (Zeit und Ort als unabhängige Variable) vorgegeben sind (z. B. Gl. (40)).
- Die Entscheidung im Block 4 des Algorithmus erfolgt auf der Grundlage eines Gütekriteriums, das die Zeitabhängigkeit der Eingangs-, Ausgangs- und Steuervariablen berücksichtigt (Gl. (41)).
- Im Block 5 wird die Zeitabhängigkeit der Prozeßgrößen bei der Wahl der modifizierten Strukturparameter ebenfalls berücksichtigt. Die iterative Berechnung der Strukturparameter kann in der Weise geschehen, daß in jedem Iterationszyklus der Gradient der Hilfsfunktion S_i (Gl. (43)) berechnet wird, d. h.

$$\alpha_i^{(l+1)} = \alpha_i^{(l)} + \nu \cdot \left(\frac{\partial \bar{S}_i}{\partial \alpha_i}\right)^{(l)} \tag{49}$$

$$\frac{\partial \bar{S}_i}{\partial \alpha_i} = \int_0^T \left(\frac{\partial S_i(\mu(t), Y_i(t), \alpha_i)}{\partial \alpha_i}\right) dt \tag{50}$$

$\nu > 0$, Schrittweite.

Für die Durchführung der Optimierung (Block 3) können entsprechend des Charakters der Optimierungsaufgabe (linear, nichtlinear, ...) bekannte Optimierungsverfahren angewendet werden. Die Iterationsschleife S_{167} besitzt natürlich nur dann Bedeutung, wenn eine Alternative zu den verwendeten Systemelementen unter industriellen Bedingungen existiert. So ist beispielsweise denkbar, daß eine Stoffumwandlung allgemein in verschiedenen Reaktorgrundtypen realisiert werden kann (Rührkesselreaktor, Rohrreaktor, ...), doch auf Grund der erforderlichen Mischung der Reaktionspartner im speziellen Fall der Rohrreaktor als Alternative von vornherein ausscheidet.

Im vorliegenden Algorithmus haben die Blöcke 1 und 2 einen besonderen Einfluß auf die Zahl der Iterationen und den insgesamt erforderlichen Rechenaufwand. Die Anzahl der theoretisch zulässigen Strukturen ist auch unter Berücksichtigung der technisch und technologisch bedingten Restriktionen noch sehr groß, so daß mittels einer Vorbewertung (z. B. auch Anwendung heuristischer Methoden) eine Auswahl der „näher“ zu untersuchenden Strukturen getroffen werden kann. In Abhängigkeit vom Allgemeinheitsgrad der im Block 2 vorgegebenen Systemstruktur gewinnt oder verliert die äußere Iterationsschleife S_{167} an Bedeutung. Wird eine relativ allgemeine Vereinigungsstruktur vorgegeben, d. h. werden durch Bypaß- oder Parallelschaltung die alternativen Elemente bereits im Block 2 berücksichtigt, dann erhöht sich zwar die Dimension der Optimierungsaufgabe (die Zahl der zu bestimmenden Strukturparameter ist größer als bei einer weniger allgemeinen Vereinigungsstruktur), doch im Synthesealgorithmus erübrigt sich die äußere Iterationsschleife. Diesen unterschiedlichen Einfluß auf die Gestalt des Synthesealgorithmus

- höhere Dimension des Vektors der Strukturparameter, aber Reduzierung der Zahl der Iterationen
- geringere Dimension des Vektors der Strukturparameter, jedoch erhöhte Iterationszyklen

gilt es anhand der Untersuchung konkreter Aufgabenstellungen hinsichtlich der erforderlichen Rechenzeit und der erzielbaren Güte der Optimierung abzuschätzen.

Die Anwendung des in Abb. 17 dargestellten Grobalgorithmus auf die Synthese verfahrenstechnischer Systeme wird nicht notwendigerweise zum globalen Optimum führen. Zur Erreichung dieser Zielstellung sind bei der iterativen Optimierung die Anfangswerte zu variieren.

3.3. Anwendungsbeispiel

Der im Abschnitt 3.2. dargestellte Algorithmus zur Synthese verfahrenstechnischer Systeme unter besonderer Berücksichtigung des dynamischen Aspektes wird für das Beispiel eines Reaktorsystems mit Separator angewendet. Die Aufgabe besteht darin, daß der Stoff A entsprechend Gl. (51) in den Stoff B umgewandelt wird.

$$A \underset{K_2}{\overset{K_1}{\rightleftarrows}} B \tag{51}$$

$K_{1,2}$ — Geschwindigkeitskonstanten

Die Reaktion läuft unter isothermer Bedingung ab. Als Grundausrüstungen stehen kontinuierliche Rührkesselreaktoren und ein idealer Separator zur Verfügung (Stufe 1 des Algorithmus). Unter den theoretisch möglichen Kopplungen zwischen den einzelnen Grundausrüstungen wird die in Abb. 18 dargestellte Struktur gewählt (Stufe 2 des Algorithmus), für die die optimalen Strukturvariablen α_1, α_2 und α_3 sowie die optimalen Konstruktionsparameter V_2 und V_3 (Stufe 3 des Algorithmus) bestimmt werden.

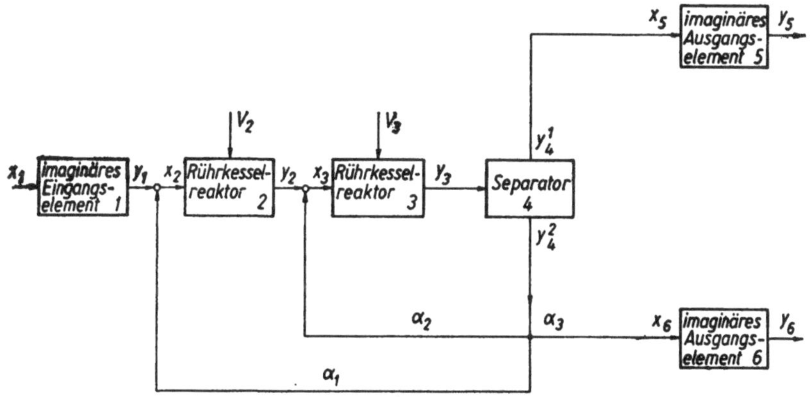

Abb. 18: Blockschema des untersuchten verfahrenstechnischen Systems.

Für die Darstellung der Zielfunktion erweist es sich als günstig, sogenannte imaginäre Eingangs- bzw. Ausgangselemente einzuführen. In diesen Elementen erfolgt keine Transformation der prozeßbeschreibenden Größen des Systems, d. h. es gilt $x_1 = y_1$; $x_5 = y_5$ und $x_6 = y_6$, sondern ausschließlich eine Kopplung der Ein- und Ausgangsgrößen mit den entsprechenden Kosten der Einsatzprodukte bzw. dem Erlös für die Fertigprodukte. Es wird angenommen, daß sich zu Beginn im vorgegebenen verfahrenstechnischen System der Stoff C befindet, der jedoch keinen Einfluß auf den Ablauf der Reaktoren haben soll. Für die Zeit $t \geqq 0$ wird dem System der Stoff A zugeführt.

Im Separator wird das Reaktionsprodukt B vollständig vom Reaktionsgemisch abgetrennt. Unter Berücksichtigung dieser Annahmen sind die Strukturparameter, die im betrachteten Beispiel das Verhältnis der Aufteilung des Ausgangsstromes y_4^2 (nicht umgesetzter Reaktand A und Stoff C) festlegen, und die Konstruktionsparameter (Reaktorvolumina) so zu bestimmen, daß im betrachteten Zeitintervall $[0, T]$ die durch Gl. (52) dargestellte Zielfunktion erfüllt wird.

$$Q = \int_0^T \left(\sum_{i=1}^{6} f_i(t) \right) dt \to \text{Min.} \qquad (52)$$

Die Größen f_i stellen Kostenfunktion dar und sind für die einzelnen Elemente wie folgt vorgegeben worden:

$$\begin{aligned} f_1 &= 0 \\ f_2 &= p_2 V_2 \\ f_3 &= p_3 V_3 \\ f_4 &= p_4 \dot{V} \\ f_5 &= -p_5 y_5 \\ f_6 &= -p_6 y_6 \end{aligned} \qquad (p_i = \text{Kostenfaktoren})$$

Die entstehenden Kosten werden durch f_2, f_3 und f_4 berücksichtigt, während f_5 und f_6 den Erlös repräsentieren.

Das Verhalten der einzelnen verfahrenstechnischen Elemente wird durch die nachfolgenden Gleichungen beschrieben.

Element 1:

$$y_{1A} = x_{1A}$$

Element 2 und 3 ($K_2 \equiv 0$):

$$\dot{y}_{iA} = \frac{1}{t_i} (x_{iA} - y_{iA}) - K_1 y_{iA}; \qquad y_{iA}(0) = 0$$

$$\dot{y}_{iB} = \frac{1}{t_i} (x_{iB} - y_{iB}) + K_1 y_{iA}; \qquad y_{iB}(0) = 0$$

$$\dot{y}_{iC} = \frac{1}{t_i} (x_{iC} - y_{iC}); \qquad y_{iC}(0) = 1$$

$i - 2, 3$

Element 4:

$$y_{4A}^2 = x_{4A}$$

$$y_{4B}^1 = x_{4B}$$

$$y_{4C}^2 = x_{4C}$$

Element 5:

$$y_{5B} = x_{5B}$$

Element 6:

$$y_{6A} = x_{6A}$$
$$y_{6C} = x_{6C}$$

Unter Berücksichtigung der Beziehung zwischen der Verweilzeit $\bar{t}$, dem Volumen und dem Volumenstrom sowie den Koppelbeziehungen zwischen den Ein- und Ausgangsgrößen der einzelnen Elemente ergibt sich in expliziter Schreibweise für die Zielfunktion:

$$Q = \int_0^T q(t)\,dt \to \text{Min.} \tag{53}$$

$$\begin{aligned} q(t) = {} & p_2 \cdot \varrho \cdot \bar{t}_2\big(x_{1A}(t) + \alpha_1 \cdot (y_{3A}(t) + y_{3C}(t))\big) + p_3 \cdot \varrho \cdot \bar{t}_3 \\ & \times \big(y_{2A}(t) + y_{2B}(t) + y_{2C}(t) + \alpha_2(y_{3A}(t) + y_{3C}(t))\big) \\ & + p_4 \cdot \varrho\big(y_{3A}(t) + y_{3B}(t) + y_{3C}(t)\big) - p_5 \cdot y_{3B}(t) - p_6 \cdot \alpha_3 \cdot y_{3C}(t) \end{aligned}$$

x — Vektor der Konzentration am Eingang der Elemente
y — Vektor der Konzentration am Ausgang der Elemente
ϱ — Moldichte
t — Zeit
$\bar{t}$ — Verweilzeit.

Zur Realisierung der Iterationsschleife S_{345} im Synthesealgorithmus ist es notwendig, die im Abschnitt 3.2. erläuterte Bildungsvorschrift für die Hilfsgleichungen auf das konkrete Beispiel anzuwenden. Die Modifizierung der Strukturparameter α_i ($i = 1, 2, 3$) erfordert die quantitative Bestimmung des Gradienten der Hilfsfunktionen S_i (Gl. (43)). Für die Bildung der Hilfsfunktionen sind die Hilfsvektoren λ_i und μ_i erforderlich, die sich aus der Lösung des bereits komprimierten Gleichungssystem (54) ergeben.

$$\begin{aligned} & \dot{\lambda}_{2A} - \left(\frac{1}{\bar{t}_2} + K_1\right) \cdot \lambda_{2A} + K_1 \cdot \lambda_{2B} + \mu_{3A} = 0 \\ & \dot{\lambda}_{2B} - \frac{1}{\bar{t}_2}\lambda_{2B} + \mu_{3B} = 0 \\ & \dot{\lambda}_{2C} - \frac{1}{\bar{t}_2}\lambda_{2C} + \mu_{3C} = 0 \\ & \dot{\lambda}_{3A} - \left(\frac{1}{\bar{t}_3} + K_1\right)\lambda_{3A} + K_1 \cdot \lambda_{3B} + \alpha_2\mu_{3A} + \alpha_1\mu_{2A} - p_4\varrho = 0 \\ & \dot{\lambda}_{3B} - \frac{1}{\bar{t}_3}\lambda_{3B} + p_5 - p_4\varrho = 0 \\ & \dot{\lambda}_{3C} - \frac{1}{\bar{t}_3}\lambda_{3C} + \alpha_2\mu_{3C} + \alpha_1\mu_{2C} - p_4\varrho = 0 \\ & \lambda_{ij}(T) = 0 \end{aligned} \tag{54}$$

$i = 2, 3;\ j = A, B, C$

$$\mu_{2j} = \frac{\varrho}{V_2}\Big(\lambda_{2j}(x_{1A} + \alpha_1(y_{3A} + y_{3C})) + \lambda_{2A}(x_{1A} + \alpha_1 y_{3A} - y_{2A}) - y_{2B}\cdot\lambda_{2B} + \lambda_{2C}(\alpha_1 y_{3C} - y_{2C})\Big)$$

$j - A, C$

$$\mu_{3j} = \frac{\varrho}{V_3}\Big(\lambda_{3j}(y_{2A} + y_{2B} + y_{2C} + \alpha_2(y_{3A} + y_{3C})) + \lambda_{3A}(y_{2A} + y_{3A}(\alpha_2 - 1)) + \lambda_{3B}(y_{2B} - y_{3B}) + \lambda_{3C}(y_{2C} + y_{3C}(\alpha_2 - 1))\Big)$$

$j - A, B, C$

Auf Grund des relativ einfachen Anwendungsbeispiels und unter Beachtung von Gl. (40) ist nur die Hilfsfunktion S_4^2 aufzustellen (Gl. (55)).

$$S_4 = \alpha_1\big(y_{4A}(\mu_{2A} - p_{6A}) + y_{4C}(\mu_{2C} - p_{6C})\big) + \alpha_2\big(y_{4A}(\mu_{3A} - p_{6A}) + y_{4C}(\mu_{3C} - p_{6C})\big) + p_{6A}\cdot y_{4A} + p_{6C}\cdot y_{4C} \tag{55}$$

Die quantitativen Untersuchungen wurden für folgende Zahlenwerte durchgeführt:

$K_1 = 10$
$\varrho = 1{,}0$
$p_2 = 1{,}0$
$p_3 = 1{,}0$
$p_4 = 0{,}25;\ 0{,}3;\ 0{,}45$
$p_5 = (0{,}0;\ 1{,}0;\ 0{,}0)^T$
$p_6 = (0{,}0;\ 0{,}0;\ 0{,}0)^T$
$T = 1{,}0$

Die Ergebnisse der Struktursynthese sind in den Abb. 19 bis 24 dargestellt.

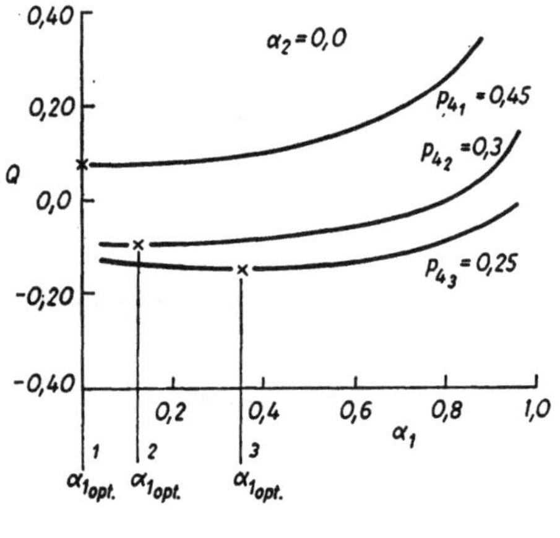

Abb. 19: Abhängigkeit der Zielfunktion vom Strukturparameter α_1.

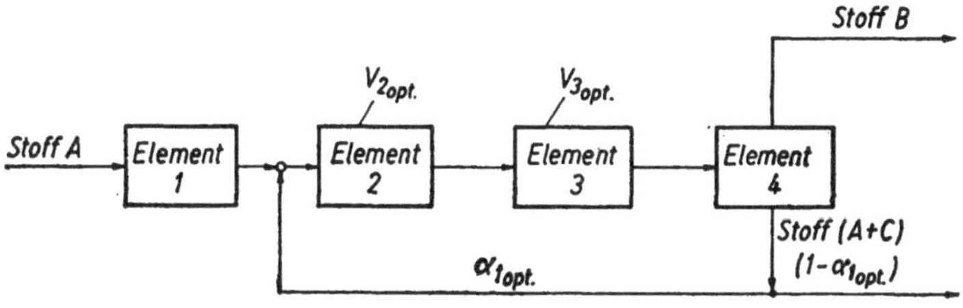

Abb. 20: Optimales verfahrenstechnisches System.

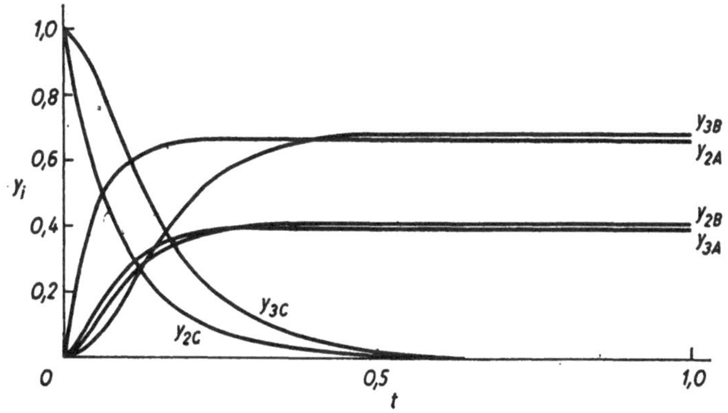

Abb. 21: Optimale Konzentrationsverläufe in den Rührkesselreaktoren für $p_4 = 0{,}30$.

$\alpha_1 = 0{,}12$; $\alpha_2 = 0{,}00$; $p_4 = 0{,}30$

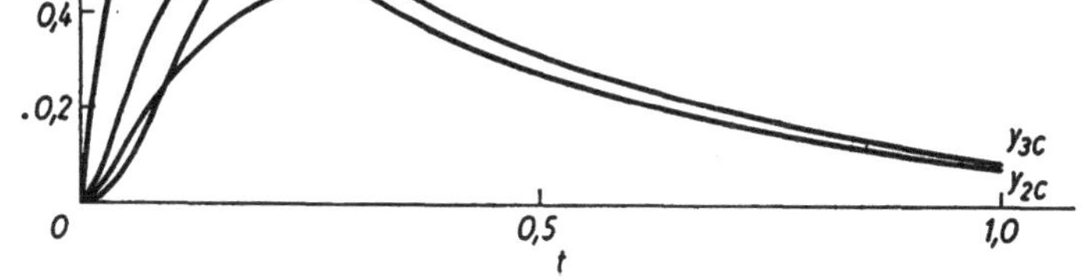

Abb. 22: Konzentrationsverläufe in den Rührkesselreaktoren für $p_4 = 0{,}30$ (nichtoptimale Struktur).

$\alpha_1 = 0{,}78$; $\alpha_2 = 0{,}00$; $p_4 = 0{,}30$

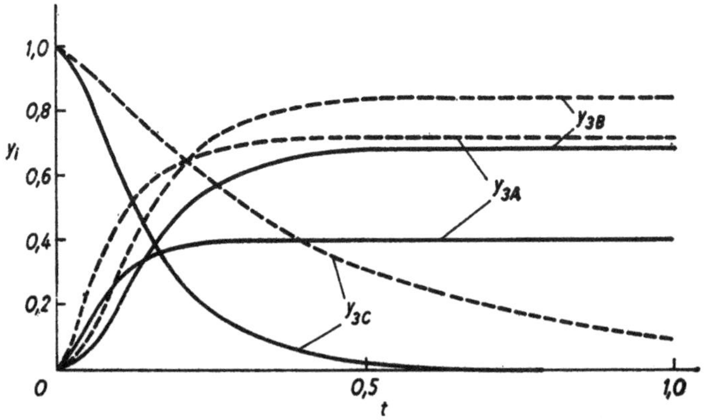

Abb. 23: Gegenüberstellung der Anfangs- und optimalen Konzentrationsverläufe im Element III.

——— $\alpha_1 = 0{,}12$	- - - - $\alpha_1 = 0{,}78$
$\alpha_2 = 0{,}00$	$\alpha_2 = 0{,}00$
$p_4 = 0{,}30$	$p_4 = 0{,}30$

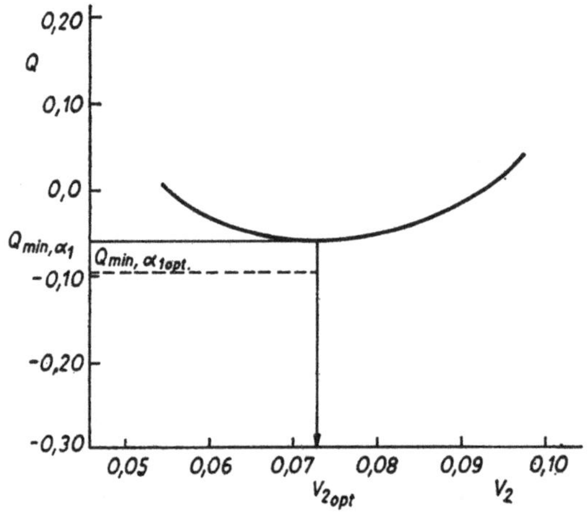

Abb. 24: Ergebnis der Reaktoroptimierung bei vorgegebener Struktur.
$p_4 = 0{,}30$; $\alpha_1 = 0{,}60$; $\alpha_2 = 0{,}00$

Für alle untersuchten Varianten ergab sich, daß der Strukturparameter α_2 den Wert 0 hat. In Abhängigkeit vom Kostenfaktor p_4 des Separators besitzt der optimale Strukturparameter α_1 die Werte 0,0; 0,12 und 0,35 (Abb. 19), so daß das optimale verfahrenstechnische System die in Abb. 20 dargestellte Struktur hat. Bei sehr hohen Trennkosten (p_4 groß) entfällt außerdem die stoffliche Rückführung des nicht umgesetzten Einsatzproduktes A vollständig.

Im Bereich $\alpha_1 < 0{,}6$ besitzt die Zielfunktion Q gegenüber α_1 nur eine geringe Empfindlichkeit. Die gefundenen optimalen Werte für die Strukturparameter werden in diesem Bereich zu einer Funktion der verwendeten Abbruchkonstanten ε (Gl. (56)).

$$\left|\frac{Q_k - Q_{k-1}}{Q_k}\right| < \varepsilon \tag{56}$$

k — Laufindex für Iteration

In den Abb. 21 und 22 sind die zeitlichen Konzentrationsverläufe in beiden Rührkesselreaktoren für den optimalen Wert des Strukturparameters $\alpha_{1\text{opt}} = 0{,}12$ und einem beliebigen, zulässigen anderen Wert ($\alpha_1 = 0{,}78$) unter der Bedingung eines gleichen Trennkostenfaktors ($p_4 = 0{,}30$) dargestellt.

Die Unterschiede der dynamischen als auch statischen Kennwerte der Übergangsfunktionen werden besonders in Abb. 23 deutlich, wo die zeitlichen Änderungen der Konzentrationsverläufe im 2. Rührkesselreaktor für die unterschiedlichen Werte des Strukturparameters α_1 gegenübergestellt sind. Bezeichnend ist, daß der Wert der stationären Endkonzentration y_{3B} des Zielproduktes für den optimalen Auslegungszustand unter dem Wert der nichtoptimalen Auslegung liegt. Obwohl der Wert der Teilzielfunktion für den betrachteten Rührkesselreaktor günstiger wäre, wird sich unter diesen Bedingungen der Wert der Gesamtzielfunktion von $Q = -0{,}096$ auf $Q = -0{,}012$ verschlechtern. Wird eine Strukturoptimierung ausgeschlossen und nur auf eine entsprechende optimale Auslegung der einzelnen verfahrenstechnischen Elemente orientiert, so bleiben im allgemeinen Reserven zur Effektivitätssteigerung unerschlossen.

Die Optimierung der Konstruktionsvariablen (Reaktorvolumina) ist für vorgegebene Werte der Strukturparameter durchzuführen. Die Festlegung dieser Werte ist äußerst kompliziert und hat bei komplizierten Systemen zufälligen Charakter. Abb. 24 zeigt quantitativ, daß sich der Wert $Q_{\min}^{\alpha_1}$ beträchtlich vom Wert $Q_{\min}^{\alpha_1\text{opt}}$ unterscheidet.

Nach Abschluß dieser Untersuchungen ist zu prüfen, ob durch andere Systemelemente (z. B. Ersetzen der Rührkessel durch Rohrreaktoren) der Wert der Gesamtzielfunktion noch weiterhin verbessert werden kann (Stufe 7 des Synthesealgorithmus). Dieser Schritt der Systemsynthese wurde für das vorgegebene Beispiel quantitativ nicht untersucht.

3.4. Schlußfolgerungen

Gegenüber der statischen Betrachtungsweise stellt die Berücksichtigung der Dynamik bei der Synthese verfahrenstechnischer Systeme zusätzliche Aspekte in den Mittelpunkt der Untersuchung (Abschnitt 1.2.). Die in Abschnitt 3.1. formulierte Aufgabenstellung kann nur effektiv gelöst werden, wenn leistungsfähige Algorithmen entwickelt werden. Die Anwendung dieser Algorithmen auf konkrete Aufgabenstellungen muß auch unter dem Gesichtspunkt erfolgen, daß verallgemeinerungswürdige Aussagen im Sinne von „Regeln“ oder „Faustformeln“ zur Systemauslegung unter besonderer Berücksichtigung der Dynamik abgeleitet werden. Das bezieht sich sowohl auf die Auslegung neuer Anlagen als auch auf die Realisierung von Rekonstruktionsmaßnahmen. Eine Reihe solcher „Regeln“, die für lineare Systeme Bedeutung besitzen, sollen genannt sein:

- Bei der Untersuchung der Dynamik gekoppelter Systemelemente kann das Zeitverhalten der Ausgangsgrößen nachgeschalteter Elemente nicht mehr frei gewählt werden.
- Ist das dynamische Verhalten eines Teilsystems durch „kleine“ Zeitkonstanten gekennzeichnet, so ist die Zeitdauer des Übergangs zum neuen stationären Zustand „klein“.
- Bei der Reihenschaltung von 2 Teilsystemen — gekennzeichnet durch die Mengen von Eigenzeitkonstanten $\{\tau_j^{(1)}\}$ bzw. $\{\tau_j^{(2)}\}$ — ergeben sich in Abhängigkeit der stationären Zustände die betragsmäßig geordneten Zeitkonstanten des 2. Elementes im allgemeinen nicht als einfache Reihung $\{\tau_j^{(1)}, \tau_j^{(2)}\}$; die größten Zeitkonstanten aus der Gesamtmenge $\{\tau_j^{(1)}, \tau_j^{(2)}\}$ bestimmen das Übergangsverhalten im 2. Element am nachdrücklichsten.
- Bei zweiseitig gekoppelten Teilsystemen treten Zeitkonstanten auf, die wesentlich größer sind als die Eigenzeitkonstanten beider Teilsysteme, d. h. in rückgekoppelter Teilsystemen ist die Zeitdauer des Übergangsprozesses größer als in einseitig gekoppelten Systemen.
- Die größte Zeitkonstante eines Systems von rückgekoppelten Teilsystemen ist immer größer als die größte Zeitkonstante beider im nichtgekoppelten Zustand betrachteten Teilsystemen.
- Die Einstellzeit des Gesamtsystems ist um so größer, je größer die Einstellzeit der einzelnen Teilsysteme ist.

4. Literatur

[1] PESCHEL; WUNSCH: „*Methoden und Prinzipien der Systemtheorie.*“ VEB Verlag Technik, Berlin 1972. In: „*Theoretische Grundlagen der technischen Kybernetik*“.

[2] OPPELT, W.: „*Kleines Handbuch technischer Regelvorgänge*“, 4. Aufl., VEB Verlag Technik, Berlin.

[3] SOLODOWNIKOW, W. W.: „*Grundlagen automatischer Regelsysteme*“, 4 Bände, VEB Verlag Technik, Berlin 1970.

[4] BRACK, G.: „*Dynamik technischer Systeme.*“ VEB Deutscher Verlag für Grundstoffindustrie, Leipzig 1974.

[5] STROBEL, H.: „*Systemanalyse mit determinierten Testsignalen.*“ VEB Verlag Technik, Berlin 1968.

[6] REINISCH, K.: „*Kybernetische Grundlagen und Beschreibung kontinuierlicher Systeme*“. VEB Verlag Technik, Berlin 1974.

[7] BALZER, D.; HARTMANN, K.: „*Kybernetische Methoden in der Chemie und chemischen Technologie*“, Band 2: „*Probleme der Automatisierungsstrategie in der chemischen Industrie*“. Akademie-Verlag, Berlin.

[8] RINGELSPACHER, G.; WEISS, W.: „Erzielung günstiger dynamischer Eigenschaften verfahrenstechnischer Regelstrecken. TI GRW 13 (1975), 1, S. 42—48.

[9] Frankovic; Petras; Skakala; Vykouk: „*Automatisierung und selbständige Steuerung*". VEB Verlag Technik, Berlin.

[10] Kafarow, V. V.; Perov, V. L.; Mandrusenko, G. I.: Zur Steuerbarkeit bei der optimalen Synthese verfahrenstechnischer Systeme (russ.). Dok. Akad. d. Wiss. d. UdSSR, 1975, 222, Nr. 6 (1975), S. 1397/1400.

[11] Weiss, W.: Probleme bei der automatisierungsgerechten Gestaltung verfahrenstechnischer Apparate. TI GRW, 12 (1974), 2, S. 125–130.

[12] Ostrowski, G. M.; Wolin, J. M.: „*Modellierung komplizierter chemisch-technologischer Systeme (russ.)*. Verlag „Chimija", Moskau 1975.

[13] Wolin; Ostrowski; Slinko: Theoretische Grundlagen der chemischen Technologie (TOXT). (russ.), 1972; 109–116.

[14] Ringelspacher, G.; Weiss, W.: Teilforschungsbericht, TH Leuna-Merseburg, Sektion Verfahrenstechnik, 1975.

[15] Müller, R.: Die Regelbarkeit verfahrenstechnischer Anlagen. Technische Information GRW 2 (1964), H. 2, S. 24–28.

[16] Schlitt, H.: „*Stochastische Vorgänge in linearen und nichtlinearen Regelkreisen*". VEB Verlag Technik, Berlin 1968.

[17] Besekerskij, W. A.: „*Dynamische Synthese automatisierter Steuerungssysteme (russ.)*. Verlag „Nauka", Moskau 1970.

[18] Eisenhardt, B.; Weiss, W.: Teilforschungsbericht, TH Leuna-Merseburg, Sektion Verfahrenstechnik, 1974.

[19] Michel; Porter: IEEE Transaction on autom. Control, 1972.

[20] Demont, J.: Forschungsbericht, TH Leuna-Merseburg, Sektion Verfahrenstechnik, 1976.

[21] Nishida, N.; Ichikawa, A.: Synthesis of Optimal Dynamic Process Systems by a Gradient Method. Ind. Eng. Chem., Process Des. Dev., Vol. 14, Nr. 3, 1975, S. 236–242.

[22] Ichikawa, A.; Fan, L. T.: Optimal synthesis of process systems. Necessary condition for optimal system and its use in synthesis of systems. Chem. Eng. Sci., Vol. 28 (1973), S. 357–373.

Abschätzung der ökonomischen Effektivität von Steuerungsalgorithmen

(D. Balzer, G. Reinig)

Резюме:

Исходным пунктом для определения эффективности алгоритма управления является информация о статистических характеристиках возмущений, а также о статических и динамических свойствах объектов управления. В данной статье предлагаются методы по оценке эффективности алгоритмов управления. При этом исходят из определённых свойств объекта управления (форма экстремума, вид передаточной фуинкции, размерность вектора возмущений и вектора управлений). Показывают, как оценивается теоротический запас эффективности, который может быть использован при управлении.

Summary

The starting point for effeciency investigations of a control algorithm is information about statistical characteristics of disturbances and about the statical and dynamical properties of the controlled systemobjekt. In the present articel different methods are introduced for efficiency evaluation of control algorithm based an different properties of the controlled system (peak shape, kind of transmission function, dimension of disturbance and of control vectors). Hints are givien for evaluating efficiency reserves in a technical system.

1. Einleitung

Die Einschätzung der ökonomischen Effektivität von Steuerungsalgorithmen ist ein zentrales Problem bei der Ausarbeitung von Prozeßsteuerungssystemen. Dabei geht es um die Abschätzung der Effektivität eines jeden Algorithmus zur Lösung einer jeden Steuerungsaufgabe (Optimierungs- oder Stabilisierungsaufgabe), die mit Hilfe der in [1] angegebenen Methoden aus der globalen Steuerungsaufgabe abgeleitet wurde. Es geht in diesem Zusammenhang um die Lösung solcher Fragen, wie:

Abschätzung der Effektivitätsreserven des Steuerungsobjektes und Ermittlung der Abhängigkeit der Effektivität des Steuerungsalgorithmus von seinen Parametern (Taktzeit, Verstärkungskoeffizient usw.). Diese Effektivitätsabschätzung ist vorzunehmen, bevor der Steuerungsalgorithmus in das on-line-System des Prozeßrechners aufgenommen wird. Sie wird als a-priori-Abschätzung bezeichnet [2, 3]. Eine endgültige Beurteilung der Effektivität ist erst nach einer längeren Erprobung des Algorithmus als Bestandteil des gesamten Prozeßsteuerungssystems möglich. In diesem Fall spricht man von einer a-posteriori-Abschätzung. Es muß in diesem Zusammenhang darauf hingewiesen werden, daß wir die Effektivität des Steuerungsalgorithmus nur vom Standpunkt der Optimierung eines verfahrenstechnischen Prozesses betrachten. Solche Probleme wie Effektivität der programmtechnischen Realisierung auf den Prozeßrechner, benötigter Speicherplatz, Zuverlässigkeit des Algorithmus usw. werden hier nicht betrachtet.

Die mathematische Erwartung der Verluste, die durch Abweichung vom optimalen Regime hervorgerufen werden, ist wie folgt zu berechnen:

$$Q = \lim_{\varrho \to \infty} \frac{1}{\varrho} \int_0^{\varrho} \{Z[u(t), x(t), t] + Z[u^*(t), x(t), t]\} \, dt \tag{1}$$

Z — Zielfunktion
$u(t)$ — Steuervektor
$u^*(t)$ — optimaler Steuervektor
$x(t)$ — Störgrößenvektor
t — Zeit

Die Gl. (1) ist für die Abschätzung der Effektivität des Steueralgorithmus in dieser allgemeinen Form nicht verwendbar. Es ist notwendig, von Fall zu Fall bestimmte vereinfachende Voraussetzungen zu machen, um zu Berechnungsvorschriften zu gelangen, die eine Quantifizierung der Effektivität des Algorithmus gestatten.

Wir formulieren zuerst folgende allgemeine Voraussetzung:

1. Die auf das Steuerungsobjekt einwirkenden Störgrößen sind normalverteilt.
2. Es erfolgt eine Optimierung des statischen Zustandes.
3. Das Steuerungsobjekt kann als ‚WIENERsches Modell' dargestellt werden (Hintereinanderschaltung von linearen dynamischen und nichtlinearen statischen Elementen). Diese Annahme geht davon aus, daß die dynamischen Eigenschaften im wesentlichen durch Prozesse der Wärmespeicherung und -übertragung bestimmt werden, die man für die vorliegenden Verhältnisse als linear ansehen kann, während die nichtlinearen Eigenschaften des Steuerungsobjektes auf Stoffumwandlungsprozesse zurückzuführen sind, die im Vergleich zu den Wärmeübertragungsprozessen nahezu verzögerungsfrei ablaufen.

2. Ableitung von Berechnungsformeln

Betrachten wir nun 2 Klassen von Steuerungsalgorithmen, deren Effektivität nachzuweisen ist:

1. Der Steuerungsalgorithmus berücksichtigt eine Störgröße und berechnet eine Steuergröße, die auf das Steuerungsobjekt einwirkt. Die anderen Störgrößen können vernachlässigt werden, da die Sensibilität der optimalen Steuergrößen bezüglich dieser Störgrößen sehr klein ist. In einigen Fällen kann auch von einer äquivalenten Stör-

größe ausgegangen werden, wenn es gelingt, die äquivalente Störgröße als Linearkombination aller wesentlichen Störgrößen darzustellen. Der Störkanal und der Steuerkanal werden durch beliebige Übertragungsfunktionen beschrieben.

2. Der Steuerungsalgorithmus berücksichtigt mehrere Störgrößen und bestimmt mehrere Steuergrößen. Die Störkanäle und die Steuerkanäle stellen Totzeitglieder dar.

Diese beiden Klassen von Steuerungsalgorithmen bzw. Steuerungssystemen sind für die Steuerung verfahrenstechnischer Objekte typisch.

Betrachten wir nun die erste Klasse von Steuerungsalgorithmen. Gl. (1) gestattet die Berechnung der mathematischen Erwartung des Verlustes (bzw. der nicht ausgeschöpften Systemreserven), wenn der auf das Steuerungsobjekt einwirkende Steuervektor $u(t)$ nicht mit dem optimalen Steuervektor $u^*(t)$ identisch ist. Bei der Abschätzung der Effektivität der Steuerungsalgorithmen der ersten Klasse kann die Gl. (II.39) durch folgende Beziehung ersetzt werden:

$$Q = \int_{-\infty}^{+\infty} \varphi(y)\, p(y)\, dy \qquad (2)$$

$\varphi(y)$ — Verlustfunktion
$p(y)$ — Dichteverteilungsfunktion
y — Abweichung der realisierten Steuergröße von der optimalen $[u^*(t) - u(t)]$

In diesem Fall kann die Abschätzung der ökonomischen Effektivität als eine Aufgabe zur Untersuchung eines Impulssystems zur automatischen Kompensation von stochastischen Störgrößen betrachtet werden.

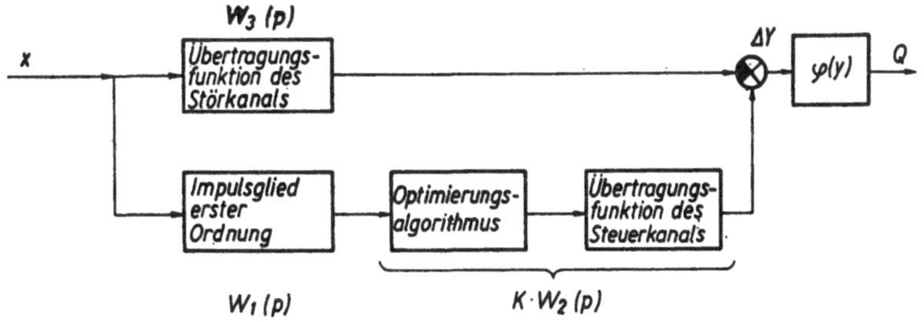

Abb. 1: Schematische Darstellung des Prozeßsteuerungssystems.

In Abb. 1 ist die Arbeitsweise des Prozeßsteuerungssystems schematisch dargestellt. Der Prozeßrechner verändert die Steuergröße nur zu bestimmten diskreten Zeitpunkten. Deshalb ist in Abb. 1 im Steuerkanal ein Impulselement mit der Taktfrequenz $\frac{l}{T}$ dargestellt. Die Verlustfunktion kann in der Nähe des Optimums in den meisten Fällen quadratisch approximiert werden:

$$\varphi(y) = Ay^2 \qquad (3)$$

es gilt dann

$$Q = A\sigma_y^2, \tag{4}$$

wobei σ_y^2 die Streuung (Dispersion) der Abweichung vom optimalen Wert der Steuergröße ist.

Der Wert σ_y^2 gibt dann also direkt Aufschluß über die zu erwartenden Verluste. Ist $\varphi(y)$ hingegen ein Polynom höherer Ordnung oder sogar eine unstetige Funktion (wenn das Optimum z. B. an einer Grenze liegt), so kann das Integral (2) ebenfalls analytisch oder numerisch mit den bekannten Methoden berechnet werden, wenn die Verteilungsdichtefunktion $p(y)$ aus σ_y^2 bestimmt werden kann:

$$p(y) \cdot \frac{1}{\sqrt{2\pi}\,\sigma_y} \exp\left(-\frac{y^2}{2\sigma_y^2}\right) \tag{5}$$

Die Anwendung von Gl. (5) erfordert, daß die Abweichung y normalverteilt ist. Das kann für den vorliegenden Zweck der a-priori-Abschätzung angenommen werden, weil erstens das Signal am Ausgang des dynamischen Systems (im vorliegenden Fall aus Totzeit und Trägheitsgliedern bestehend) als eine Summe einer unendlich großen Anzahl von Eingangssignalen zu verschiedenen Zeitpunkten betrachtet werden kann und weil zweitens diese Eingangssignale von sich aus schon eine Verteilungsdichte besitzen, die der Normalverteilung nahe kommt, da die Eingangssignale durch eine Vielzahl von Ursachen hervorgerufen wurden und auf ähnliche Weise (wie oben beschrieben) zusätzlich normalisiert wurden. Diese Überlegungen und die Beziehungen (2), (3) und (4) zeigen, daß das Hauptproblem also darin besteht, die Streuung σ_y^2 zu berechnen. Zu diesem Zweck werden Ergebnisse der Theorie der Funktionen komplexer Variabler verwendet [2].

Zuerst stellt man das reale Impulselement in Form einer Reihenschaltung eines idealen Impulselementes und eines Elementes mit der Übertragungsfunktion

$$W_1(p) = \frac{1 - e^{-pT}}{p} \tag{6}$$

dar. Durch diese Darstellung werden die Eigenschaften des Algorithmus zur Datenerfassung und -bereitstellung für den eigentlichen Steuerungsalgorithmus beschrieben. Das Element mit der Übertragungsfunktion $K \cdot W_2(p)$ charakterisiert die Eigenschaften des Steuerungsalgorithmus einschließlich des Steuerkanals. Der Koeffizient K stellt den Verstärkungskoeffizienten des Optimierungssystems dar und gibt an, mit welchem Faktor die Ergebnisse der Optimierung zu multiplizieren sind.

Die in Abb. 1 gewählte Darstellungsform kann auch dann gewählt werden, wenn der Störkanal die Übertragungsfunktion $W_3 \neq 1$ besitzt. In diesem Fall kann, wie leicht nachzuprüfen ist, folgende Übertragungsfunktion angenommen werden:

$$KW_2 = KW_2\left(2 - \frac{W_2}{W_3}\right) \qquad (7)$$

Zur Berechnung von σ_y^2 benötigt man die Spektraldichten der einzelnen stochastischen Größen. Die Größe σ_y^2 kann als Summe zweier Komponenten dargestellt werden:

$$\sigma_y^2 = \sigma_1^2 + \sigma_2^2 \qquad (8)$$

wobei σ_1^2 durch die Störgröße mit der Spektraldichte $s_x(\omega)$ hervorgerufen wird, während σ_2^2 durch die diskrete Arbeitsweise des Steuerungsalgorithmus bedingt ist. Geht man von der Darstellung in Abb. 1 aus, so besitzt das Signal mit der Streuung σ_2^2 folgende Spektraldichte:

$$s_n(\omega) = \sum_{\substack{i=-\infty \\ i \neq 0}}^{+\infty} s_x\left(\omega + i\,\frac{2\pi}{T}\right) \qquad (9)$$

Unter Verwendung der Spektraldichten $s_x(\omega)$ und $s_u(\omega)$ können nun nach der Formel von Wiener [2] die Streuungen σ_1^2 und σ_2^2 berechnet werden.

$$\sigma_1^2 = \frac{1}{2\pi}\int_{-\infty}^{+\infty} s_x(\omega)\left|1 - \frac{W(j\omega)}{T}\right|^2 d\omega \qquad (10)$$

$$\sigma_2^2 = \frac{1}{2\pi}\int_{-\infty}^{+\infty} s_n(\omega)\left|\frac{W(j\omega)}{T}\right|^2 d\omega \qquad (11)$$

Dabei ist $\frac{1}{T}\,W(p)$ die Übertragungsfunktion des Steuerkanals mit:

$$W(p) = KW_1(p)\cdot W_2(p) \qquad (12)$$

Wird nun Gl. (9) in (11) eingesetzt und (10) mit (11) addiert, so ergibt sich nach einigen Umformungen folgende Gleichung für die Berechnung von σ_y^2

$$\sigma_y^2 = \sigma_x^2 - \frac{1}{2\pi}\int_{-\infty}^{+\infty}\left\{2\,Re\,\frac{W(j\omega)}{T}\right\} s_x(\omega)\,d\omega + \frac{1}{2\pi}\int_{-\infty}^{+\infty}\left|\frac{W(j\omega)}{T}\right|^2 s_x(\omega)\,d\omega \qquad (13)$$

Die Berechnung des ersten Integrals in Gl. (13) kann mit Hilfe der Substitutionsmethoden erfolgen, während für die Berechnung des zweiten Integrals folgende Beziehung verwendet wird:

$$\frac{1}{2\pi}\int_{-\infty}^{+\infty}\left|\frac{W(j\omega)}{T}\right|^2 s_x(\omega)\,d\omega = \frac{1}{T^2}\sum_{i=-\infty}^{+\infty} R_x(iT)\ \varkappa(iT) \tag{14}$$

wobei

$$\varkappa(t) = \frac{l}{2\pi j}\int_{-\infty}^{+\infty} |W(j\omega)|^2\, e^{j\omega t}\, d\omega$$

ist.

Für einen typischen Fall eines Steuerungsalgorithmus in der chemischen Industrie ergibt die Anwendung der Formel (13) folgendes Ergebnis:

Man geht von folgender Aufgabenstellung aus:

1. Die Korrelationsfunktion der Störgröße $x(t)$ hat folgende Form:

$$R_x(\tau) = \sigma_x^2 \exp\left(-\frac{\tau}{\beta}\right) \tag{15}$$

2. Für den Steuerkanal liegen folgende Übertragungsfunktionen vor:

$$W_2(p) = \frac{1}{1+T_2p}\, e^{-\tau_1 p} \tag{16}$$

3. Der Störkanal hat die Übertragungsfunktion:

$$W_3(p) = \frac{1}{1+T_1p} \tag{17}$$

Unter Verwendung von (12) und (13) erhält man:

$$\begin{aligned}\sigma_y^2 = \sigma_x^2\,\frac{\beta}{T^2}\Biggl\{&\frac{T^2}{\beta+T_1} + 2K^2\left[T + \frac{1}{\beta^2-T_2^2}\left\{T_2^3\left(1-e^{\frac{T}{T_2}}\right)\right.\right.\\ &\left.\left.-\beta^3\left(1-e^{-\frac{\tau}{\beta}}\right)\right\}\right] + \frac{2KT}{(\beta^2-T_1^2)(\beta^2-T_2^2)(T_1+T_2)}\\ &\times\left(e^{-\frac{\tau}{\beta}} - e^{\frac{-\tau+T}{\beta}}\right)\beta^2(T_1+T_2)\,[\beta(T_1+T_2)+T_1T_2-\beta^3]\\ &+2\left(e^{-\frac{\tau}{T_1}} - e^{\frac{\tau+T}{\beta}}\right)T_1^3(\beta^2-T_2^2) + 2\left(e^{-\frac{\tau}{T_2}} - e^{\frac{\tau+T}{T_2}}\right)T_2^3\\ &\times(\beta^2-T_1^2)\Biggr\}\end{aligned} \tag{18}$$

Nunmehr wird die zweite Klasse von Steuerungsalgorithmen betrachtet. In diesem Fall wird Gl. (1) durch:

$$Q = \frac{1}{T} \int_{r \cdot T}^{(r+1)T} E\left[Z(u(t)) - Z(u^*(t))\right] dt \qquad r = 0, 1, 2, \ldots \tag{19}$$

ersetzt, wobei T die Taktzeit des Steuerungssystems ist. Der nichtlineare Teil des Steuerungsobjektes wird hier durch folgende Gleichung beschrieben (siehe Abb. 1):

$$\begin{aligned} Z = f(u, x) = a_0 &+ \sum_{i=1}^{k} a_i x_i + \sum_{j=1}^{m} a_{k+j} u_j + \sum_{i=1}^{k} a_{ii} x_i^2 \\ &+ \sum_{j=1}^{m} a_{k+j,k+j} u_j^2 + \sum_{i=1}^{k} \sum_{j=1}^{m} a_{ij} u_i u_j + \sum_{j=1}^{m} \sum_{i=1}^{k} a_{k+j},\, a_i u_j x_j \\ &+ 2 \sum_{j=1}^{m} \sum_{j=i+1}^{m} a_{k+i,\, k+j} u_i u_k \,, \end{aligned} \tag{20}$$

wobei die Koeffizienten a durch Approximation der Zielfunktion gewonnen werden.

Aus (20) kann durch Lösung des Gleichungssystems

$$\frac{\partial z}{\partial u_1} = \frac{\partial z}{\partial u_2} = \cdots = \frac{\partial z}{\partial u_m} = 0 \tag{21}$$

folgende Gleichung für die Berechnung von $u^*(t)$ angegeben werden:

$$u^* = Bx \tag{22}$$

wobei für die Matrix B gilt:

$$B = -\frac{1}{2} A_2^{-1} \cdot A_3 \tag{23}$$

Dabei ist $A_2 = (a_{j+i})$; $\quad j = k+1, k+2, \ldots, k+m$;
$\qquad\qquad\qquad\qquad j = k+1, k+2, \ldots, k+m$ (24)

und

$A_3 = (a_{j,i})$; $\quad j = k+1, k+2, \ldots, k+m$;
$\qquad\qquad\qquad i = 1, 2, \ldots, k$ (25)

Nun ist es möglich, unter Verwendung von (20) bis (25) das Integral (19) zu berechnen. Für den Integranden erhält man:

$$Z(u) - Z(u)^* = -(u^* - u)^T A_2(u^* - u) \tag{26}$$

Für das Integral (19) gilt nun

$$Q = -\sum_{j=1}^{m} \sum_{\lambda=1}^{m} a_{k+j,k+\lambda} \frac{1}{T} \int_{rT}^{(r+1)T} E\{(u_j^* - u_j)(u_\lambda^* - u_\lambda)\}\, dt \tag{27}$$

Es sind also folgende mathematische Erwartungen zu berechnen:

$$E\{u_j^* \cdot u_\lambda^*\}, \qquad E\{u_j^* \cdot u_\lambda\}, \qquad E\{u_j \cdot u_\lambda\}$$

Für $E\{u_j^* \cdot u_\lambda^*\}$ gilt unter Verwendung von (II.20) in Matrizenform:

$$E\{u^* \cdot u^{*T}\} \cdot E\{B \cdot x \cdot x^T \cdot B^T\} = B \cdot E\{x \cdot x^T \cdot B^T\} = B \cdot R_D \cdot B^T \tag{28}$$

R_D — Kovarianzmatrix der Störgrößen

Da x_i nicht unmittelbar gemessen werden kann, sondern — auf Grund der Totzeit im Steuerkanal — nur x_ν' gilt mit

$$x_\nu(t) = x_\nu'(t - \tau_\nu), \tag{29}$$

für ein Element von R_D:

$$r_{D\nu,u} = x_\nu'(t - \tau_\nu)\, x\mu'(t - \tau_\mu) = r_{\nu,u}(\tau_\nu - \tau_\mu) \tag{30}$$

wobei $r_{\nu,\mu}$ die Kreuzkorrelationsfunktion für x_ν' und x_μ' ist.

Es gilt also unter Berücksichtigung von (28) und (30)

$$E\{u_j^* \cdot u_\lambda^*\} = \sum_{\nu=1}^{k} b_{j,\lambda} \sum_{\mu=1}^{k} b_{\lambda,\mu} \cdot r_{\nu,\mu}(\tau_\nu - \tau_\mu) \tag{31}$$

Zur Berechnung von $E\{u_j^* \cdot u_\lambda\}$ muß unter Berücksichtigung der Arbeitsweise des Steuerungsalgorithmus eine Gleichung für die Berechnung von u_λ gefunden werden.

Es kann jedoch nur die Steuergröße n eingestellt werden:

$$u_\lambda(t) = u_\lambda'(t - \tau_j), \tag{32}$$

wobei die Totzeit τ_j sich aus der Totzeit des Steuerkanals und der zur Berechnung der optimalen Steuergröße benötigten Rechenzeit zusammensetzt.

Unter Berücksichtigung des bereits früher definierten Verstärkungskoeffizienten des Steuerungsalgorithmus k_j sowie der Totzeiten τ_j und τ_ν gilt für die durch eine Prozeßsteuerung realisierte Optimierung des Prozesses:

$$u_j = k_j \sum_{\nu=1}^{k} b_{j,\nu} x_\nu'(rT - \tau_\nu - \tau_j) \tag{33}$$

$$r \cdot T = \text{Entier}\left\{\frac{t}{T}\right\}$$

Für $E\{u_j^* \cdot u_\lambda\}$ gilt unter Berücksichtigung von (22), (29) und (33):

$$E\{u_j^* \cdot u_\lambda\} = k \sum_{\nu=1}^{k} b_{j,\nu} \sum_{\mu=1}^{k} b_{\lambda,\mu} E\{x_\nu'(rT - \tau_\nu - \tau_j)$$
$$\times x_\mu'(t - \tau_\mu)\} = k \sum_{\nu=1}^{k} b_{j,\nu} \sum_{\tau=1}^{k} b_{\lambda,\mu} r_{\nu,\mu}(t - \tau_\mu - rT + \tau_\nu + \tau_j) \tag{34}$$

Für $E\{u_j \cdot u_\lambda\}$ gilt unter Verwendung von (II.71):

$$E\{u_j \cdot u_\lambda\} = k^2 \sum_{\nu=1}^{k} b_{j,\nu} \sum_{\mu=1}^{k} b_{\lambda,\mu} x_\nu'(r \cdot T - \tau_\nu - \tau_j)$$
$$\times x_\mu(r \cdot T - \tau_\mu - \tau_\lambda) = k^2 \sum_{\nu=1}^{k} b_{j,\nu} \sum_{\mu=1}^{k} b_{\lambda,\mu} \tag{35}$$
$$\times x r_{\nu,\mu}(\tau_\nu + \tau_j - \tau_\mu)$$

Setzt man nun (31), (34) und (35) in (27) ein, so erhält man:

$$Q = -\sum_{j=1}^{m} \sum_{\lambda=1}^{m} a_{k+j,k+\lambda} \sum_{\nu=1}^{k} b_{j,\nu} \sum_{\mu=1}^{k} b_{\lambda,\mu} \Big\{ r_{\nu,\mu}(\tau_\lambda - \tau_\mu)$$
$$+ k_\lambda k_j r_{\nu,\mu}(\tau_\nu + \tau_j - \tau_\mu - \tau_\lambda) - \frac{k_j}{T} \int_{\tau_\nu+\tau_j-\tau_\mu}^{T+\tau_\nu-\tau_j-\tau_\mu} r_{\nu,\mu}(t)\, dt$$
$$- \frac{k_\lambda}{T} \int_{\tau_\nu+\tau_\lambda-\tau_\mu}^{T+\tau_\nu+\tau_\lambda-\tau_\mu} r_{\nu,\mu}(t)\, dt \Big\} \tag{36}$$

Es ist verständlicherweise ohne weiteres möglich, Gl. (36) auch für den Fall anzugeben, bei dem für jeden Steuerkanal ein und derselbe Verstärkungskoeffizient K benutzt wird. Aus Gl. (2) kann in Verbindung mit (16) bzw. (18) für die eine Klasse von Steuerungsalgorithmen sowie aus (36) für die andere Klasse von Steuerungsalgorithmen eine Reihe von wichtigen Schlußfolgerungen gezogen werden. (Diese Schlußfolgerungen werden am Beispiel der zweiten Klasse von Steuerungsalgorithmen gezogen; sie können jedoch ohne Schwierigkeiten auf die erste Klasse übertragen werden.)

a) Es existieren vom Standpunkt der ökonomischen Effektivität des Steuerungsalgorithmus optimale Verstärkungskoeffizienten K_j^{opt}, die durch Lösung des folgenden Gleichungssystems bestimmt werden können.

$$\frac{\partial Q}{\partial K_l} = 0, \quad \frac{\partial Q}{\partial K_2} = 0, \ldots, \quad \frac{\partial Q}{\partial K_m} = 0 \tag{37}$$

b) Der Wert $\bar{Q} = Q\ (\boldsymbol{E}K_j = 0)$ gibt die Systemreserven an, über die das Steuerungsobjekt vom Prinzip her verfügt.

c) Der Wert $\bar{\bar{Q}} = \bar{Q} - Q\ (T = 0)$ gibt die Reserven des Systems an, die durch das Prozeßsteuerungssystem bei vorgegebener Struktur des Steuerungsalgorithmus theoretisch ausgeschöpft werden können. Für den praktisch wichtigen Fall der nichtkorrelierten Störgrößen erhält man durch Grenzübergang, wenn

$$r_{xx} = \sigma_x^2 \exp\left(-\frac{|\tau|}{\beta}\right)$$

ist, folgenden Ausdruck:

$$\bar{\bar{Q}} = \sum_{j=1}^{m} \sum_{\lambda=1}^{m} a_{k+j,k+\lambda} \sum_{\nu=1}^{k} b_{j,\nu} \sum_{\mu=1}^{k} b_{\lambda,\mu}[2\sigma_\nu^2 k_j x \exp\left(-\frac{|\tau_j - \tau_\lambda|}{\beta}\right) \tag{38}$$

d) Je näher die Störgrößen von ihren Eigenschaften her dem weißen Rauschen ähnlich sind ($\beta \to 0$), um so höher muß die Taktfrequenz des Steuerungsalgorithmus $\frac{1}{T}$ und damit die Belastung des Prozeßrechners sein, um die gleiche Effektivität des Algorithmus zu erreichen. Bei $\beta = 0$ (weißes Rauschen) hat eine Steuerung vom Standpunkt der ökonomischen Effektivität aus keinen Sinn mehr.

Die hier vorgeschlagenen Methoden zur Abschätzung der ökonomischen Effektivität wurden für die Beurteilung der in [1] formulierten Steuerungsaufgaben und der in [4] angegebenen Steuerungsalgorithmen verwendet.

3. Literatur

[1] Balzer, D.: „Ableitung von Steuerungsaufgaben für Prozeßsteuerungssysteme“. Im vorliegenden Sammelband.

[2] Balzer, D., Belowa, D. A., und Kusin, R. E.: „Über die a priori-Abschätzung der Effektivität eines Prozeßsteuerungssystems“. Sammelband des OKBA 1973, Nr. 2 (russ.).

[3] Lezki, E. K., und Reinig, G.: „Zur Effektivitätsabschätzung von optimierenden Steuerungen“. msr 16 (1973), Heft 3.

[4] Balzer, D., Raasch, E., Reinig, G., und Seifert, F.: „Entwurf von Algorithmen zur Prozeßsteuerung“. Im vorliegenden Sammelband.

Anwendung verschiedener Identifikationsverfahren für Steuerungsobjekte der chemischen Technologie

(K. Damert, H. Greeske, G. Reinig, B. Werner)

Резюме:

В данной статье сравниваются различные методы идентификации динамических свойств объектов управления в химической технологии. Наряду со сравнительной оценкой этих методов обсуждаются вопросы по фильтрации дрифта и ошибочных измерений. Доказывается на большом количестве примеров, что в большинстве случаев методы с применением апериодического сигнала гарантирует достаточно точную математическую модель объекта управления.

Summary

In the present paper different identification methods are compared for analysing dynamical properties of controlled objects in chemical technologiy. In addition to the comparison of drift and bad point elimination are treated. Using alarge number of practical examples it is proved that in most cases procedures with aperiodic fest signals guarante a sufficiently sure model of the controlled systems-controlled.

1. Einleitung

In den Prozeßsteuerungssystemen des VEB PCK Schwedt werden mit den Prozeßrechnern neben den Aufgaben der Prozeßüberwachung und statischer Optimierung in zunehmendem Maße Regelungsaufgaben gelöst.

Für den Entwurf dieser Regelsysteme ist die Kenntnis der mathematischen Modelle der einzelnen Objekte Voraussetzung, für deren Ermittlung in vielen Fällen nur der experimentelle Zugang in Frage kommt.

Aus der Literatur sind in den letzten Jahren viele Identifikationsverfahren bekannt geworden, über deren Anwendbarkeit unter den Bedingungen der chemischen Industrie bisher wenig veröffentlicht wurde. Im vorliegenden Beitrag wird der Versuch unternommen, einige dieser Verfahren anhand simulierter und realer Prozesse vergleichend zu beurteilen und einige Erfahrungen bei der regelungstechnischen Identifikation chemischer Prozesse zu verallgemeinern, wobei auch auf die Rolle des Prozeßrechners bei der Versuchsdurchführung und -auswertung eingegangen wird.

Die Identifikation von Steuerungsobjekten wird in der chemischen Industrie durch eine Reihe von Faktoren erschwert, die besondere Aufmerksamkeit bei der Auswahl der Identifikationsmethoden erfordert. Solche Faktoren sind:

- Nichtstationarität der Prozesse (hervorgerufen durch gezielte Regimeänderungen oder Parameterdrift, wie z. B. Alterungserscheinungen),

- schlechte Qualität der Meßwerte (großer Rauschpegel, einzelne große Meßfehler (Ausreißer) Unterbrechungen in den Meßreihen),
- niedrige Veränderungsgeschwindigkeiten, große Trägheiten und damit lange Meßzeiten,
- Nichtlinearitäten der Zusammenhänge zwischen Ein- und Ausgang,
- Existenz verteilter Parameter.

2. Versuchsbedingungen und Identifikationsverfahren

Typisch für die Identifikationsprobleme in der chemischen Industrie ist neben den erwähnten Störfaktoren eine große Vielfalt der Versuchsbedingungen, so gibt es

1. Prozesse, die durch große aperiodische Testsignale erregt werden können, so daß die Reaktionen eindeutig über dem Rauschpegel liegen.
2. Prozesse, bei denen Testsignale großer Amplitude unzulässig sind, bei denen aber große betriebsbedingte Verstellungen auftreten.
3. Prozesse, die weder Testsignale großer Amplitude zulassen noch große betriebsbedingte Veränderungen aufweisen usw.

Große Unterschiede bestehen auch in den zulässigen bzw. möglichen Beobachtungszeiten.

Da von vornherein klar ist, daß es für dieses Spektrum an Bedingungen kein universelles Identifikationsverfahren gibt, wurden mehrere Verfahren unterschiedlichen Charakters betrachtet. Bei ihrer Auswahl wurden in der Literatur veröffentlichte Ergebnisse berücksichtigt, z. B. Isermann, R. [19] aber auch die im PCK erarbeiteten bzw. modifizierten Verfahren mit in Betracht gezogen.

Im einzelnen waren das:

1. Direkte Bestimmung des Frequenzganges mit Hilfe der Fourier-Transformation
2. Nutzung des Konzepts der Quasilinearisierung
3. Bestimmung von Gewichtsfunktionen mit Hilfe der Korrelationsanalyse
4. Approximation der Gewichtsfunktion durch Laguerre-Filter-Ketten
5. Rekursive Variante der verallgemeinerten Methode der kleinsten Quadrate nach Hastings-James

Neben den eigentlichen Identifikationsverfahren werden auch Algorithmen zur Drift- und Ausreißereliminierung betrachtet.

3. Kurzcharakteristik der einzelnen Verfahren

Bei den Erläuterungen zu einzelnen Identifikationsverfahren wird von folgender Aufgabenstellung ausgegangen (Abb. 1):

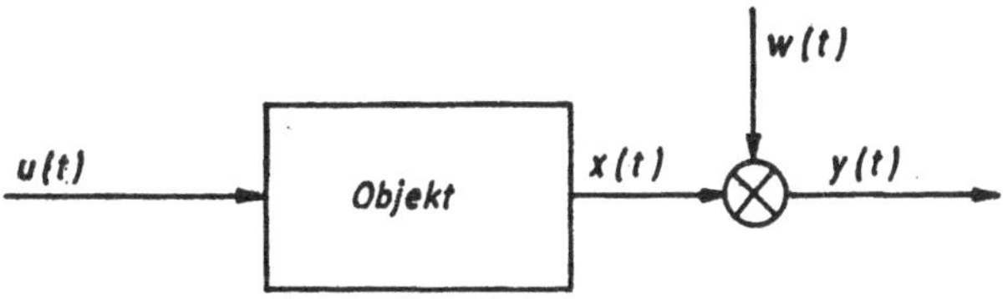

Abb. 1: Zur Aufgabenstellung.

$u(t)$ — durch die Versuchsplanung (bzw. Betriebssituation) vorgegebene und meßbare Eingangsgröße[1]),
$x(t)$ — nicht direkt meßbare ungestörte Ausgangsgröße[1]),
$w(t)$ — am Objektausgang wirkende nicht meßbare Störgröße[1]),
$y(t)$ — meßbare Ausgangsgröße[1]).

Zu bestimmen ist die Übertragungsfunktion $F(p)$ bzw. $F(z^{-1})$ des Objektes auf Grundlage von zu äquidistanten Zeitpunkten $t_i = \Delta t \cdot i$, $i = 0, 1, 2, \ldots, N$ aufgenommenen Meßreihen $u(t_i) = u_i$ und $y(t_i) = y_i$.

3.1. Verfahren zur Auswertung beliebiger, wenig gestörter Übergangsfunktionen (UFGS)

Dieses Verfahren ist geeignet für die Auswertung beliebiger aperiodischer Übergangsfunktionen, wenn die Voraussetzungen erfüllt werden, daß die Amplitude der Störgröße $w(t)$ klein ist im Vergleich zu der durch das Eingangssignal $u(t)$ bewirkten Änderung der Ausgangsgröße $y(t)$ und daß der Übergangsprozeß beginnend von einem annähernd stationären Ausgangszustand während der Meßdauer $T_M = N \cdot \Delta t$ annähernd abgeschlossen wird. Das Eingangssignal muß keine spezielle Form haben, so daß auch passiv gewonnene Daten über Änderungen der Betriebsregime verwendet werden können. Selbstverständlich hängt jedoch die erreichbare Genauigkeit von der Art des Eingangssignals ab. (Vgl. dazu die Abschnitte „Testsignale" in [17] und [18].)

Zur Lösung der Aufgabe wird die Fourier-Transformation benutzt. Die Fourier-Transformierten des Eingangssignals und des Ausgangssignals werden punktweise berechnet.

Wir wählen die Bezeichnung

$$U(j\omega) = F\{u(t)\} \tag{1}$$

Die Zeitfunktion $u(t)$ sei an N äquidistanten Punkten gegeben:

$$u_i = u(t_i) \qquad i = 0, 1, \ldots, N$$

---

[1]) Im allgemeinen Fall sind alle Größen Vektoren.

Zwischen den Tastpunkten wird $u(t)$ durch eine Gerade approximiert:

$$f_i = \begin{cases} u_i + \dfrac{u_{i+1} - u_i}{\Delta t}(t - t_i) & \text{für} \quad t_i \leqq t \leqq t_{i+1} \\ 0 & \text{sonst} \end{cases} \tag{2}$$

Die FOURIER-Transformierte für dieses Teilstück ist dann

$$\begin{aligned} F\{f_i(t)\} &= F_i(j\omega) = \int_{t_1}^{t_{i+1}} \big(u_i + a_i(t - t_i)\big)\, e^{-j\omega t}\, dt \\ &= \frac{u_i}{j\omega} e^{-j\omega t_1} - \frac{u_{i+1}}{j\omega} e^{-j\omega t_{i+1}} + \frac{a_i}{(j\omega)^2} e^{-j\omega\Delta t}(1 - e^{-j\omega\Delta t}) \end{aligned} \tag{3}$$

Für die gesamte Zeitfunktion gilt:

$$U(j\omega) = \sum_{i=0}^{N-1} F_i(j\omega) = \frac{1 - e^{-j\omega\Delta t}}{-\omega^2\Delta t} \sum_{i=0}^{N-1} (u_{i+1} - u_i)\, e^{-j\omega\Delta t} - j\,\frac{u_0}{\omega} \tag{4}$$

Der Frequenzgang des zu identifizierenden Systems ist

$$G(j\omega) = \frac{X(j\omega)}{U(j\omega)} = \frac{\sum\limits_{i=0}^{N-1} (x_{i,1} - x_i)\, e^{-j\omega i\Delta t}}{\sum\limits_{i=0}^{N-1} u_{i,1} - u_i)\, e^{-j\omega i\Delta t}} \tag{5}$$

Hierbei sind die Punkte $u(t = 0$ und $x(t = 0)$ jeweils als Bezugspunkte für die Signale gewählt worden.

Eine Abschätzung der Zeitkonstanten ist dann besonders einfach, wenn der Frequenzgang angenähert wird durch

$$G(j\omega) = \frac{k}{(1 + Tj\omega)^n} \tag{6}$$

Man berechnet für verschiedene ω

$$H(j\omega) = \big(G(j\omega)\big)^{-1/n} = a + bj\omega \tag{7}$$

und bestimmt durch lineare Regression a und b. Der Grad n, bei dem $\sum \big(G(j\omega) - G^*(j\omega)\big)^2$ am kleinsten ist, wird als der richtige angesehen und die entsprechenden Parameter $k = 1/a$ und $T = b/k$ für die Weiterverarbeitung verwendet.

Für kompliziertere Fälle, d. h. für gebrochen rationale Übertragungsfunktionen und unterschiedliche Zeitkonstanten, wurde von Strobel ein leistungsfähiges Programm [17] erarbeitet, das auch bei den im weiteren beschriebenen Identifikationsaufgaben angewendet wurde.

3.2. Identifikation durch Quasilinearisierung (QUASI)

Die Methode der Quasilinearisierung [9—13] kann sowohl zur Identifikation nichtlinearer Objekte, als auch zur Identifikation von Objekten mit mehreren Ein- und Ausgängen benutzt werden. Wie das Verfahren UFGS ist QUASI zur Auswertung beliebiger aperiodischer Übergangsfunktionen geeignet[1]), die Forderung nach annähernd stationären Anfangs- und Endzuständen entfällt.

Die Bestimmung der Übertragungsfunktion erfolgt im Zeitbereich, d. h. es wird vorausgesetzt, daß das dynamische System (Objekt) durch das folgende Differentialgleichungssystem mit bekannter (vorgegebener) Struktur beschrieben werden kann:

$$\frac{dx_i}{dt} = f_i(x, u, t, p) \qquad i = 1, 2, \ldots, n \tag{8}$$

u — Objekteingänge, t — Zeit, p — ein zu bestimmender Parametervektor. Index i steht hier für die Komponenten des Vektors $x = (x_1(t), x_2(t), \ldots, x_n(t))$.

Die Parameter p sind so zu bestimmen, daß die Summe

$$\sum q_{ij}\left(x_i(t_j) - \bar{x}_i(t_j)\right)^2 \tag{9}$$

minimiert wird, wobei die q_{ij} Gewichte und $\bar{x}_i$ Meßwerte einer Meßreihe sind.

Eine Modifikation des Programmes sieht die Minimierung des maximalen Fehlers vor:

$$\min \left\{\max \left(q_{ij}(x_i(t_j) - x_i(t_j))\right)\right\} \tag{10}$$

Es können entweder mehrere Größen x_i gemessen worden sein (mehrere Ausgänge), oder nur ein Profil; es ist auch möglich, Zeitableitungen von gemessenen Größen zu bilden und zu verarbeiten. Zur Lösung der Aufgabe wird die Quasilinearisierung in der [12, 13] angegebenen Modifizierung eingesetzt. Der Algorithmus wird anhand der Parameterschätzung durch Minimierung der Quadratfehlersumme dargelegt, wobei wir annehmen, daß nur das Profil $\bar{x}_1 = \bar{x}$ gemessen wurde.

Die Aufgabe besteht darin, die Parameter p_j für ein Vergleichssystem

$$\frac{dx_i}{dt} = f_i\{(x_i, x_2, \ldots, x_n), (u_1, u_2, \ldots, u_m), (p_1, p_2, \ldots, p_l), t\} \tag{11}$$

$i = 1, 2, \ldots, n$

---

[1]) Prinzipiell können mit QUASI auch Versuche mit periodischen Testsignalen (z. B. PRBS) ausgewertet werden; dieser Fall wird im vorliegenden Material jedoch nicht betrachtet.

unter der Bedingung

$$\sum q_j\big(x_1(t_j) - x(t_j)\big)^2 = \text{Min!} \tag{12}$$

zu bestimmen. Das Differentialgleichungssystem wird erweitert durch Hinzufügen des Systems

$$\frac{dp_j}{dt} = 0 \qquad j = 1, 2, \ldots, l \tag{13}$$

und das Gesamtsystem (11), (13) als Randwertproblem betrachtet, das unter der Bedingung der Minimierung der Quadratfehlersumme (12) zu lösen ist.

Ausgehend von den Anfangsschätzungen p_i für die Parameter und den damit errechneten Werten für die Größen x wird eine Iteration, beschrieben durch (x und p als Vektoren geschrieben)

$$\frac{dx^{k+1}}{dt} = f(x^k, p^k) + J(x^k, p^k)\begin{pmatrix} x^{k+1} - x^k \\ p^{k+1} - p^k \end{pmatrix} \tag{14}$$

$$\frac{dx^k}{dt} = f(x^k, p^k) - dp\,\frac{k+1}{dt} = 0$$

$$J(x^k, p^k) = \begin{pmatrix} \frac{\partial f_1(x^k, p^k)}{\partial x_1} & \cdots & \frac{\partial f_1}{\partial x_n} & \frac{\partial f_1}{\partial p_1} & \cdots & \frac{\partial f_1}{f p_l} \\ \vdots & & \vdots & \vdots & & \vdots \\ \frac{\partial f_n}{\partial x_1} & \cdots & \frac{\partial f_n}{\partial x_n} & \frac{\partial f_n}{\partial p^1} & \cdots & \frac{\partial f_n}{\partial p_l} \end{pmatrix}$$

organisiert.

Gegenüber der ursprünglichen Variante der Quasilinearisierung [11], wo die in jeder Iteration erhaltenen Größen als Schätzprofil für die nächste Iteration verwendet wurden, werden sie hier jedesmal durch Integration des Originalsystems neu berechnet. Dadurch können externe Speicher und im Endeffekt Rechenzeit eingespart werden.

Die Lösung des obigen Systems wird nach dem Superpositionsprinzip bestimmt. Dazu wird dieses System einmal inhomogen und $(n + l)$-mal homogen integriert. Die so gefundenen partikulären Lösungen werden linear kombiniert, wobei die Koeffizienten der einzelnen homogenen Lösungen aus der Minimalforderung bestimmt werden, d. h., daß die μ_i in

$$\begin{pmatrix} x \\ p \end{pmatrix} = \begin{pmatrix} x \\ p \end{pmatrix}^{inh} + \sum_{i=1}^{n+l} \mu_i \begin{pmatrix} x_i \\ p_i \end{pmatrix}^{hom} \tag{15}$$

berechnet werden.

Üblicherweise werden die Meßwerte mit dieser Gleichung verglichen. Hier wird von diesem Verfahren abgegangen und auf die Originalfunktion zurückgegriffen. Wir machen uns hier eine Analogie zum Marquardt-Verfahren [14] zunutze. Dort wird in jeder Iteration in der Zielfunktion das Modell bezüglich der zu bestimmenden Parameter linearisiert.

$$x = x^0 + \sum_{j=1}^{k} \frac{\partial x^0}{\partial p_j} \partial p_j \tag{16}$$

Die δp_j werden in jeder Iteration so berechnet, daß die Zielfunktion verkleinert wird. Die gleiche Aufgabe haben wir in unserem Fall zur Berechnung der μ_i. Wenn wir hierbei so vorgehen, wie das MARQUARDT-Verfahren zur Berechnung der δp_j, dann ist in jedem Fall die Konvergenz des Verfahrens gesichert. Mit den gefundenen μ_i werden dann die neuen Profile und Parameter berechnet und eine neue Iteration begonnen, bzw. bei Erfüllung der Abbruchkriterien das Verfahren abgebrochen.

Wenn statt der Quadratfehlersumme der maximale Fehler zu minimieren ist, führt die Berechnung der Koeffizienten in der Linearkombination

$$\begin{pmatrix} x \\ p \end{pmatrix} = \begin{pmatrix} x \\ p \end{pmatrix}^{inh} + \sum_{i=1}^{n+l} \mu_i \begin{pmatrix} x_i \\ p_i \end{pmatrix}^{hom} \tag{17}$$

auf ein lineares Optimierungsproblem, das mit dem dualen Simplexverfahren gelöst wird.

3.3. Korrelationsanalyse

Es wird vorausgesetzt, daß $u(t)$ und $y(t)$ stationäre Zufallsfolgen sind, bzw. durch Vorverarbeitung (Drift- und Ausreißerelimination) der Meßreihen in solche umgewandelt wurden.

Die Autokorrelationsfunktion (AKF) des Eingangs ist dann bei Einführung der Schreibweise $u(k) = u_k = u(t_k)$:

$$R_{uu}(n) = \lim_{N\to\infty} \frac{1}{N} \sum_{k=1}^{N} u(k)\, u(k-n) \tag{18}$$

die Kreuzkorrelationsfunktion (KKF)

$$R_{uy}(n) = \lim_{N\to\infty} \frac{1}{N} \sum_{k=1}^{N} y(k)\, u(k-n) \tag{19}$$

und die AKF des Ausgangssignals

$$R_{yy}(n) = \lim_{N\to\infty} \frac{1}{N} \sum_{k=1}^{N} y(k)\, y(k-n) \tag{20}$$

Bei der vorausgesetzten (bzw. durch spezielle Maßnahmen hergestellten) Stationarität der betrachteten Prozesse läßt sich die Berechnung der Korrelationsfunktionen (KF) auch auf folgende Weise vornehmen

$$R_{uy}(n) = \lim_{m\to\infty} \frac{1}{m} \sum_{j=0}^{m-1} \left\{\frac{1}{M} \sum_{k=1}^{M} y(k + jM)\, u(k + jM - n)\right\}$$

$$= \lim_{m\to\infty} \frac{1}{m} \sum_{j=0}^{m-1} r_j(n), \qquad N = m \cdot M \tag{21}$$

Die AKF werden auf analoge Weise berechnet.

Diese Berechnungsweise ist bei großen Datenmengen sehr viel weniger speicherplatzaufwendig als die oben dargestellte.

Es bietet sich noch ein weiterer Vorteil: $R(n)$ stellt den Erwartungswert der Folge $r(n) = \{r_0(n), r_1(n), \ldots, r_{m-1}(n)\}$ dar. Es läßt sich dann für jeden Punkt der KF die Dispersion angeben:

$$D^2\{r(n)\} = E\{(r(n) - R(n))^2\} \tag{22}$$

Bei Normalverteilung der Folge $r(n)$ kann man dann für jeden Punkt der KF ein Vertrauensintervall definieren

$$I(n) = [R(n) - 3\sqrt{D^2}, R(n) + 3\sqrt{D^2}] \tag{23}$$

Falls irgendein $r_j(n)$ nicht in diesem Intervall liegt, wird es für die Berechnung der KF nicht mehr berücksichtigt.

Zur Identifikation des Übertragungssystems ist $u(n)$ eine binäre Pseudozufallsfolge (PRBS) [5] mit der AKF

$$R_{uu} = \begin{cases} \dfrac{u_0^2}{4} & \text{für} \quad n = 1 \\ -\dfrac{u_0^2}{4M} & \text{für} \quad 1 < n < M \end{cases} \tag{24}$$

wobei M die Periodenlänge des PRBS und $|u(n)| = \frac{1}{2} u_0$ ist.

Um zu erreichen, daß $R_{uu}(n > 1)$ verschwindet, wird ein korrigiertes PRBS benutzt [3]:

$$u'(k) = u(k) + \frac{\sqrt{1 + M} - 1}{2M} \tag{25}$$

Durch die Faltungsbeziehung

$$R_{ux}(n) = \sum_{j=1}^{\infty} g(j) \cdot R_{uu}(n - j + 1) \tag{26}$$

werden KKF und AKF des Eingangs miteinander verbunden. Für das vorliegende Eingangssignal bedeutet das

$$R_{ux}(n) = g(n) \cdot \frac{u_0^2}{4} \tag{27}$$

Aus der Annahme, daß die Signale $w(t)$ und $u(t)$ nicht miteinander korreliert sind, folgt

$$R_{ux}(n) = R_{uy}(n)$$

d. h.

$$g(n) = \frac{4R_{uy}(n)}{u_0^2}. \tag{28}$$

Da die meisten Entwurfsmethoden für Regelsysteme nicht von punktweise gegebenen Gewichtsfunktionen ausgehen, werden für die Weiterverarbeitung entsprechende Umformungen in Übertragungsfunktionen angewendet, wobei sowohl der Weg über die LAPLACE-Transformation und die Approximation der damit errechneten Frequenzgangpunkte als auch über die Approximation der Gewichtsfunktion im Zeitbereich sowie eine Kombination beider Wege möglich sind [20].

3.4. Identifikation durch aktive Korrelation unter Verwendung von LAGUERRE-Funktionen (LAGUERRE-Filtermethode)

Bei der Anwendung der Methode wird vorausgesetzt, daß sich die Gewichtsfunktion der zu identifizierenden Objekte durch ein orthogonales Funktionssystem darstellen läßt. Es kann nachgewiesen werden, daß eine besonders bequeme Lösung der Identifikationsaufgaben möglich ist, wenn dieses Funktionssystem durch LAGUERRE-Funktionen gegeben ist, besonders dann, wenn das gleiche PRBS-Signal wie bei der Identifikation durch Korrelationsanalyse verwendet wird [5, 7].

Die Gewichtsfunktion wird dargestellt durch:

$$g(t) = \sum_{i=0}^{n} c_i l_i(t) \tag{29}$$

worin die $l_i(t)$ die LAGUERRE-Funktionen darstellen

$$l_i(t) = \sqrt{2\alpha} \cdot e^{-\alpha t} \sum_{k=0}^{i} \frac{i!(-2\alpha)^k \cdot t^k}{(i-k)!\,(k!)^2} \tag{30}$$

die c_i sind zu bestimmende Parameter.

Die Zuschaltung des Testsignals und der LAGUERRE-Filter wird in Abb. 2 gezeigt.

Zur Bestimmung der c_i wird das Funktional

$$F = E\left\{\left(x(t) - \sum_{i=0}^{n} c_i z_i(t)\right)^2\right\} \tag{31}$$

minimiert.

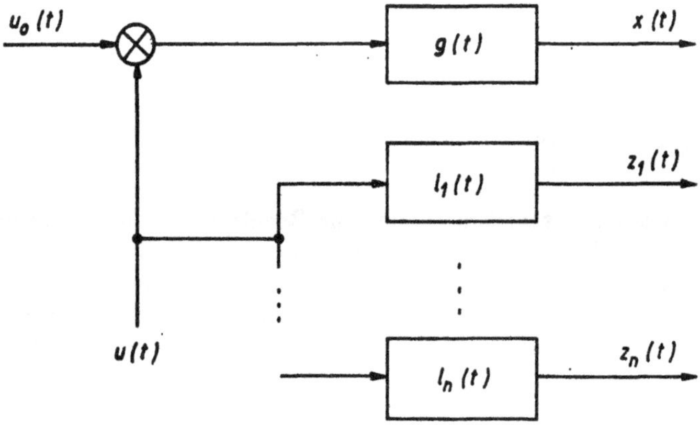

Abb. 2: Identifikation mit LAGUERRE-Filterketten.

Das führt auf das folgende Gleichungssystem für die Bestimmung der c_i:

$$E\{x(t) \cdot z_j(t)\} = \sum_{i=1}^{n} c_i E\{z_i(t) \cdot z_j(t)\} \qquad j = 1, 2, \ldots, n \tag{32}$$

Für die einzelnen Erwartungswerte schreibt man:

$$E\{x(t) \cdot z_j(t)\} = R_{xj} \tag{33}$$

$$E\{z_i(t) \cdot z_j(t)\} = R_{ij} \tag{34}$$

und erhält damit ein Gleichungssystem zur Bestimmung der c_i

$$R_{xj} = \sum_{i=0}^{n} c_i R_{ij} \qquad j = 0, 1, 2, \ldots, n \tag{35}$$

oder in Matrixschreibweise

$$R_x = R \cdot c. \tag{36}$$

Wegen der Orthogonalität der LAGUERRE-Funktionen muß R die Einheitsmatrix sein. In der Praxis wird dies jedoch nicht erreicht, man erhält lediglich eine sehr gute konditionierte Matrix R, bei der die Diagonalelemente etwa zehnmal größer sind als die übrigen.

Zur Weiterverwendung stehen dann die Gewichtsfunktionen $g(t)$ und deren leicht zu erhaltende LAPLACE-Transformierte

$$F(p) = \mathfrak{L}\{g(t)\} = \mathfrak{L}\left\{\sum_{i=0}^{n} c_i l_i(t)\right\} = \sqrt{2\alpha} \sum_{i=0}^{n} \frac{(p-\alpha)^i}{(p+\alpha)^{i+1}} \tag{37}$$

zur Verfügung. Letzterer wiederum kann bei Bedarf durch Standardübertragungsglieder ersetzt werden, indem man zunächst aus Gl. (37) Punkte des Frequenzganges berechnet und anschließend mit den im Punkt 3.1. genannten Verfahren approximiert.

3.5. Rekursive Variante der verallgemeinerten Methode der kleinsten Quadrate

Dieses Verfahren wurde von HASTINGS-JAMES [15] u. a. sowie von ISERMANN [6] beschrieben; da es ohne Modifikation übernommen wurde, verzichten wir auf eine ausführliche Beschreibung. Es sei nur erwähnt, daß die Parameter von zeitdiskreten Zustandsraummodellen durch Minimierung der mittleren quadratischen Abweichung zwischen Prozeß- und Modellausgang bestimmt werden.

Um auch im Falle korrelierten Rauschens erwartungstreue Schätzungen zu erzielen, werden außer den Modellparametern der Übertragungsfunktion $F(z^{-1})$ auch die Parameter des Rauschfilters $G(z^{-1})$ bestimmt (Abb. 3).

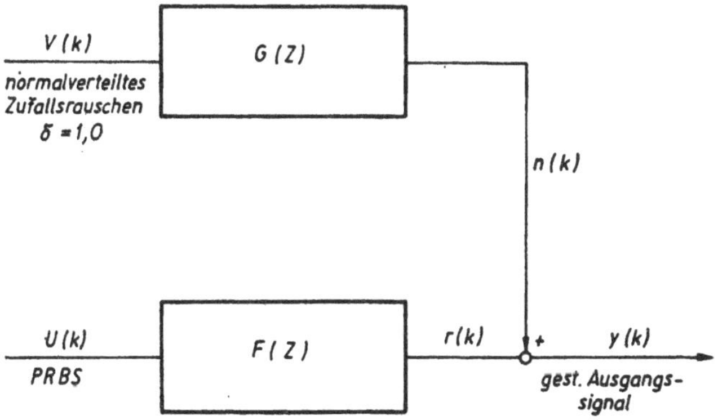

Abb. 3a: Zur Identifikation mit der verallgemeinerten Methode der kleinsten Quadrate.

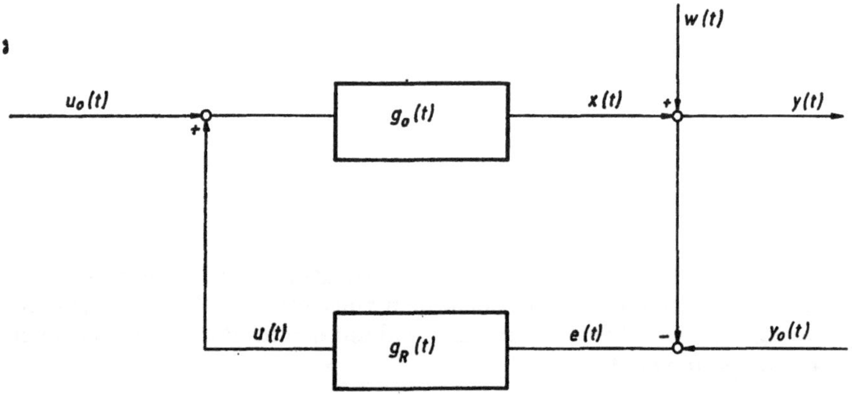

Abb. 3b: Identifikation am geschlossenen Kreis.

3.6. Elimination von Mittelwertdrift und von Fehlmessungen

Um die Mittelwertdrift zu eliminieren, wird die Meßwertfolge aufgefaßt als Folge von Polynomen höchstens 2. Ordnung, denen ein Rauschsignal überlagert ist, aus dem Korrelationsfunktionen zu bilden sind.

Für die punktweise gegebene Kurve $u_i(t_i)$ bilden die Ausdrücke

$$c_{ik} = \frac{a_{ik} \cdot b_{ik}}{|a_{ik}| \cdot |b_{ik}|} \tag{38}$$

mit

$$a_{ik} = (u_i - u_{i+k}, t_i - t_{i+k})^T \tag{39}$$

$$b_{ik} = (u_i - u_{i-k}, t_i - t_{i+k})^T \tag{40}$$

die Cosinus des Winkels zwischen den Vektoren a_{ik} und b_{ik}. Für $c_{ik} = -1$ ist folglich $u(t)$ im Punkt t_i eine Gerade, für $c_{ik} > -1$ eine gekrümmte Kurve [16].

Als wahre Krümmung c_i wird diejenige betrachtet und zur Beurteilung des Kurvencharakters benutzt, für die im Bereich $k = 1, 2, \ldots, k_{\max}$ die Größe c_{ik} ein Maximum annimmt (vgl. Abb. 4).

Für alle hintereinanderliegenden Meßpunkte, für die die Bedingung $c_i < c_m$ (c_m — vorgegebener Schwellwert) erfüllt ist, wird die Drift als linear angesehen, für alle anderen als quadratisch. Die entsprechenden Geraden- und Parabelparameter werden durch lineare Regression bestimmt.

Zur Vermeidung der Beeinflussung der Driftelimination durch hochfrequente Störungen hat es sich als zweckmäßig erwiesen, die gemessenen Signale zunächst mittels eines Tiefpaßfilters z. B. der Form

$$F_{TP}(p) = \frac{1}{(1 + T_{TP} \cdot p)^4} \tag{41}$$

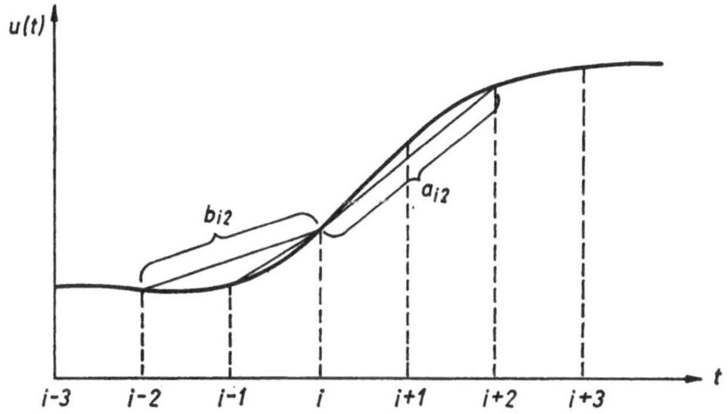

Abb. 4: Zur Bestimmung des Charakters der Drift.

zu glätten. Die Grenzfrequenz des Filters $\omega_{TP} = \frac{1}{T_{TP}}$ ist auf Basis des interessierenden Frequenzbereiches festzulegen. Als Fehlmessungen werden Werte betrachtet, die mehr als ein vorgegebener Grenzwert u_{max} vom Kurvenmittelwert abweichen und ebenso solche, deren Krümmung c_i einen vorgegebenen Wert c_{max} überschreitet.

An diesen Stellen werden mit Hilfe der Spline-Interpolation wahrscheinlichere Werte berechnet.

4. Beispiele

Die genannten Identifikationsverfahren wurden zur Ermittlung ihrer Eigenschaften an verschiedenen Beispielen erprobt, wobei sowohl simulierte als auch reale Objekte zu identifizieren waren.

4.1. Simulierte Prozesse

Die Untersuchung der Identifikationsverfahren an simulierten Objekten hat bei aller Eingeschränktheit der Aussagekraft keine geringe Bedeutung, da dabei die ermittelten Modelle mit den exakten Modellen verglichen und die Einflüsse einzelner Störungen isoliert voneinander analysiert werden können. Die Aufwendungen für derartige Untersuchungen sind gering.

Die Auswahl der zu simulierenden Versuchsbedingungen erfolgte unter Berücksichtigung der Gegebenheiten der chemischen Industrie, die anfangs schon charakterisiert worden sind, deshalb werden sowohl die Auswertung aperiodischer Übergangsfunktionen als auch die Auswertung von Versuchen mit Erregung der Objekte durch PRBS betrachtet.

4.1.1. *Anwendung aperiodischer Testsignale*

Untersuchte Systeme:

$$1.\ F(p) = \frac{1}{1 + T_i p} \qquad T_i = 3, 5, 10, 20 \tag{42}$$

$$2.\ \begin{pmatrix} \dot{x}_1 \\ \dot{x}_2 \\ \dot{x}_3 \end{pmatrix} = \begin{pmatrix} -1 & 0 & 0 \\ 5 & -6 & -1 \\ 2 & 2 & -4 \end{pmatrix} + \begin{pmatrix} x_1 \\ x_2 \\ x_3 \end{pmatrix} + \begin{pmatrix} 1 & 0 & 1 \\ 0 & 1 & 0 \\ 0 & 0 & 1 \end{pmatrix} \begin{pmatrix} u_1(t) \\ u_2(t) \\ u_3(t - 0.5) \end{pmatrix} \tag{43}$$

$$3.\ F(p) = \frac{(1 + 18.4p)\,(1 + 13.81p)^2}{(1 + 59p)^5} \tag{44}$$

Das erste System wurde mit einem Signal, wie in Abb. 5 dargestellt, erregt. Im betrachteten Zeitintervall ergibt das zwei annähernd abgeschlossene und zwei nicht abgeschlossene Übergangsprozesse.

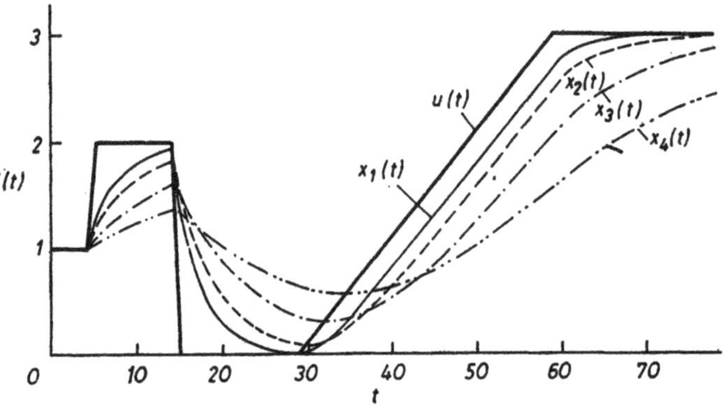

Abb. 5: Ein- und Ausgangssignale für Testbeispiel $F(p) = \dfrac{1}{1 + T_i p}$.
Zeitkonstanten T_i: $T_1 = 3$ s, $T_2 = 5$ s, $T_3 = 10$ s, $T_4 = 20$ s

Zu den dargestellten Signalen wurde ein normalverteiltes Zufallsrauschen mit unterschiedlicher Streuung addiert und aus den erhaltenen gestörten Signalen die Systemparameter identifiziert.

Es wurde zunächst die Bestimmung des Frequenzganges durch FOURIER-Analyse des Zeitsignals (UFGS) mit anschließender Bestimmung der Parameter der Übertragungsfunktion nach STROBEL [17] angewendet. Die Ergebnisse sind in Tab. 1 zusammengestellt.

Tabelle 1: Identifikationsergebnisse für simuliertes Objekt 1 bei aperiodischen Testsignalen (Gl. (42)) mit UFGS.

σ	T	erhaltenes Modell
0.05	3	$F = \dfrac{0.96}{1 + 2.55p}$
0.25	3	$F = \dfrac{0.88}{1 + 2.03p}$
0.05	5	$F = \dfrac{0.98}{1 + 4.49p}$
0.25	5	$F = \dfrac{0.90}{1 + 4.48p}$
0.05	10	$F = \dfrac{1.05(1 + 1.25p)}{(1 + 11.04p)(1 + 0.16p)}$
0.25	10	$F = \dfrac{0.9(1 - 0.22p)}{(1 + 4.75p)(1 + 0.33p)}$
0.25	20	$F = \dfrac{0.84(1 + 0.81p)}{(1 + 22.03p)} \times \dfrac{1}{(1 + 0.058p + 8.26p^2)}$

Tabelle 2: Identifikationsergebnisse für simuliertes Objekt 1. bei aperiodischen Testsignalen (Gl. (42)) mit QUASI.

$$F = \sum_{i=1}^{100} (y - y_{mod})^2; \quad s = \sqrt{\frac{F}{100}}; \quad \sigma = 0.25;$$

T	identifizierte Parameter	
	K	T
3	0.8789	2.27
5	0.3873	5.95
10	0.9635	6.06
20	1.179	35.71

Das erste System wurde außerdem mit der Methode der Quasilinearisierung identifiziert, die Streuung des Störsignals betrug $\sigma = 0.25$. Es wurde eine Struktur 1. Ordnung angenommen. Die Ergebnisse sind in Tab. 2 zusammengestellt.

Vergleicht man die erhaltenen Ergebnisse, so erkennt man, daß man mit QUASI für abgeschlossene Übergangsprozesse bei größeren Störungen etwas bessere Ergebnisse erhält, als bei UFGS. Die Struktur wird aber auch in diesen Fällen erkannt. Bei nicht abgeschlossenen Übergangsprozessen erkennt das Verfahren UFGS die Struktur nicht sicher. Mit QUASI erhält man eine relativ gute Approximation an den vorgegebenen Zeitverlauf, obwohl die Parameter recht ungenau bestimmt sind.

Das System mit drei Eingängen und drei Ausgängen wurde mit den in Abb. 6 gezeigten Eingangssignalen erregt. Diese Eingangsgrößen und die dargestellten Ausgangsgrößen wurden mit verschiedenen Rauschsignalen überlagert und mit der Methode der Quasilinearisierung identifiziert.

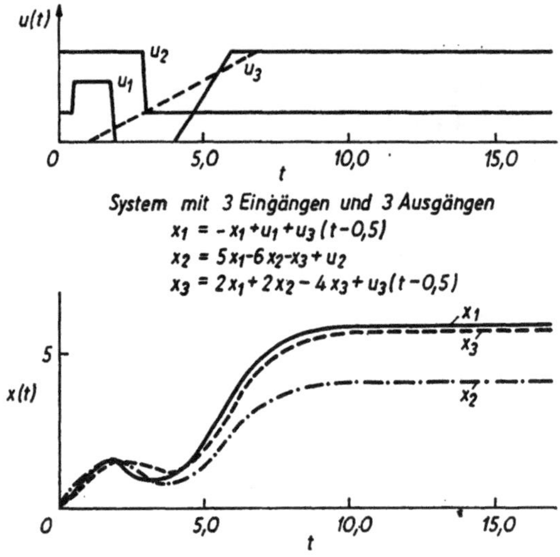

Abb. 6: Eingangs- und Ausgangssignale für das zweite Beispiel (Gl. (43)).

Die Struktur wurde als bekannt angenommen. In Tab. 3 sind für verschiedene Streuungen des Rauschsignals für jeweils fünf verschiedene Realisierungen der Rauschsignale die mittleren Parameter angegeben. Die Anfangsschätzungen wurden beschafft, indem an vorgegebenen Punkten die Tangenten konstruiert wurden und mit den erhaltenen $x(t_i)$ und den dazugehörigen $\dot{x}(t_i)$ die Gleichungssysteme für die p_j gelöst wurden. Desweiteren sind in Tab. 3 für die verschiedenen Rauschsignale die mittleren Parameterabweichungen

$$\delta p_i = \sqrt{\frac{1}{5} \sum_{j=1}^{5} \frac{(p_i - p_{ij}^*)^2}{p_i^2}} \tag{45}$$

$$\sigma_{\delta_p} = \sqrt{\frac{1}{12} \sum_{i=1}^{12} \sigma p_i^2} \tag{46}$$

angeben.

Tabelle 3: Identifikationsergebnisse für simuliertes Objekt 2 (Gl. (43)) bei aperiodischen Testsignalen mit QUASI.

Parameter	wahrer Wert	Mittelwerte σ_p			
		$\sigma = .05$	$\sigma = .25$	$\sigma = .05$	$\sigma = .25$
p_1	−1.0	−1.011	−0.924	0.024	0.089
p_2	5.0	4.580	8.064	0.106	0.700
p_3	−6.0	−4.928	−6.830	0.240	0.943
p_4	−1.0	−1.307	−2.099	0.388	1.410
p_5	2.0	2.029	3.603	0.012	0.828
p_6	2.0	1.907	2.070	0,063	0.911
p_7	4.0	−3.945	−5.486	0.066	0.523
p_8	1.0	0.995	0.942	0.015	0.124
p_9	1.0	1.019	0.898	0.034	0.142
p_{10}	1.0	0.823	1.065	0.209	0.779
p_{11}	1.0	0.974	0.662	0.068	0.363
p_{12}	0.5	0.484	0.261	0.083	0.470
s		0.061	0.303	$0.155 = \sigma_{\delta_p}$	$0.716 = \sigma_{\delta_p}$

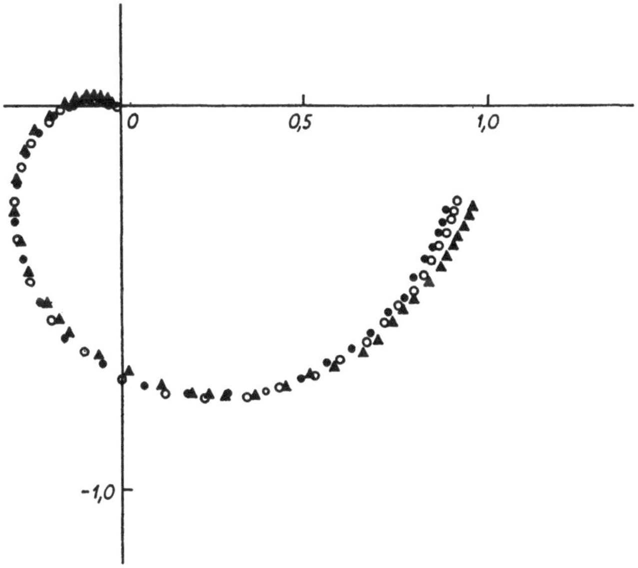

Abb. 7: Identifikationsergebnisse für das 3. Beispiel (Gl. (44)).
Frequenzgangpunkte:

▲ Berechnet aus der Übergangsfunktion durch direkte FOURIER-Transformation

● $F = \dfrac{0.94(1 + 3.0p + 50.09p^2)}{(1 + 58.7p)(1 + 0.78p + 18.0p^2)(1 + 171.7p + 12209p^2)}$

○ $F = \dfrac{0.96(1 - 0.89)(1 + 4.8p + 67.8p^2)}{(1 + 56.0p)(1 + 2.19p)(1 + 174.0p + 12310.6p^2)}$

Die Werte $\bar{s}$ sind wieder ein Ausdruck für den mittleren Angleichfehler des Signals. Er beträgt hier an jedem Punkt etwa $\bar{s} \approx 1.2\sigma$.

Es zeigt sich, daß man bei einer hinreichend großen Anzahl von Versuchen die Parameter recht gut als Mittelwert aus den einzelnen Versuchen zu ermitteln sind, obwohl deren Streuung ziemlich groß ist. Bei $\sigma = 0.35$ wurde im allgemeinen keine Verbesserung der Anfangsschätzungen erreicht, wenn diese auf die oben beschriebene Weise beschafft wurden.

Beispiel 3 stellt die von Isermann [22] in seinen Testfällen als Prozeß IV vorgeschlagene Übertragungsfunktion dar. Die Abtastzeit Δt soll 20 s betragen. Abb. 7 zeigt die mit UFGS für unterschiedliche Frequenzen ermittelten Ergebnisse. Eine zufriedenstellende Approximation des Frequenzganges ist nur möglich bei Zulassung von Schwingungsgliedern mit sehr geringen Dämpfungen in der Übertragungsfunktion.

In die fünffache Polstelle wird jeweils nur immer eine einfache Polstelle der Übertragungsfunktion gebracht.

4.1.2. *Anwendung pseudostochastischer periodischer Testsignale* (PRBS)

Bei der Untersuchung der Identifikationsverfahren für PRBS-Testsignale an simulierten Objekten wurden aus Gründen der Vergleichbarkeit mit bereits veröffentlichten Ergebnissen [3, 6] die dort untersuchten Systeme mit folgenden Übertragungsfunktionen verwendet:

$$1.\quad F(z^{-1}) = \frac{1.0z^{-1} + 0.5z^{-2}}{1 - 1.5z^{-1} + 0.7z^{-2}} \tag{47}$$

$$G(z^{-1}) = \frac{0.0114\gamma \cdot z^{-1}}{1 - 1.027z^{-1} + 0.264z^{-2}} \qquad \gamma = 36.95 \tag{48}$$

$$2.\quad F(z^{-1}) = \frac{-0.102z^{-1} + 0.173z^{-2}}{1 - 1.425z^{-1} + 0.496z^{-2}} \tag{49}$$

$$G(z^{-1}) = \frac{0.0114\gamma \cdot z^{-1}}{1 - 1.027z^{-1} + 0.264z^{-2}} \qquad \gamma = 4.93 \tag{50}$$

$$3.\quad F(z^{-1}) = \frac{0.065z^{-1} + 0.048z^{-2} - 0.008z^{-3}}{1 - 1.5z^{-1} + 0.705z^{-2} - 0.1z^{-3}} \tag{51}$$

$$G(z^{-1}) = \frac{0.0117\gamma \cdot z^{-1}}{1 - 0.527z^{-1} + 0.0695z^{-2}} \qquad \gamma = 7.41 \tag{52}$$

Zur Identifikation werden Signale benutzt, die mit dem in Abb. 3 dargestellten System gewonnen wurden. Durch die angegebenen γ werden die verschiedenen Rausch/Signalverhältnisse realisiert:

$$\eta = \frac{\sqrt{\overline{w^2(t)}}}{K \cdot u_0} \tag{53}$$

Zur Auswertung der Identifikationsergebnisse werden die gleichen Fehlerdefinitionen verwendet, wie sie ISERMANN in [6] vorschlug:

1. mittlerer quadratischer relativer Parameterfehler:

$$\delta_{\Sigma_1} = \left\| \frac{\Delta p_i}{p_i} \right\| = \left[\sum_{i=1}^{k} \left[\frac{\Delta p_i}{p_i} \right]^2 \right]^{1/2} \tag{54}$$

2. mittlerer quadratischer absoluter Parameterfehler:

$$\delta_{\Sigma_2} = \left\| \frac{\Delta p_i}{p_i} \right\| = \left[\frac{\sum_{i=1}^{k} \Delta p_i^2}{\sum_{i=1}^{k} p_i^2} \right]^{1/2} \tag{55}$$

3. mittlerer quadratischer Fehler der Gewichtsfunktion:

$$\delta_g = \left[\frac{\overline{\Delta g^2(k)}}{\overline{g^2(k)}} \right]^{1/2} = \left[\frac{\sum_{k=0}^{\infty} \Delta g^2(k)}{\sum_{k=0}^{\infty} g^2(k)} \right]^{1/2} \tag{56}$$

4. Fehler des Übertragungsfaktors:

$$\delta_K = \frac{\Delta K}{K} \tag{57}$$

P_i — wirkliche Parameterwerte
$g(k)$ — Werte der Gewichtsfunktion, die mit den wirklichen Parameterwerten berechnet werden
$K = \frac{\Sigma b_j}{1 + \Sigma a_j}$ — Übertragungsfaktor des Gliedes
P_i^* — Parameterschätzwert
$\Delta p_i = |p_i^* - p_i|$
$\Delta g(k) = |g^*(k) - g(k)|$
$g^*(k)$ — mit Parameterschätzwerten berechneter Wert der Gewichtsfunktion
$\Delta K = |K^* - K|$
K^* — Übertragungsfaktor für Parameterschätzwerte

Zur besseren Vergleichbarkeit der Ergebnisse werden mehrere Identifikationsrechnungen mit verschiedenen Realisierungen des Rauschsignals und unterschiedlichen Realisierungsdauern durchgeführt; daraus werden dann die Standardabweichungen der Fehler $\sigma_{\delta\Sigma_1}$, $\sigma_{\delta\Sigma_2}$, σ_{δ_g}, σ_{δ_k} berechnet.

In den Abb. 8 bis 11 werden diese Abweichungen unterschiedlicher Realisierungslängen T_m (Versuchsdauer) für das System 1 bei $\eta = 0.1$ gezeigt.

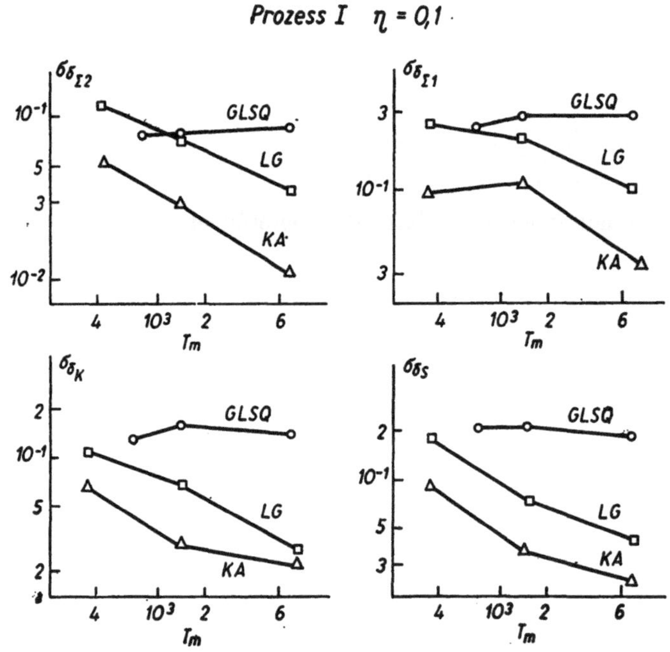

Abb. 8—11: Identifikationsfehler für Testbeispiel 1 (Gln. (47), (48)).
T_m — Meßzeit, η — 0.1

Für das System 2 und das gleiche Signal/Rauschverhältnis sind die genannten Werte in den Abb. 12 bis 15 dargestellt. Für dieses System werden optimale Reglerparameter für einen Regler (Abb. 3*a* und $u_0 = y_0 = 0$)

$$u_i = u_{i-1} + p_1 y_1 + p_2 y_{i-1} + p_3 y_{i-2} \tag{58}$$

nach dem Kriterium

$$P = \sum_{i=1}^{\infty} y_i^2 = \text{Min!} \tag{59}$$

mittels nichtlinearer Optimierung [21] bestimmt.

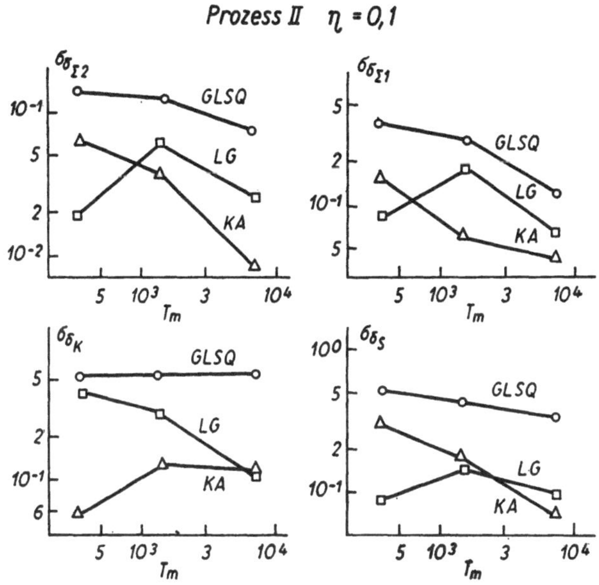

Abb. 12–15: Identifikationsfehler für Testbeispiel 2 (Gln. (49), (50)).
T_m – Meßzeit; η – 0.1

Die Ergebnisse wurden nach den in [6] vorgeschlagenen Fehlerkriterien bewertet:

1. mittlerer Reglerparameterfehler

$$\delta_{\Sigma_p} = \frac{\|\Delta p_i\|}{\|p_i\|} = \left[\frac{\sum_{i=0}^{2} \Delta p_i^2}{\sum_{i=0}^{2} p_i^2}\right]^{1/2} \tag{60}$$

2. Fehler des Ausgangssignals des geschlossenen Kreises

$$\delta_y = \left[\frac{\sum_{k=0}^{\infty} \Delta Y_k^2}{\sum_{k=0}^{\infty} Y_k^2}\right]^{1/2} \tag{61}$$

Es werden die Standardabweichungen $\sigma_{\delta\Sigma_p}$ und $\sigma_{\delta y}$ berechnet. Diese sind in den Abb. 16 und 17 dargestellt. Für die mit GLSQ errechneten Parameter wurden keine Relgerparameter bestimmt.

Bei der Strecke 3 ergaben sich für GLSQ und KA die in Tab. 4 angegebenen Parameter jeweils für zwei verschiedene Realisierungen v_1 und v_2 des Rauschsignals. Bei den dabei erhaltenen Parameterkombinationen treten auch physikalisch nicht sinnvolle Wurzeln der Übertragungsfunktion in der negativen Halbebene auf. Das Zeitverhalten des simulierten Prozesses wird aber auch mit diesen Parametern mit ausreichender Genauigkeit beschrieben (für v_1 und $T = 7000$ ergaben sich $\delta_g = 0.0347$ und $\delta_g = 0.0611$).

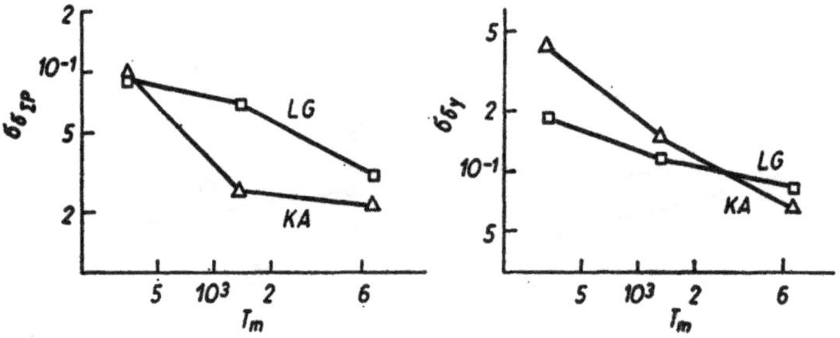

Abb. 16 u. 17: Auswirkungen der Identifikationsfehler auf die Reglerparameter und das Regelkreisverhalten.
T_m — Meßzeit
η — 0.1

Die Ursache für diese Erscheinung sowie für die aus der Literatur bekannten großen Parameterabweichungen dürfte in der Struktur des Systems zu suchen sein.

Die Partialbruchzerlegung des Frequenzganges

$$F_3(z^{-1}) = \frac{0.065z^{-1} + 0.048z^{-2} - 0.008z^{-3}}{1 - 1.5z^{-1} + 0.705z^{-2} - 0.1z^{-3}} \tag{62}$$

$$F_3(p) = \frac{1 + 2p}{(1 + 3p)(1 + 7p)(1 + 10p)} \tag{63}$$

$$F_3(z^{-1}) = \frac{1.145z^{-1}}{1 - 0.675z^{-1}} - \frac{1.155z^{-1}}{1 - 0.56z^{-1}} + \frac{0.076z^{-1}}{1 - 0.260z^{-1}} \tag{64}$$

$$F_3(p) = \frac{80/21}{1 + 10p} - \frac{35/12}{1 + 7p} + \frac{3/28}{1 + 3p} \tag{65}$$

zeigt, daß der letzte Anteil signifikant kleiner ist als die anderen beiden.

Die ersten beiden Anteile werden bei Identifikationsversuchen auch stets gefunden, der letzte im allgemeinen nicht, wodurch die ermittelten Parameter stets mit großen Fehlern behaftet sind, das Übergangsverhalten jedoch aus-

Tabelle 4: Identifikationsergebnisse für simuliertes Objekt 3 (Gl. (44)) bei PRBS-Testsignalen mit QLSQ und KA.

Meßzeit		$T = 7000$ s		$T = 1400$ s		G = 350 s	
	Rausch-signal	v_1	v_2	v_1	v_2	v_1	v_2
G	a_1	−.117113	−.1105970	−.503532	−.127974	.000420	−.866313
L	a_2	−.290096	.320792	−.253651	−.615120	−.000381	.056418
S	a_3	−.186065	−.041453	−.006830	−.196870	−.000267	−.004593
Q	b_1	.055535	0.063986	.037088	.073634	−.000026	000423
	b_2	.125394	0.063154	.107665	.089843	−.000014	.001247
	b_3	.070417	.039147	.054519	.006333	.000013	.000389
		v_1	v_2	v_1	v_2	v_1	v_2
	a_1	−.697804	−.622325	−.734414	−.697596	−.759427	−.731270
	a_2	−.264206	−.408082	−.129365	−.148854	−.181848	−.010572
K	a_3	.180313	.247272	.091811	.081904	.155578	−.066115
A	b_1	.062310	.067748	.068922	.051940	.057296	.071418
	b_2	.103753	.108212	.097279	.105810	.101171	.104350
	b_3	.049708	.038758	.048170	.065095	.081851	.073043

reichend genau bestimmt ist (δ_g klein)

$$F_3^*(z^{-1}) = \frac{0.062z^{-1} + 0.105z^{-2} + 0.050z^{-3}}{1 - 0.698z^{-1} - 0.264z^{-2} + 0.180z^{-3}} \tag{66}$$

$$F_3^*(z^{-1}) = \frac{0.577z^{-1}}{1 - 0.714z^{-1}} - \frac{0.526z^{-1}}{1 - 0.498z^{-1}} + \frac{0.011z^{-1}}{1 + 0.511z^{-1}} \tag{67}$$

Zum Vergleich des LAGUERRE-Filterverfahrens mit den anderen Verfahren ist zu sagen, daß die erzielten Angleichergebnisse zwischen denen von KA und GLSQ liegen, wobei es bei kleinen Meßzeiten in einigen Fällen der KA überlegen ist, so daß sich in der Praxis eine parallele Anwendung durchaus empfiehlt.

Der Vergleich zwischen GLSQ und KA ergibt die gleichen Ergebnisse, die auch ISERMAN [6] erhalten hat.

4.2. Vergleich der Verfahren an industriellen Prozessen (PRBS)

4.2.1. Synthesegaserzeugung für eine Ammoniakanlage

4.2.1.1. Technologische Beschreibung der Anlage (Abb. 18)

In der betrachteten Anlage wird der zur Erzeugung des Ammoniaks benötigte Wasserstoff aus einem Gemisch verschiedener Kohlenwasserstoffe gewonnen. Im einzelnen sind das: bei der Benzinreformierung entstehendes Überschußgas, Restgas aus der Gaszerlegung und ein Flüssiggasgemisch (Propan/Butan). Alle diese Komponenten enthalten die leichten Kohlenwasserstoffe von CH_4 bis C_5H_{12}.

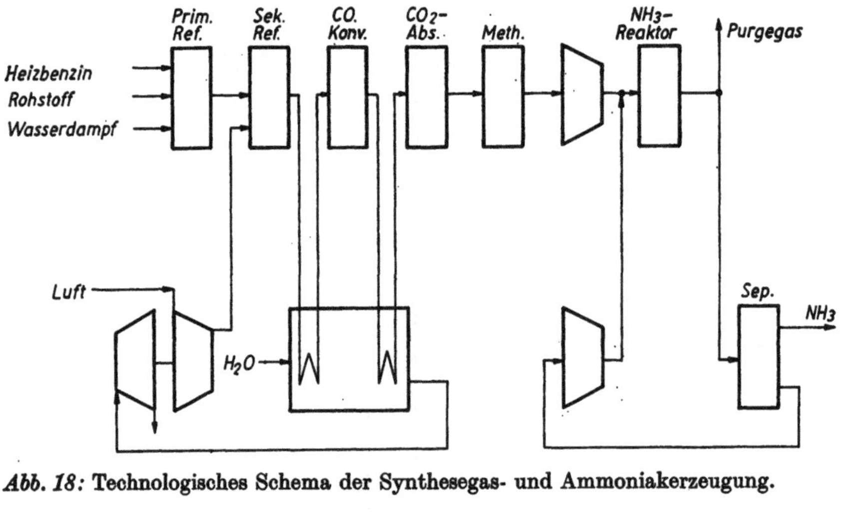

Abb. 18: Technologisches Schema der Synthesegas- und Ammoniakerzeugung.

In den von außen geheizten Reaktionsrohren des Primärreformers reagiert dieses Einsatzprodukt katalytisch mit Wasserdampf, wobei ein Gemisch von CH_4, CO, CO_2 und H_2 entsteht. Die ablaufenden Reaktionen sind stark endotherm. Die nötige Reaktionstemperatur wird durch Verbrennen eines Gemisches von Heizbenzin und Heizgas aufrechterhalten, wobei sich die Reaktionsrohre im Strahlungsteil der Brennkammer befinden.

Im Sekundärreformer wird unter Zusetzung von Luft das restliche Methan katalytisch zu H_2, CO und CO_2 umgesetzt. Durch teilweise Verbrennung des H_2 steigt hier die Temperatur beträchtlich an. In den nachfolgenden Stufen wird das CO zu CO_2 umgewandelt und letzteres zum großen Teil ausgewaschen, ein kleiner CO_2-Rest wird im Methanisator zu Methan umgewandelt. Das so entstehende Frischgas wird verdichtet und mit dem Synthesegas des Kreislaufes vermischt. Von dort gelangt es nach Vorwärmung in den NH_3-Synthesereaktor, wo etwa 25% des H_2/N_2-Gemisches zu NH_3 umgesetzt werden. Nach dem NH_3-Reaktor wird in Separatoren ein Teil des NH_3 abgeschieden, außerdem wird ein Teil des Kreislaufgases aus dem Kreislauf entfernt, um den Inertenanteil (CH_4 und Ar) nicht zu hoch werden zu lassen. Die Anlagenkapazität beträgt etwa 500 t/d.

4.2.1.2. *Regelungsaufgabe*

Die hier betrachtete Regelungsaufgabe lautet:

1. Im Interesse eines hohen Umsetzungsgrades des CH_4, einer stabilen Prozeßführung und einer ausreichenden Dampferzeugung ist es notwendig, die Sekundärreformertemperatur y_1 auf einem möglichst hohen Wert zu stabilisieren, wobei jedoch eine durch das Material gegebene obere Grenze unbedingt einzuhalten ist. Stellgröße hierfür ist die Heizbenzinmenge u_1.
2. Es ist ein optimales (bekanntes) H_2/N_2-Verhältnis y_2 am Reaktoreingang einzuhalten, damit eine maximale NH_3-Ausbeute gewährleistet ist. Als Stellgröße hierzu kommt nur die Luftmenge u_2 in Betracht, die in den Sekundärreformer eintritt.

Die Anforderung an das zu entwerfende Regelungssystem sind recht widersprüchlich. Einerseits wird eine möglichst gute Stabilisierung der Regelgröße und schnelle Abarbeitung von Störungen angestrebt, andererseits sind jedoch große und schnelle Veränderungen der Stellgrößen unzulässig (technische Begrenzungen) bzw. unerwünscht (Wunsch nach „weicher" Anlagenfahrweise), so daß die Reglersynthese letzten Endes auf die Suche eines Kompromisses zwischen diesen Forderungen hinausläuft.

Unter der Voraussetzung, daß ohne den Aufbau von komplizierten Entkopplungsnetzwerken ausreichende Regelgüten für die Größen y_1 und y_2 erzielt werden können, sind zwei getrennte Regelsysteme zu entwerfen (Abb. 19), wobei allerdings der Kreis 1 über den Kanal F 3 des Reformerkomplexes vom Kreis 2 beeinflußt wird.

Die Stellgröße Heizbenzinmenge u_1 ist ihrerseits Regelgröße eines lokalen analogen PI-Reglers (LAC), während die Stellgröße Luftmenge u_2 durch einen ebenfalls zu entwerfenden DDC-Regelkreis (DDC 3) (PI-Verhalten) über die Vorgabe des Sollwertes für den lokalen analogen Drehzahlregler des Kompressor-Turbine-Blockes eingestellt wird. In diesem Regelkreis wird durch situationsabhängige Reglerumschaltung automatisch die Einhaltung technischer Grenzen (Pumpgrenze, Dampfreserve) abgesichert. Aus Platzgründen konzentrieren wir uns aber auf die typische „normale“ Betriebssituation und auf die Identifikation für den Entwurf der Regler DDC 1 und DDC 2.

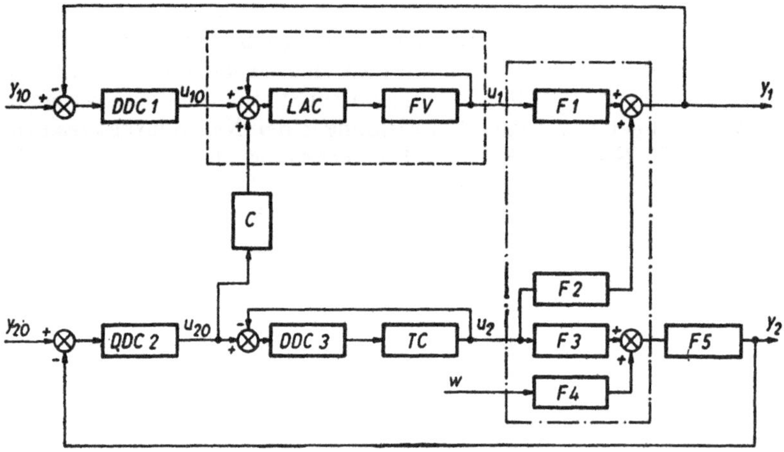

Abb. 19: Struktur des Regelsystems für die Synthesegasanlage.

DDC 1—DDC 3 — Digitale PID-Regler, *F* 1—*F* 4 — Reformerkomplex, *FV* — Heizölventil, *TC* — Turbokompressor, *F* 5 — Synthesekreislauf, *C* — Korrekturglied, *LAC* — lok. Analogregler, y_1 — Reformertemperatur, y_2 — H_2/N_2-Verhältnis, u_1 — Heizölmenge, u_2 — Luftmenge, w — äußere Störung (Rohgaszusammensetzung)

4.2.1.3. Identifikationsaufgabe und -bedingungen

Die Synthese der Regler DDC 1 und DDC 2 setzt die Kenntnis der Übertragungsfunktionen oder äquivalenter Modelle der Kanäle F 1, F 2, F 3, F 4, F 5 sowie der Regelkreise LAC-FV und DDC 3-TC voraus. Zu gewinnen sind außerdem Aussagen über die wichtigsten Störgrößen und deren Eigenschaften.

Für die Lösung der Identifikationsaufgaben steht das hierarchische Prozeßrechnersystem (Abb. 20) zur Verfügung. Der Rechner in der Prozeßebene ICL 4120 erfaßt alle wesentlichen analogen und digitalen Prozeßgrößen und verfügt über die Möglichkeiten zur Ausgabe von Steuergrößen an den Prozeß. Der fernaufgestellte Zentralrechner ICL 4130 mit Wechselplattenspeicher ermöglicht die Weiterverarbeitung der Daten sowohl im real-time (fore-ground) als auch im off-line (background) Betrieb.

Zum Zeitpunkt der Versuchsdurchführung befanden sich sowohl die Anlage als auch das Rechnersystem bereits im stabilen Dauerbetrieb, wobei die

Rechner für eine komfortable Prozeßüberwachung und für die Steuerung des Ammoniaksynthesereaktors eingesetzt wurden.

Aus der Tatsache des Dauerbetriebes ergaben sich harte Anforderungen an die Versuchsdauer (bzw. -Anzahl) und an die Amplituden der Testsignale.

Die aus dem großen Produktionsvolumen abgeleitete Forderung an die Lösung der Regelungs- und Identifikationsprobleme läßt sich wie folgt zusammenfassen:

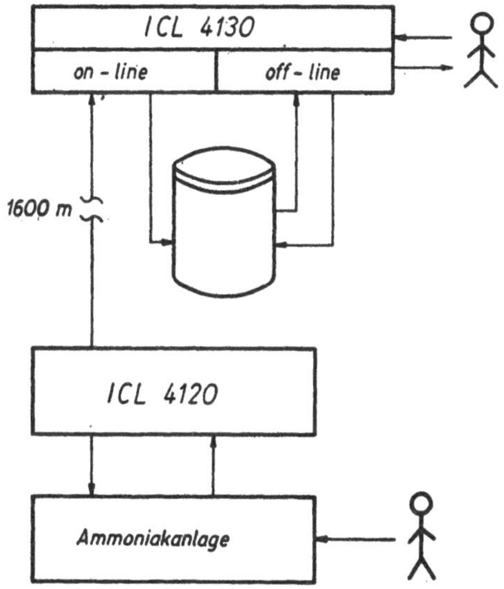

Abb. 20: Rechnersystem zur Identifikation und Steuerung.

Es sind Regler für die Größen y_1 und y_2 zu entwerfen, die eine im Vergleich zur manuellen Steuerung wesentlich verbesserter Stabilisierung dieser Größen gewährleisten. Die zur Identifikation notwendigen Experimente sollen den Normalbetrieb der Anlage möglichst wenig stören, sie dürfen auf keinen Fall die Gefahr eines Anlagenausfalles erhöhen.

Wegen der Unschärfe der Anforderungen an die Regelgüte ist es wertlos, die Genauigkeitsforderung für die Identifikation und die Regelsynthese zu hoch zu treiben. Aus diesen Gründen wurde nach folgender „Strategie" vorgegangen:

1. Auswertung von aperiodischen Verstellungen in den Anlagen (passiv beobachtete oder aktiv durchgeführte)
2. Bewertung der Ergebnisse (u. a. durch Vergleich mit a-priori Kenntnissen)
3. Reglerentwurf auf Basis der Identifikationsergebnisse und Erprobung am realen Objekt, beginnend mit einfachsten Reglerstrukturen (drei Term-Regler ohne Störgrößenaufschaltung und Entkopplung).

Bei unzufriedenstellender Arbeit des Regelsystems, Entwurf komplizierter Reglerstrukturen; führt das nicht zum Ziel — Planung und Durchführung aufwendiger Identifikationsexperimente auf Grundlage der bereits gewonnenen Informationen. Übergang zu Punkt 2.

Unter der Annahme, daß die Regelgrößen in einem kleinen Gebiet um den Arbeitspunkt stabilisiert werden sollen, wurde ein lineares zeitinvariantes Modell angenommen.

4.2.1.4. Entwurf der Regler

Als Gütekriterium für die Parameterbestimmung von Reglern mit der Gleichung

$$u_i = i_{i-1} + p_1 e_i + p_2 e_{i-1} + \alpha_3 e_{i-2} \tag{68}$$

in der e die Regelabweichung ist, wurde die Summe der gewichteten Abweichungsquadrate der Regel- und Stellgröße von den neuen stationären Werten verwendet.

$$Q^* = \min_p Q = \min \sum_{i=0}^{\infty} \left(y_i^2 + \alpha(u_i - u_\infty)^2\right) \tag{69}$$

Da es bei dem betrachteten Regelkreis in erster Linie auf das Störungsverhalten ankommt, wird die Zielfunktion für die ungünstigste Signalform der jeweils wichtigsten Störgröße minimiert.

Mit dem Ziel, den Reglerentwurf möglichst gut den praktischen Erfordernissen anzupassen, wird die Reglerparameteroptimierung jeweils für eine bestimmte Anzahl von Gewichtsfaktoren durchgeführt, so daß bei der Realisierung verschiedene Sätze von Reglerparametern vorliegen, zwischen denen dann entsprechend den Anforderungen an Überschwingverhalten, Stellgröße und Stellgeschwindigkeit der o. g. Kompromiß am Objekt getroffen werden kann.

Zur Bestimmung der optimalen Reglerparameter werden die nichtlinearen Optimierungsverfahren nach FLETCHER/POWELL [21] und nach ROSENBROCK [21] eingesetzt, die für jeden Wert mehrfach abwechselnd gerufen werden, um den vorzeitigen Abbruch der Optimumsuche im komplizierten Gütegebirge Q, Gl. (69), zu vermeiden. Die Zielfunktionswerte werden durch digitale Simulation mit Hilfe der z-Transformierten ermittelt.

4.2.1.5. Identifikation für den Entwurf des Reglers DDC 1

4.2.1.5.1. A-priori-Informationen

Aus der Konstruktion und Zusammenschaltung der Apparate des Reformerkomplexes folgt, daß der Kanal F1 aus einer Reihenschaltung von zwei Objekten mit verteilten Parametern besteht, wobei sich die zweite Teilstrecke, der Sekundärreformer wegen geringer Höhe seiner Katalysatorschicht und der Wärmeleitung in dieser Schicht wahrscheinlich annähernd wie ein Objekt mit konzentrierten Parametern verhalten wird.

Beide Teilstrecken haben Selbstausgleich; die Einstellzeit liegt in der Größenordnung von 30···60 min. Der Regelkreis LAC-FV zur Einstellung der Heizbenzinmenge u_1 enthält einen PI-Regler, seine Einstellzeit liegt im Bereich 3···6 min. Die Temperaturen y_1 liegen im Bereich 920···1020 °C, daraus ergibt sich infolge der nur vierstelligen Meßwertdarstellung eine Auflösung von nur 1° für y_1.

Für andere Größen beträgt die Auflösung wenigstens $^1/_{1000}$ des Variationsbereiches. Wichtigste Störgröße ist die Luftmenge u_2. Geringe Bedeutung haben niederfrequente Änderungen des Heizwertes des eingesetzten Heizbenzins, die Außenbedingungen (Temperatur und Wind) sowie Rohstoffzusammensetzung und -menge. Im ungünstigsten Fall können die Störungen über die Luftmenge annähernd den Charakter einer Sprungfunktion haben.

4.2.1.5.2. Identifikation des Heizbenzinregelkreises LAC-FV

Keine Schwierigkeiten — und hier nur der Vollständigkeit wegen erwähnt — bereitete die Identifikation des Kanales „Heizbenzinmenge — Sollwert Heizbenzinmenge".

Für die Identifikation dieses Heizbenzinregelkreises lagen zwei wenig gestörte Antwortfunktionen für Sollwertsprünge vor. Diese Übergangsfunktionen lassen sich im Zeitbereich mit einfachsten graphischen Methoden recht genau durch Sprungantworten eines Verzögerungsgliedes erster Ordnung approximieren (Abb. 23), eine derartige Approximation für einen geschlossenen Regelkreis stellt zweifellos eine starke Abweichung von der tatsächlichen Struktur dar, wurde aber in Anbetracht der im Vergleich zum Kanal F1 kleinen Zeitkonstante als unproblematisch betrachtet. Damit ergibt sich für den Heizbenzinregelkreis die Übertragungsfunktion

$$F(p) = \frac{1}{1 + 1.95p} \tag{70}$$

4.2.1.5.3. Identifikation des Kanals F1 mittels aperiodischer Testsignale

Gemäß der oben beschriebenen Strategie wurden zunächst aperiodische (sprungförmige) Verstellungen der Heizbenzinmenge durchgeführt.

Die zulässigen Sprunghöhen betrugen 0.2 bis 0.35 t/h (6 bis 9% des eingestellten Wertes). Der Heizbenzinregelkreis wurde für diese Versuche außer Betrieb gesetzt. Die entsprechenden Änderungen der Reformertemperatur y_1 betrugen 30 bis 50° (0.3 bis 0.5% des Basiswertes). Keiner der Übergangsprozesse konnte bis zum vollständigen Abschluß beobachtet werden (wegen unkontrollierbarer Störungen oder betriebswichtiger Verstellungen). Zwei als verwendbar betrachtete Übergangsprozesse sind in den Abb. 21 und 22 dargestellt.

Zunächst wurden diese Prozesse mit UFGS analysiert. Zuvor wurde die Totzeit eliminiert, indem die Ausgangsgröße um vier bzw. acht Takte zum Startpunkt verschoben wurde.

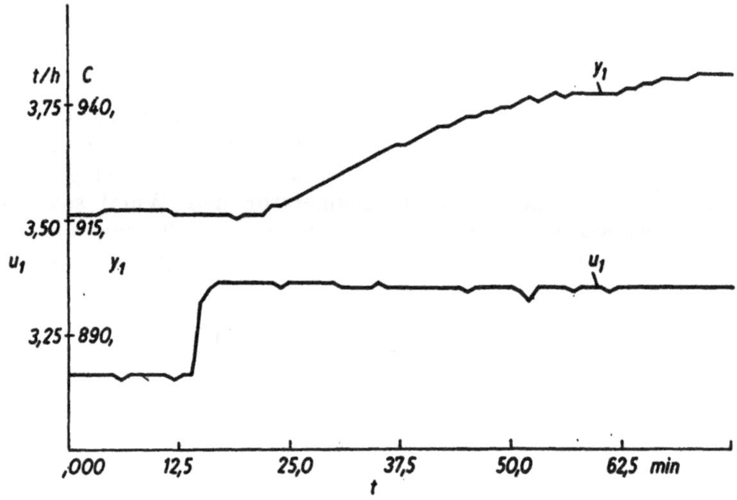

Abb. 21

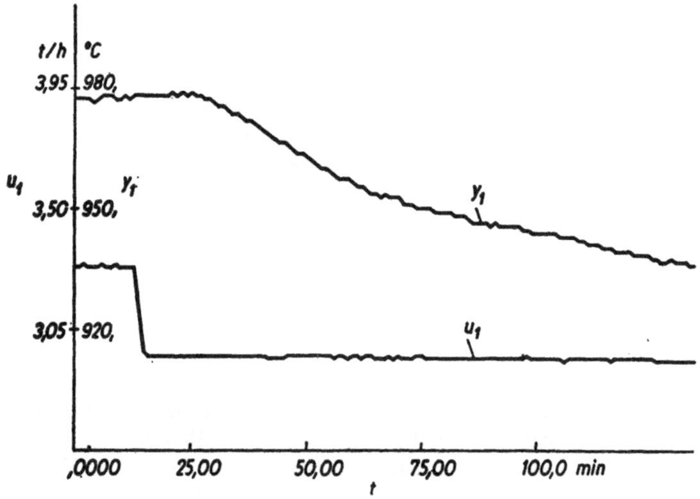

Abb. 22

Abb. 21 u. 22: Sprungantwort der Sekundärreformertemperatur auf eine Änderung der Heizbenzinmenge (Trendlog 1) (Trendlog 2).

Prozeß I

$$F_{u_1} = \frac{(1 + 5.06p + 72.26p^2)\, 157.44e^{-4p}}{(1 + 12.40p)\,(1 + 6.73p)\,(1 + 8.63p + 78.70p^2)} \tag{71}$$

Prozeß II

$$F_{u_2} = \frac{(1 + 4.18p + 87.87p^2)\, 143.65e^{-4p}}{(1 + 12.35p)\,(1 + 6.33p)\,(1 + 8.64p + 63.29p^2\gamma)} \tag{72}$$

Diese Ergebnisse wurden als Basis für Startwerte für QUASI benutzt. Eine Vereinfachung der Ergebnisse ist dadurch möglich, daß man die Schwinganteile im Zähler und Nenner vernachlässigt. Inwiefern dies zulässig ist, zeigt die Zerlegung in Partialbrüche. Dies liefert für (72)

$$F'_{u_2} = -\frac{37.78}{p + 0.158} + \frac{32.51}{p + 0.0814} + \frac{0.773 + 5.265p}{p^2 + 0.0968p + 0.0157} \tag{73}$$

In (73) erkennt man den kleinen Einfluß des letzten Bruches. Mit QUASI wurden zunächst die Parameter für Systeme zweiter Ordnung berechnet.

So erhalten wir für

Prozeß I

$$F_{Q_1} = \frac{132.2e^{-3.4/p}}{(1 + 6.12p)\,(1 + 20.36p)} \tag{74}$$

Prozeß II

$$F_{Q_2} = \frac{146.9e^{-3.5p}}{(1 + 3.0p)\,(1 + 22.07p)} \tag{75}$$

Die Anpassungsergebnisse sind in Tab. 5 und in den Abb. 24*a* und 24*b* zusammengestellt. Um weitere Verbesserungen bei der Anpassung zu erreichen, wurde die Identifikation mit einem System 3. Ordnung fortgesetzt.

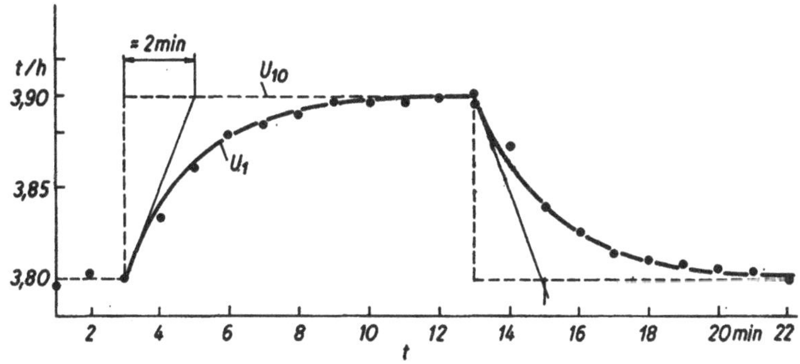

Abb. 23: Approximation 1. Ordnung für den Heizbenzinregelkreis.

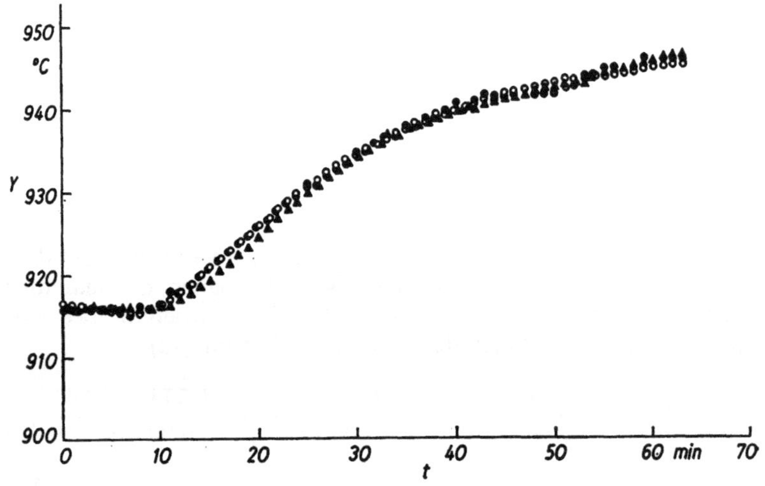

a

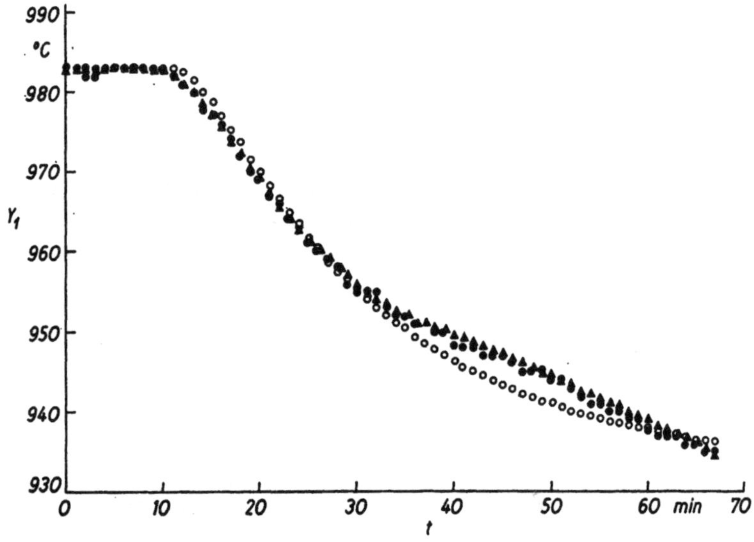

b

Abb. 24: Identifikationsergebnisse Kanal F1 bei der Anwendung von QUASI.

a – Trendlog 1 b – Trendlog 2

● gemessener Wert ○ Modell 2. Ordnung ▲ Modell 3. Ordnung

Startwerte erhalten wir aus:

$$F(p) \approx \frac{1 - 2.558p}{p^2 + 0.239p + 0.0128} 2.05e^{-4p} \frac{1}{p+1} \tag{76}$$

In (76) sehen wir schon das Problem der Ordnungserhöhung: Das Nichtphasenminimum-Verhalten kann schon durch Meßfehler am Anfang der Systemantwort verursacht sein:

Wir erhielten die Ergebnisse:

Prozeß I:

$$F_{Q_3} = \frac{(1 + 16.39p)\, 157.57e^{-5.75p}}{(1 + 113.13p)\,(1 + 6.58p + 40.70p^2)} \tag{77}$$

Prozeß II:

$$F_{Q_3} = \frac{(1 + 15.0p)\, 392.40e^{-3.75p}}{(1 + 120.14p)\,(1 + 6.36p + 53.00p^2)} \tag{78}$$

Tabelle 5: Identifikationsergebnisse QUASI für F 1.

	ZF-Wert	mittl. Abw.	max. Abw.
2. Ordnung			
Objekt 1	17.55	0.48	1.9
Objekt 2	396.31	1.71	3,7
3. Ordnung			
Objekt 1	31.14	0.70	1.6
Objekt 2	24.39	0.43	1.0

Abb. 24*b* und Tab. 5 zeigen den besseren Angleich von Prozeß II. Leider ist dies aber nur das Ergebnis einer besseren Anpassung an die Beule im letzten Drittel des Übergangsprozesses (siehe Abb. 24*b*). Die Beule resultiert aus einer Störung der Rohstoffzusammensetzung. Darüber hinaus hat die Zeitkonstante von 113 Minuten keinen vernünftigen physikalischen Hintergrund. Die Ergebnisse von Prozeß I sind denen von Prozeß II ähnlich, nur die Verstärkung von 392,4 ist sicher zu hoch. Sie bewirkt nur ein Ansteigen der letzten Werte der Übergangsfunktion.

Wir können deshalb dieses Modell aus den weiteren Betrachtungen ausschließen.

Die Ergebnisse (74) und (75) sind bis zu einem gewissen Grade reproduzierbar. Deshalb ist es möglich, mit diesen Werten einen Regler zu entwerfen. Der Entwurf wird in der z-Ebene durchgeführt. Die Gründe dafür sind, im vorangehenden Kapitel dargelegt.

Sicherheitshalber wurde die Optimierung zunächst mit den Modellen (77) und (78) durchgeführt, aber die Ergebnisse waren unbrauchbar, da sie zu große Änderungen der Stellgröße bewirkten.

Die Übertragungsfunktionen mit den kleinen Zeitkonstanten (74) und (75) lieferten einen PI-Regler mit einer Verstärkung von $V = 0.001$ und einer Nachstellzeit von 14 min. Diese Werte wurden eingestellt, um das dynamische Verhalten der Anlage möglichst schnell zu verbessern. Die nächsten Schritte, die gleichzeitig ausgeführt wurden, waren

1. Fortsetzung der Optimierung von verschiedenen Startpunkten, um das Reglerverhalten zu verbessern.
2. Durchführung von Identifikationen im geschlossenen Kreis, um verbesserte Parameter des Prozesses zu erhalten.

4.2.1.5.4. *Identifikation des Kanals F1 mittels PRBS*

Die Identifikationsexperimente wurden im geschlossenen Kreis durchgeführt. Die entstehenden Probleme, besonders bei der Anwendung der Korrelationsanalyse, sind bekannt (vgl. [23]). Wenn der geschlossene Kreis von Abb. 29 gegeben ist, können wir nur die Übertragungsfunktion des Kreises F_c direkt bestimmen. Um die Übertragungsfunktion F_0 zu berechnen, ist es nötig, die Übertragungsfunktion des Reglers F_R zu kennen. F_0 enthält man durch Entfaltung. Wir haben in der p-Ebene für $y_0(t) = 0$.

$$F_c(p) = \frac{Y(p)}{U_0(p)} = \frac{F_0}{1 + F_0 F_R} \tag{79}$$

und im Zeitbereich

$$y(t) = \int_{-\infty}^{+\infty} g_0(\tau)\{u_0(\tau - t) - u(\tau - t)\}\, d\tau \tag{80}$$

mit

$$u(t) = \int_{-\infty}^{+\infty} g_R(\tau) \cdot y(\tau - t)\, dt \tag{81}$$

Aus (79) folgt

$$F_0 = \frac{F_0}{1 - F_0 F_R} \tag{82}$$

Diese Gleichung kann benutzt werden, um die Übertragungsfunktion des offenen Kreises aus der Übertragungsfunktion des geschlossenen Kreises zu berechnen, wenn man Laguerre verwendet.

Das System (79) und (80) wird zur Berechnung der Gewichtsfunktion $g_0(t)$ des offenen Kreises aus der Antwortfunktion des geschlossenen Kreises benutzt. Wenn $u_0(t)$ der Einheitsimpuls ist, folgt aus (80)

$$y(t) = \int_{-\infty}^{+\infty} g_0(\tau) \big(\delta(\tau - t) - u(\tau - t)\big)\, d\tau \tag{83}$$

Das PRBS wurde durch ein spezielles Programm im Satellitenrechner erzeugt. Eine Periode hatte eine Länge von 127 Intervallen. Die Intervalldauer war zwei Minuten. Das Testsignal wurde zum Sollwert des Heizölkreises addiert. Der Temperaturkreis wurde mit einem PI-Regler geschlossen.

Bei der Entfaltung muß man bei der Behandlung der Konstanten des geschlossenen Kreises Sorgfalt walten lassen. Das PRBS wurde mit einem Faktor von 0,01 multipliziert bevor es in den Kreis eingegeben wurde. Der Sollwert des Heizbenzinkreises war ein normalisiertes Signal im Bereich 0...1, das entspricht einer Heizbenzinmenge von 0...7,83 t/h. Die PRBS-Amplitude ist also etwa 2% des Basiswertes.

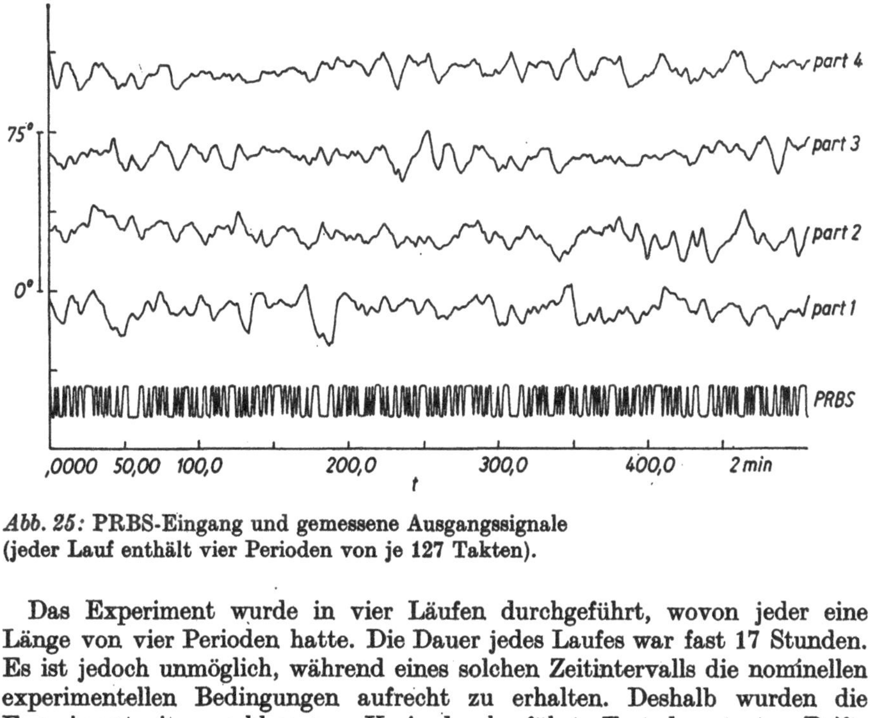

Abb. 25: PRBS-Eingang und gemessene Ausgangssignale (jeder Lauf enthält vier Perioden von je 127 Takten).

Das Experiment wurde in vier Läufen durchgeführt, wovon jeder eine Länge von vier Perioden hatte. Die Dauer jedes Laufes war fast 17 Stunden. Es ist jedoch unmöglich, während eines solchen Zeitintervalls die nominellen experimentellen Bedingungen aufrecht zu erhalten. Deshalb wurden die Experimente im geschlossenen Kreis durchgeführt. Trotzdem traten Drifterscheinungen auf, siehe Abb. 25.

Während der 1. Periode fiel außerdem ein Meßwert aus. Aus beiden Gründen wurde die Driftelimination angewendet.

Abb. 26 zeigt den Effekt der Driftelimination mit verschiedenen Filterparametern. Die Filterzeitkonstante $T_Q = 40$ min erschien als am besten geeignet. Diese Driftelimination wurde zur Driftentfernung aus allen vier Läufen benutzt.

Danach wurden die Methoden KA, GLSQ und Laguerre eingesetzt, um das System zu identifizieren.

KA ist eine Methode, die die Impulsantwort punktweise liefert. Abb. 27 zeigt die Antwort des geschlossenen, Abb. 28 die des offenen Kreises. Wenn man die verschiedenen Läufe vergleicht, müssen Lauf eins und Lauf vier als von nicht meßbaren Störungen beeinflußt betrachtet werden.

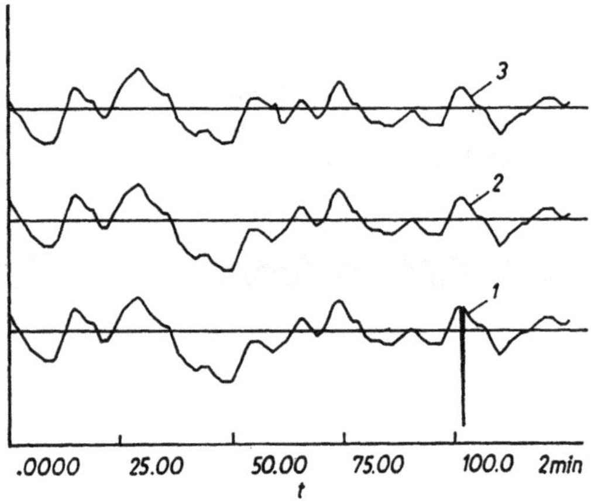

Abb. 26: Driftelimination.
1 – Meßwerte
2 – Geradendrift und Ausreißerelimination
3 – Drift 2. Ordnung und Ausreißerelimination

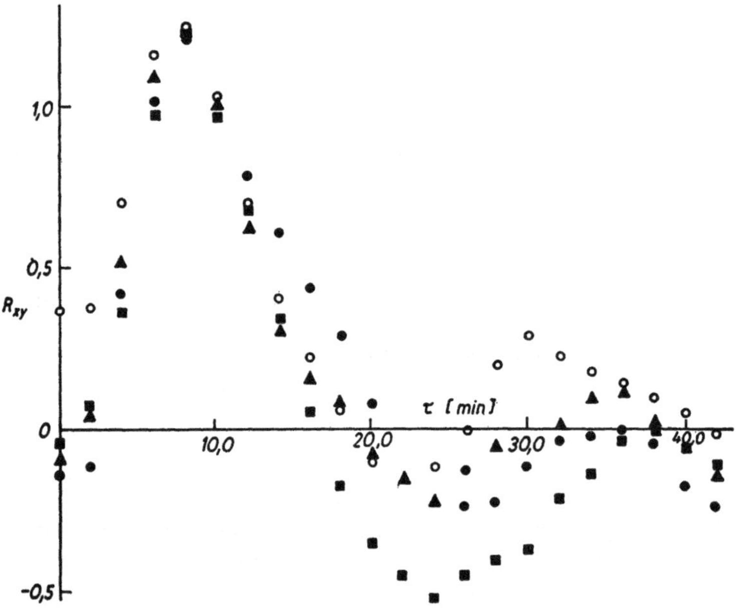

Abb. 27: Ermittelte Gewichtsfunktion des geschlossenen Kreises.
○ Lauf 1 ● Lauf 2 ▲ Lauf 3 ■ Lauf 4

Laguerre und GLSQ bestimmen die Punkte der Impulsantwort auf indirekte Weise und sind daher für solche Betrachtungen ungeeignet. Im allgemeinen ist es schwer zu entscheiden, welches das richtige Überprüfungskriterium für die mit verschiedenen Methoden erhaltenen Ergebnisse ist. Die einzige echte Bedingung ist das „praktische" δ_y (61), d. h. ein Reglerentwurf mit den Parametern, die durch ein spezielles Verfahren bestimmt wurden und der folgende Vergleich der wirklichen Antwort des geschlossenen Kreises mit dem Verhalten des Modellkreises. Alle erhaltenen Modelle so zu testen, ist jedoch unmöglich.

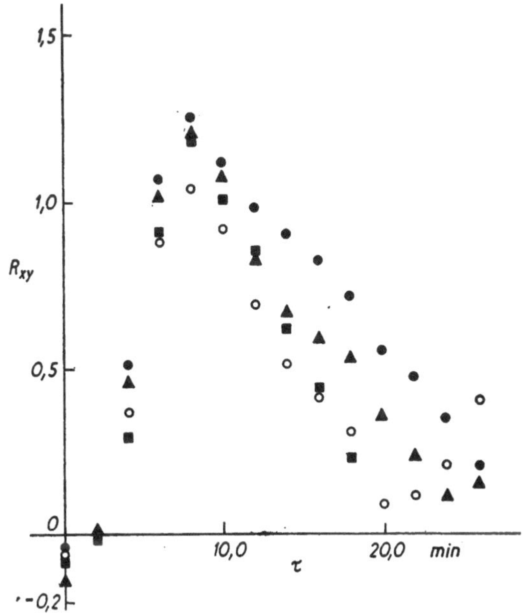

Abb. 28: Gewichtsfunktion nach Elimination des Reglers.
○ Lauf 1 ● Lauf 2 ▲ Lauf 3 ■ Lauf 4

Tab. 6 zeigt die Partialbrüche der vier verschiedenen Läufe für die Methoden KA, Laguerre und GLSQ. Im Gegensatz zur Identifikation im offenen Kreis wurde hier die Ordnung 3 gewählt, da sich die Anzahl der Komponenten im Kreis erhöht hatte (Heizkreis kam hinzu). Für weitere Betrachtungen werden nur die Läufe zwei und drei herangezogen. Tab. 7 zeigt die Verstärkung des ersten Partialbruchs, den Pol dieses Bruchs, die Verstärkung des zweiten Partialbruchs und die Wurzel des letzten Nennerterms.

Unterhalb der Tabelle sind Mittelwert und Streuung der Parameter dargestellt. Natürlich zeigt die Bestimmung dieser Werte über alle sechs Modelle einige Willkür. Aber wenn wir in Betracht ziehen, daß jedes Modell faktisch

Tabelle 6: Identifikationsergebnisse für F1 mit PRBS.

	KA				Laguerre
	Partial-bruch 1	Partial-bruch 2	Partial-bruch 3	Σk_i	Partial-bruch 1
Lauf 1	$\frac{1.428z^{-1}}{1-0.9289z^{-1}}$	$\frac{-1.046z^{-1}+0.4564z^{-2}}{1-0.8243z^{-1}+0.2038z^{-2}}$		18.97	$\frac{1.408z^{-1}}{1-0.9085z^{-1}}$
Lauf 2	$\frac{1.9315z^{-1}}{1-0.8647z^{-1}}$	$\frac{-2.628z^{-1}}{1-0.307z^{-1}}$	$\frac{1.1961z^{-1}}{1-0.1561z^{-1}}$	11.90	$\frac{0.9163z^{-1}}{1-0.9109z^{-1}}$
Lauf 3	$\frac{1.7066z^{-1}}{1-0.8544z^{-1}}$	$\frac{-1.2357z^{-1}+0.4251z^{-2}}{1-0.6752z^{-1}+0.426z^{-2}}$		10.21	$\frac{0.5801z^{-1}}{1-0.941z^{-1}}$
Lauf 4	$\frac{1.743z^{-1}+0.9552z^{-2}}{1-1.405z^{-1}+0.511z^{-2}}$		$\frac{0.1371}{1-0.0129z^{-1}}$	8.49	$\frac{1.555z^{-1}}{1-0.836z^{-1}}$

Tabelle 7: Modifizierte Ergebnisse für F 1 mit PRBS.

		K_1	Z_1	K_2	a_2	$\sqrt{a_2}$
KA	Lauf 2	14.2757	.8674	—	—	
	Lauf 3	11.7212	.8544	−1.0796	.6527	.5173
Laguerre						
	Lauf 2	10.2840	.9109	−1.0710	.4555	.7208
	Lauf 3	9.8656	.9412	1.3445	.7097	.9253
GLSQ	Lauf 2	10.2574	.8710	−.2367	.4905	.3337
	Lauf 3	12.2069	.9072	−.7196	.6305	.4657
Mittelwert		11.4351	.8920	−.2525	.5878	.5925
Dispersion		1.52	.03	.9025	.098	.2078

durch einen unabhängigen Versuch erhalten wurde, scheint dieses Vorgehen gerechtfertigt. Man betrachte die relativ kleinen Streuungen der Konstanten des ersten Bruches und die ziemlich großen des zweiten. Aus diesem Grunde scheint es gerechtfertigt, das System durch eine Übertragungsfunktion zweiter Ordnung zu beschreiben. Deshalb werden die Parameter für ein Modell zweiter Ordnung berechnet und die Mittelwerte von neuem bestimmt.

Die äquivalente Übertragungsfunktion zu (74) bzw. (75) ist

$$F(p) = 141.54 \frac{(1-4.32p)\, e^{-4p}}{(1+17.54p)\,(1+3.76p)} \tag{84}$$

Partialbruch 2	Partialbruch 3	Σk_i	GLSQ Partialbruch 1	GLSQ Partialbruch 2	GLSQ Partialbruch 3	Σk_i
$\frac{-0.1399z^{-1}}{1-0.132z^{-1}}$	—	13.78	$\frac{1.036z^{-1}-0.991z^{-2}}{1-1.658z^{-1}+0.777z^{-2}}$		$\frac{0.224z^{-1}}{1+0.625z^{-1}}$	
$\frac{-1.295z^{-1}+0.9049z^{-2}}{1+0.6566z^{-1}+0.0075z^{-2}}$		9.21	$\frac{1.323z^{-1}}{1-0.871z^{-1}}$	$\frac{-0.4035z^{-1}+0.1276z^{-2}}{1-0.327z^{-1}+0.2406z^{-2}}$		9.58
$\frac{-0.8513z^{-1}+1.107z^{-2}}{1-1.313z^{-1}+0.504z^{-2}}$		11.21	$\frac{1.133z^{-1}}{1-0.907z^{-1}}$	$\frac{-0.391z^{-1}+0.199z^{-2}}{1-0.587z^{-1}+0.397z^{-2}}$		11.74
$\frac{-1.552z^{-1}+0.962z^{-2}}{1-1.022z^{-1}+0.362z^{-2}}$		7.76	$\frac{1.286z^{-1}}{1-0.841z^{-1}}$	$\frac{-1.027+0.359z^{-2}}{1-0.2147z^{-1}+0.142z^{-2}}$		6.84

Gl. (84) stimmt mit den Gl. (74) bzw. (75) gut überein. Zur Reglersynthese wurden die Übertragungsfunktionen (84) und (75) benutzt. Darüber hinaus wurden Optimierungsläufe mit den Parametern ausgeführt, die in Tab. 7 durch eine gestrichelte Linie gekennzeichnet sind, weil sie eine etwas extreme Parametersituation zeigen.

4.2.1.5.5. *Entwurf des Reglers DDC 1*

Der Regler wurde mit Hilfe des in Kapitel 4.2.1.4.4. beschriebenen Verfahrens entworfen. Die Parameteroptimierung wurde mit den Modellen (84, 74, 75) durchgeführt. Für jeden Lauf erhielten wir optimale Reglerparameter für verschiedene Gewichtsfaktoren α in der Zielfunktion (68).

Tab. 8 zeigt die Resultate eines typischen Laufes. Weiterhin werden die gesamten Zeitreihen der Stellgröße $u(t)$ und die Regelabweichung ausgegeben. Damit hatten wir ein anderes Mittel, die Güte der berechneten Reglerparameter abzuschätzen. Die Abb. 29 und 30 zeigen diese Signale für das Modell (75) mit verschiedenen Gewichtsfaktoren. Die berechneten Reglerparameter für $\alpha = 29000$ wurden gewählt, da das Verhalten der Stellgröße (u_{max}, $\dot{u}_{max}$) und das Verhalten der Regelabweichung (Überschwingungen, Einschwingzeit) im erlaubten Bereich waren.

Mit den Parametern für $\alpha = 29000$ und Modell (75) wurde das Regelverhalten von Abb. 31 in der Anlage erhalten. Die Optimierung mit den Modellen (74) und (84) erhielten wir ähnliche Resultate.

Tabelle 8: Reglerentwurf mit verschiedenen Gewichtsfaktoren für die Stellgröße.

α	0.0	2000.0	4000.0	8000.0	17000.0	29000.0
PI	2444.3	2499.8	2552.2	2649.5	2841.2	3057.4
P_0	—.007701	—.007565	—.007443	—.007229	—.006843	—.006455
P_1	.012044	.011988	.011931	.011273	.010657	.010050
P_2	—.004644	—.004620	—.004596	—.004322	—.004076	—.003839
V	—.0022757	—.0022723	—.002690	—.002627	—.002506	—.002372
T_N	18.40	18.50	18.64	18.85	19.17	19.41
T_V	3.37	3.34	3.32	3.29	3.25	3.24
U_{max}	—.114002	—.112264	—.110651	—.107718	—.102215	—.096443
u	—.031420	—.031420	—.031420	—.031420	—.031420	—.031420
Überschwingen	.138681	.128010	119100	.105272	.083874	.065437
$T_{5\%}$	38	38	38	38	38	38

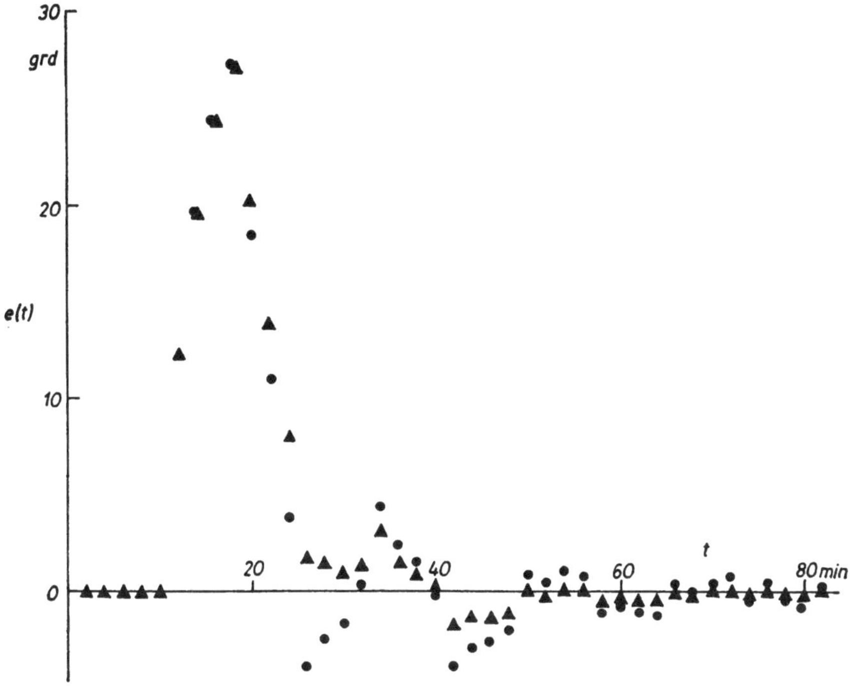

Abb. 29: Regelabweichung von DDC 1 bei Luftströmung.
● Regelabweichung für $\alpha = 0$ ▲ Regelabweichung für $\alpha = 29000$

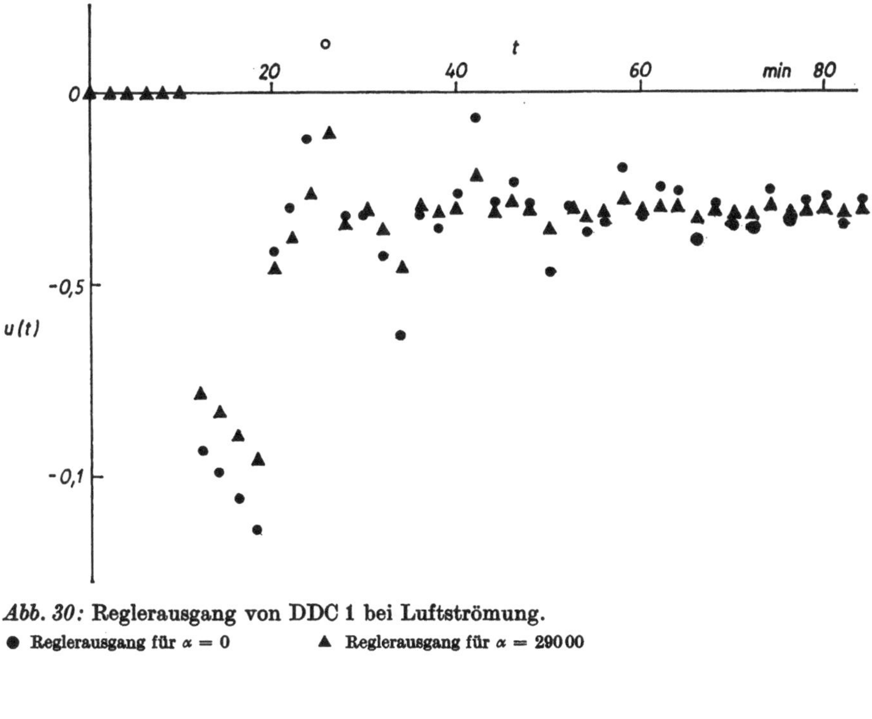

Abb. 30: Reglerausgang von DDC 1 bei Luftströmung.
● Reglerausgang für $\alpha = 0$ ▲ Reglerausgang für $\alpha = 29000$

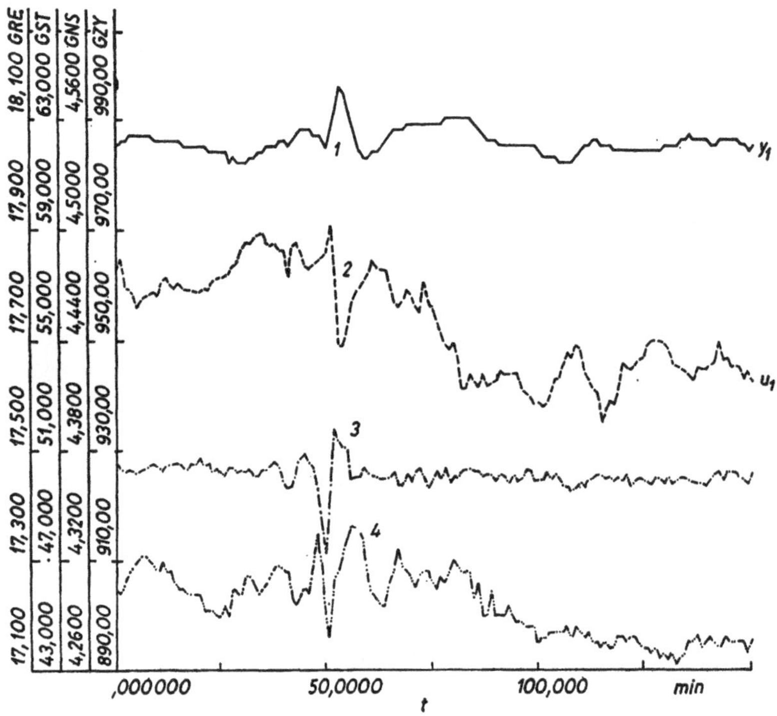

Abb. 31: Verhalten der Anlage im Betrieb.

4.2.1.6. Identifikation und Reglerentwurf für den Regler DDC 2

Aus der Analyse des technologischen Schemas und des Anlagenbetriebsverhalten sind folgende grobe Informationen über die Regelstrecke bekannt: Der Ammoniakkreislauf mit einem Verhältnis von rückgeführten zu frisch eingespeisten Gas von etwa 4,5 : 1 hat für den Kanal H_2/N_2-Verhältnis im Frischgas-H_2/N_2-Verhältnis am Reaktoreingang eine große Trägheit (Einstellzeit > 3 h) und einen sehr großen Verstärkungsfaktor. Von den übrigen Übertragungsgliedern (Sekundärreformer, Gasreinigung, Kompressor) ist für den betrachteten Kanal das Verhalten eines Totzeitgliedes zu erwarten.

Der Regelkreis zur Stabilisierung der Luftmenge mittels Drehzahlvorgabe für den Turbine-Turbokompressorkomplex arbeitet sehr schnell, die Einstellzeit liegt unter 1 min, in Anbetracht der großen Trägheit des Kreislaufes wird der Regelkreis DDC3-TC als P-Glied betrachtet.

Probleme bei der Meßwerterfassung ruft nur das H_2/N_2-Verhältnis hervor, der dafür vorhandene Prozeßchromatograph hat eine Taktzeit von 20 min.

Deshalb wurde ein adaptiver Algorithmus[1]) verwendet, mit dessen Hilfe das H_2/N_2-Verhältnis auf Basis der kontinuierlich gemessenen Synthesegasdichte geschätzt wird und dessen Parameter bei Abschluß jedes Chromatogramms nachgeführt werden. Für die Frischgaszusammensetzung am Eingang in den Kreislauf bestand wegen des fehlenden Chromatographen eine solche Möglichkeit nicht. Hier wurde die Frischgasdichte betrachtet, die wegen der an dieser Stelle niedrigen Konzentration von CH_4 und Ar ($< 1\%$) ein gutes Maß für das H_2/N_2-Verhältnis ist.

Die große Trägheit des Prozesses und die daraus folgende lange Versuchsdauer bei Verwendung von periodischen Testsignalen schloß diesen Zugang für den Kreislauf aus.

Die genannten Eigenschaften der Strecke (große Verstärkung und Trägheit) erleichterten aber auch die Identifikation, da große Ausgangsamplituden auftreten und hochfrequente Störungen im Eingangssignal geglättet werden. Trotz der großen zu erwartenden Zeitkonstanten wurde im Interesse einer möglichen zusätzlichen Glättung eine Testperiode von 1 min gewählt.

Für die Auswertung standen passiv beobachtete annähernd sprungförmige Verstellung durch das Betriebspersonal zur Verfügung. Verwendet werden konnte allerdings nur ein Versuch mit einer Dauer von annähernd 4 h, da bei den kürzeren Meßreihen (≈ 2 h) die Wechselwirkung zwischen Verstärkungsfaktor und Zeitkonstante eine eindeutige Bestimmung dieser Parameter nicht ermöglichte.

Die Auswertung erfolgte getrennt für die Teilstrecken „Frischgasdichte am Eingang in den Kreislauf — H_2/N_2-Verhältnis vor dem Reaktor“ und „Luftmenge — Frischgasdichte“.

Wie im Punkt 4.2.1.5. wurde zunächst eine grobe Schätzung mit UFGS vorgenommen und eine Übertragungsfunktion

$$F_{4u}(p) = \frac{197.7}{1 + 67.0p} \tag{85}$$

ermittelt.

Die Auswertung der Meßreihe mit QUASI ergab eine Übertragungsfunktion

$$F_{4Q}(p) = \frac{196.6}{1 + 72.8p} \tag{86}$$

Mit dieser Übertragungsfunktion beträgt die mittlere Abweichung zwischen gemessenen und berechneten Werten nur $\sigma = 2{,}8\%$ der gesamten Signaländerung. Diese gute Approximation und die faktische Übereinstimmung mit den im Frequenzbereich gewonnenen Werten lassen eine Äquivalenz zwischen Prozeß und Modell vermuten.

Für die zweite Teilstrecke kommt es nur auf die experimentelle Ermittlung der Totzeit an, da der Übertragungsfaktor bei vorgegebenen Gasdurchsatz und

---

[1]) Dieser Algorithmus wird auch beim geschaffenen Stabilisierungskreis verwendet.

H_2/N_2-Verhältnis ($\approx$ 3.0) am Kreislaufeingang analytisch ausgerechnet werden kann. Diese Totzeit konnte problemlos manuell durch Auswertung betriebsbedingter Luftverstellungen ermittelt werden ($T_T = 7$ min).

Daraus wurden wie eben beschrieben, Reglerparameter für einen PID-Regler ermittelt; aus den zur Auswahl stehenden Parametersätzen wurde folgender ausgewählt

$$K = 0.7 \qquad T_I = 27.8 \text{ min} \qquad T_D = 6.64 \text{ min}$$

Durch den Einsatz dieses Reglers verringerte sich die mittlere quadratische Regelabweichung von 0.1 bei manueller Regelung auf 0.03.

4.2.2. *Destillationskolonne zur Leicht-, Mittelbenzintrennung in einer Rohöldestillation*

4.2.2.1. *Prozeßbeschreibung*

Das gewählte Untersuchungsobjekt, die Kolonne K 5, dient der Leicht-Mittelbenzintrennung im Prozeß der primären Erdölverarbeitung. Das zu trennende Einlaufgemisch besitzt echten Vielstoffcharakter. Durch diese und andere Umstände wird eine durchgängige theoretische Modellbeschreibung erheblich erschwert (Dimensionsproblem). Abb. 32 zeigt die technologische Struktur und meßtechnische Ausrüstung der Kolonne. Der meßtechnische Umfang wurde für die nachfolgend beschriebenen Untersuchungen wesentlich erweitert. Die ca. 50 am Prozeß gemessenen Größen sind auf ein Prozeßrechnersystem vom Typ ICL 4120/4130 aufgeschaltet. Die Erfassung und Dokumentation der in den Versuchen anfallenden Meßwerte erfolgte konsequent im on-line-Betrieb. Dadurch wird die Erfassung der Versuchsdaten wesentlich objektiviert und erleichtert.

4.2.2.2. *Zielstellungen der Identifikation*

Die wesentlichen Zielstellungen der Untersuchungen lassen sich wie folgt zusammenfassen:

1. Erarbeitung eines experimentellen dynamischen Verhaltensmodells für eine eingeschränkte Menge von Übertragungskanälen. Das entwickelte Verhaltensmodell bildet eine Grundlage zur Überarbeitung der regelungstechnischen Konzeption des Prozesses, wobei störgrößenkompensierende Strukturen angestrebt werden.
2. Bereitstellung von Informationen über das dynamische Prozeßverhalten zur Anpassung und Testung theoretischer dynamischer Kolonnenmodelle.
3. Verbesserung der Prozeßkenntnis des Anlagenpersonals und Erstellung objektiver Aussagen über das Störverhalten.

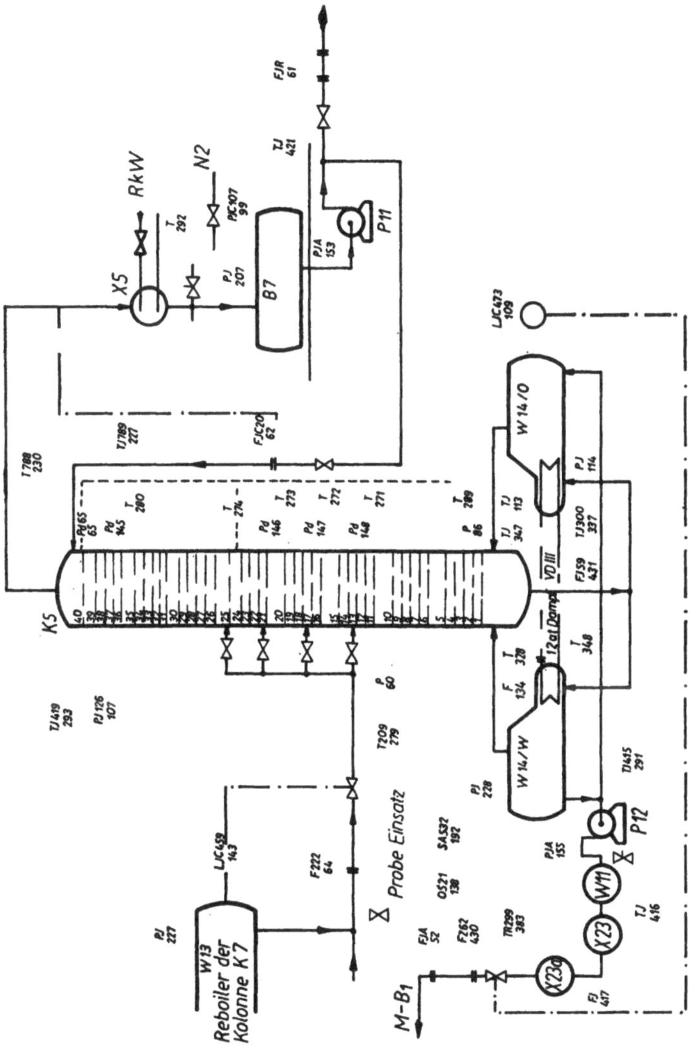

Abb. 32: Technologisches Schema und BMSR-Ausrüstung der Destillationskolonne.

Die Auswahl der zu untersuchenden Prozeßvariablen ergibt sich aus den angeführten Zielstellungen. Es wurde beschlossen, die Identifikation auf die Untersuchung des Übergangsverhaltens der Bodentemperaturen T_i längs der Kolonne bei Verstellung der Rücklaufmenge m_2 und der Sumpfheizwärme $Q_s(m_{12at-0})$ zu beschränken. Weiterhin sollte der Einfluß der Einlaufmenge m_e und der V_{DIII}-Menge als Störgrößen untersucht werden, d. h.

$$T_i = f(m_R, m_{12at}, m_e, m_{VDIII}, t) \qquad i = 40, 36, 24, 20, 16, 12, 6, 4 \quad (87)$$

Das erstellte Verhaltensmodell der Mehrfachstrecke soll zum Entwurf gekoppelter zweischleifiger Temperaturregelungen benutzt werden. Es muß dazu in parametrischer Form vorliegen.

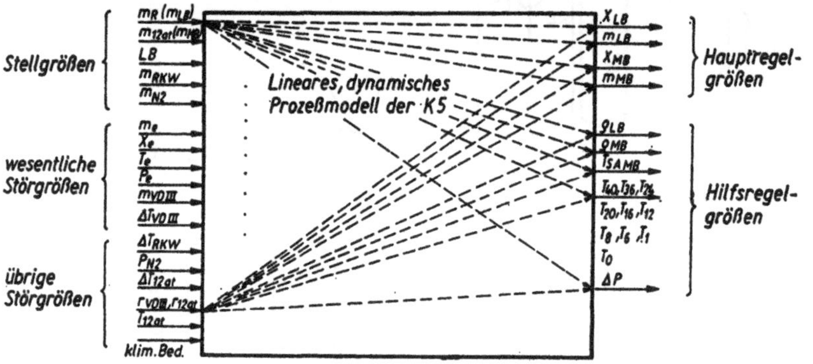

Abb. 33: Zusammenstellung und Klassifizierung der Aus- und Eingangssignale K5.

Abb. 33 zeigt die Klassifikation der Ein- und Ausgangsvariablen und gibt einen Überblick über die zu identifizierenden Kanäle. Nach den Vorentscheidungen bezüglich der zu untersuchenden Eingangs- und Ausgangsrelationen, sowie aktiver und passiver Vorversuche wurde ein Versuchsplan für die Identifikationsaufgaben erarbeitet. Die Vorversuchsphase hatte folgende wichtige Aufgaben zu erfüllen:

1. Einstellung und Erfassung stationärer Prozeßzustände über einen längeren Zeitraum. Die Probleme der Arbeitspunktstabilisierung der ungeregelten Kolonne sowie die Reproduktion des Arbeitspunktes konnten befriedigend gelöst werden.
2. Untersuchungen zur Realisierbarkeit deterministischer Eingangsgrößenänderungen (Sprung- und Impulsfunktionen) aus einem quasistationären Prozeßzustand heraus. Es wurden sprungförmige Eingangssignale zur Verstellung der Rücklaufmenge m_R und der Sumpfheizmenge $Q_s(m_{12at\cdot D})$ verwendet. Besondere Probleme ergaben sich bei den Verstellungen der Einlaufmenge, da der Einlauf der K 5 direkt an den Sumpf der vorgeschalteten Kolonne gekoppelt ist. Hier mußten die Eingangssignale auf Rechteckimpulse geringer Intensität beschränkt werden.
3. Erstellung erster Aussagen über die dominierenden Zeitkonstanten des Prozesses. Erste Schätzungen ergaben Werte zwischen 30—60 Minuten, wonach unter Ein-

haltung eines stationären Fehlers $< 5\%$ die Versuchszeiten > 180 min festgelegt wurden. Weiterhin wurde unter Abschätzung des Verhältnisses dominierende Zeitkonstante/kleinste Zeitkonstante von ca. 10···20 und eines max. zu identifizierenden Frequenzteiles von 3,14 min^{-1} eine Tastperiode des Rechners von 1 min gewählt.

4. Festlegung der Signalamplitude und Stelleinrichtung
Aus der theoretischen Beschreibung und dem praktischen Betrieb von Destillationsanlagen sind Nichtlinearitäten im statischen und dynamischen Verhalten bekannt.

Mit der aufgezeigten Zielstellung (Ermittlung linearer Parametermodelle) ist im Interesse vernachlässigbarer nichtlinearer Verzerrungen die Stellamplitude so klein wie möglich zu wählen. Hier ergibt sich jedoch ein Optimierungsproblem, da die Intensität des Eingangssignales andererseits für den Übertragungskanal mit der geringsten Verstärkung ein noch auswertbares Verhalten garantieren muß. Dabei ist zu beachten, daß das dem Nutzsignal überlagerte Rauschen (z. B. Prozeßrauschen, Rauschen des ADU in der Meßwerterfassung) häufig unabhängig von der Amplitude des Eingangssignales ist. Durch Variation der Stellamplitude und Stellrichtung wurden in der Vorversuchsphase die Nichtlinearitäten in den interessierenden Übertragungskanälen abgeschätzt und für Rücklaufmengenänderungen Amplituden zwischen 15—20% vom Basiswert bzw. für Änderungen der Sumpfheizwärme 5—15% als vertretbare Kompromißlösung ermittelt. Diese Stellamplituden führten auch nicht zu Grenz- bzw. Qualitätsverletzungen im technologischen Regime.

Das sich anschließende Hauptversuchsprogramm umfaßt acht Verstellungen der Rücklaufmenge $\pm\Delta m_R$, acht Verstellungen der Sumpfheizwärme $\pm\Delta Q_s$, vier Verstellungen der Einlaufmenge $\pm\Delta m_e$ sowie Sollwertverstellungen des geschlossenen Kopftemperaturregelkreises in positiver und negativer Richtung.

Ohne auf die Probleme bei der Realisierung des Versuchsprogramms einzugehen, wird mitgeteilt, daß nur ca. 50% der Verstellungen zu verwertbaren Aussagen bzw. Teilergebnissen führten (Einfluß nichtlinearer Störgrößen, Zuverlässigkeit des Rechnersystems, Abbruch aus technologischen Bedingungen u. a.).

Im Ergebnis der an der Kolonne durchgeführten aktiven Versuche lagen die Eingangs/Ausgangsrealisierungen in Form von Meßreihen $x(t_j)$, $u(t_j)$ in diskreten Zeitpunkten vor.

Die Identifikationsaufgabe besteht nun darin, einen Satz freier Parameter in einem System linearer, gewöhnlicher Differentialgleichungen erster Ordnung bzw. in einer äquivalenten Übertragungsfunktion $F(p)$ zu bestimmen. Dabei ist neben den Parametern auch die Modellstruktur des Übertragungskanals effektiv festzulegen. Weiterhin wurden aus der Menge der gemäß Aufgabenstellung zu identifizierenden Übertragungskanäle zwei Beispiele erläutert. Zur Identifikation wurde hauptsächlich das Verfahren QUASI verwendet.

Durch schrittweise Strukturerweiterung lassen sich für Modellstruktur- und Parameter befriedigende Ergebnisse erzielen. Am Beispiel 2 wird gezeigt, daß durch Anwendung des Verfahrens UFGS u. U. die Strukturfindung vereinfacht wird.

Tabelle 9: **Zusammenstellung der Identifikationsergebnisse nach dem Verfahren QUASI (Beispiel 1).**

Struktur	$F(p)$	Zahl der Para-meter	Streckenkennwerte						Wert der Ziel-funktion
			T_1	T_2	T_3	T_{D1}	T_t	K	
1	$\frac{K_e^{-pT_{t*}}}{1 + pT_1}$	2	42.2				1.0	−1.61	16.4
2	$\frac{K_{e^{-pT_{t*}}}}{(1 + pT_1)(1 + pT_2)}$	3	53.2	0.73			1.0	−1.92	23.6
3	$\frac{K(1 + pT_D] \cdot e^{-pT_{t*}}}{(1 + pT_1)(1 + pT_2)}$	4	58.3	3.4		16.9	1.0	−1.83	6.4
4	$\frac{K(1 + pT_D)\, e^{-pT_t}}{(1 + pT_1)(1 + pT_2)}$	5	58.5	3.6		17.0	1.14	−1.83	6.39
5	$\frac{K(1 + pT_D)\, e^{-pT_{t*}}}{(1 + pT_1)(1 + pT_2)(1 + pT_3)}$	5	58.0	$T_2 = 3{,}5$ $D = 0.489$		15.2	1.0	−1.83	6.0

* Totzeit fest vorgegeben

4.2.2.3. *Beispiel 1* (Übertragungskanal $\Delta T_{40B}/\Delta m_R$)

Identifiziert wurde der Übertragungskanal $\Delta T_{40B}/\Delta m_R$ bei sprungförmiger Absenkung des Rücklaufes. Abb. 34 zeigt im unteren Teil den realisierten Rücklaufmengensprung und deren Ableitung. Im oberen Teil sind die Prozeßantwortfunktionen $T_{40}(t)$ und die Modellantwortfunktionen für die Strukturen 1, 3 und 5 dargestellt.

Tab. 9 gibt eine Zusammenstellung der für 5 Strukturen ermittelten Streckenkennwerte nach dem Verfahren QUASI. Die Strategie der Struktur- und Parameterfindung beruht darauf, ausgehend von einem einfachen Startmodell (Struktur 1) schrittweise kompliziertere Modellstrukturen zu wählen und die erreichten Modellverbesserungen anhand geeigneter Kriterien zu beurteilen. Dazu wurden folgende Größen benutzt:

— Qualitativer und quantitativer Verlauf der Modellantwortfunktionen gegenüber der Prozeßantwortfunktion im Zeitbereich (Abb. 34).
— Wert der quadratischen Zielfunktion (Tab. 9, letzte Spalte)
— Relativer Frequenzgangsfehler, der durch punktweise FOURIER-Transformation aus den Prozeß- und Modellantwortfunktionen gewonnen wird. Dadurch können die notwendigen Beurteilungen in dem für die Modellnutzung wesentlichen Frequenzbereich objektiviert werden. Hierfür wurde ein Frequenzintervall von $0.005 \leqq \omega \leqq 0.4$ Min^{-1} festgelegt. Die Gegenüberstellung der Frequenzgangfehlerverläufe für die Strukturen 1, 3, 4 und 5 sind in Abb. 35 dargestellt.

Die für den vorliegenden Übertragungskanal erzielten Ergebnisse lassen sich wie folgt bewerten:

— Reine Verzögerungsmodelle (Struktur 4) liefern hinsichtlich aller zur Beurteilung verfügbaren Kriterien keine befriedigenden Resultate. Dies wird besonders am Verlauf des relativen Frequenzgangfehlers deutlich.
— Durch ein Modell zweiter Ordnung mit D-Anteil und Totzeit (Struktur 3, 4) wird eine gewisse Optimallösung erreicht.

Die Realisierung des D-Anteiles erfolgt über eine zweite (fiktive) Eingangsfunktion, für die gilt

$$u_2(t_i) = \frac{u_1(t_{i-1}) - u_1(t_i)}{\Delta t} \qquad (88)$$

— Die durch Strukturerweiterung (Struktur 3, 5) erreichte Verringerung der Zielfunktion bzw. des Frequenzgangfehlers kann nicht als echte Modellverbesserung aufgefaßt werden. Die Modellantwortfunktion im Zeitbereich zeigt, daß durch das Modell 3. Ordnung ein relativ hochfrequenter Schwingungsanteil, der dem Nutzsignal infolge von Kolonnendruckschwankungen während des Versuchs überlagert ist, angepaßt wurde.
— Das Verfahren der sukzessiven Strukturabschätzung und Beurteilung ist relativ aufwendig und rechenzeitintensiv, da im allgemeinen eine Vielzahl von Strukturen getestet wird. Die eigentliche Strukturfindung kann durch das Verfahren UFGS unterstützt werden.

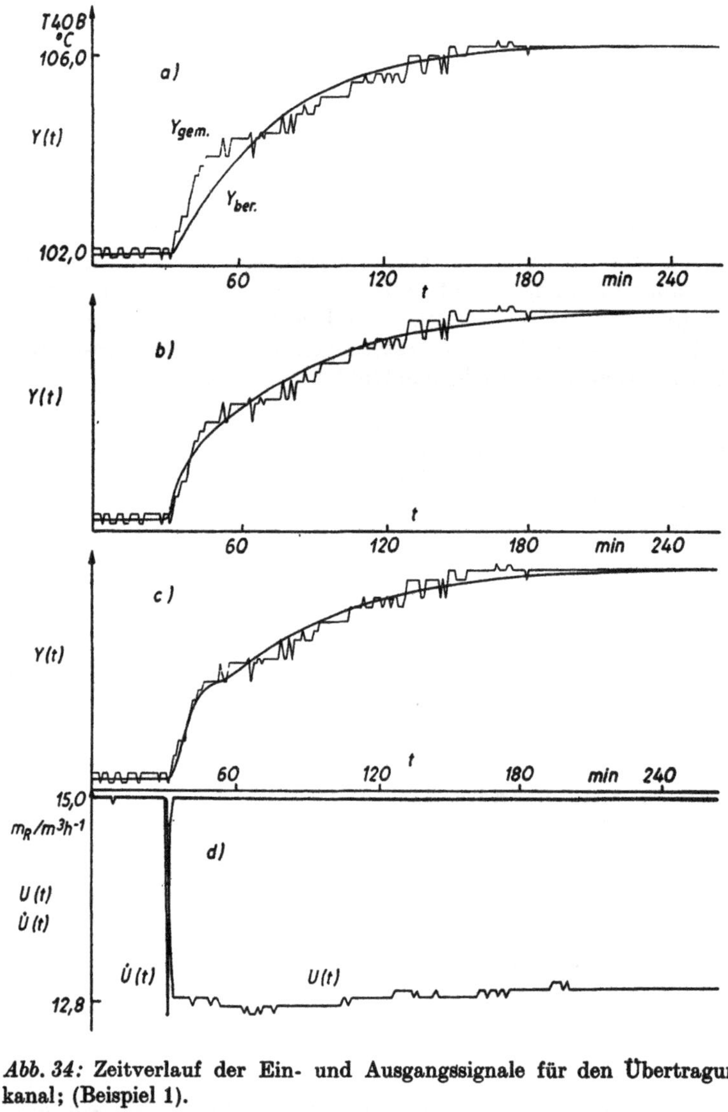

Abb. 34: Zeitverlauf der Ein- und Ausgangssignale für den Übertragungskanal; (Beispiel 1).

a) gemessenes Ausgangssignal und Modellantwort Struktur 1
b) gemessenes Ausgangssignal und Modellantwort Struktur 3
c) gemessenes Ausgangssignal und Modellantwort Struktur 5
d) gemessenes Eingangssignal und deren Ableitung

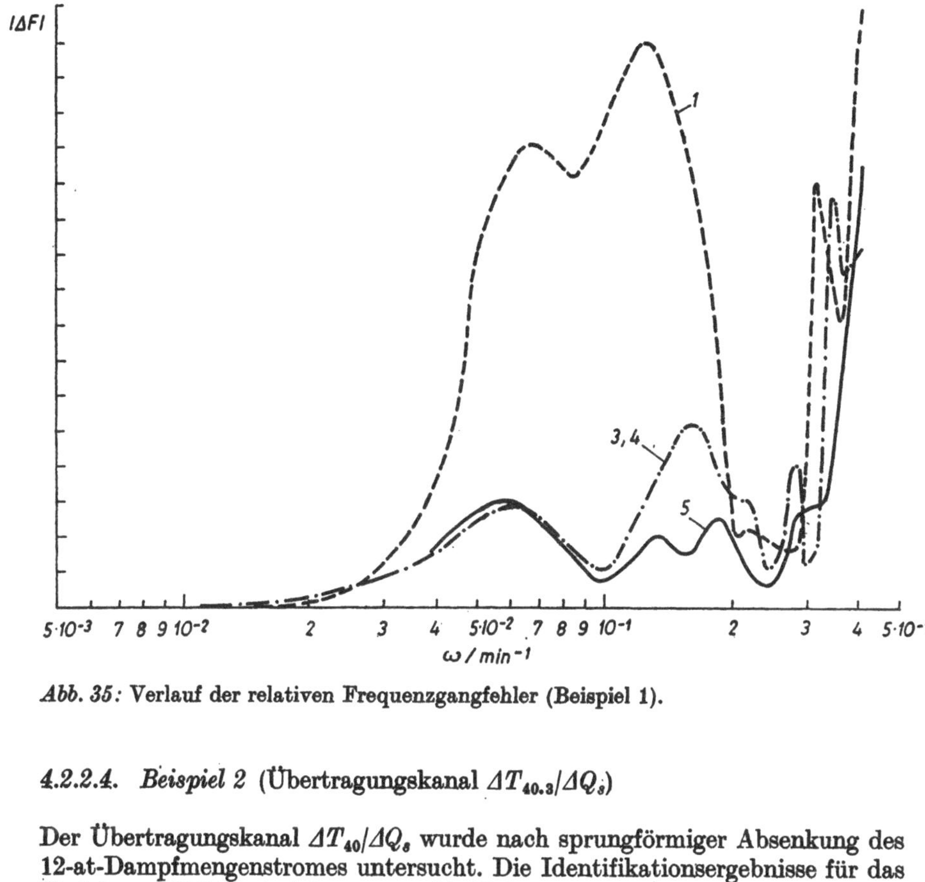

Abb. 35: Verlauf der relativen Frequenzgangfehler (Beispiel 1).

4.2.2.4. *Beispiel 2* (Übertragungskanal $\Delta T_{40.3}/\Delta Q_s$)

Der Übertragungskanal $\Delta T_{40}/\Delta Q_s$ wurde nach sprungförmiger Absenkung des 12-at-Dampfmengenstromes untersucht. Die Identifikationsergebnisse für das Verfahren QUASI sind für unterschiedliche Modellstrukturen in Tab. 10 zusammengefaßt.

Die Variantenrechnungen wurden analog zu Beispiel 1 aufgebaut. Das Finalmodell ergibt sich mit Struktur 2:

$$F(p) = \frac{10.1}{(56.0p + 1)(6.3p + 1)} \tag{89}$$

Für den gleichen Übertragungskanal wurden Identifikationsrechnungen nach dem Verfahren UFGS durchgeführt. Hierdurch erhält man oft schon nach einer Rechnung einen gesicherten Hinweis auf die Struktur des Finalmodells. Es ergab sich nach UFGS

$$F(p) = \frac{10.0(1 + 10.32p + 673.0p^2)}{(45.0p + 1)(3.79\alpha + 1)(1 + 41.5p + 734p^2)} \tag{90}$$

Tabelle 10: **Zusammenstellung der Identifikationsergebnisse nach dem Verfahren QUASI (Beispiel 2).**

Struktur	$F(p)$	Zahl der Parameter	Streckenkennwerte						Wert der Zielfunktion
			T_1	T_2	T_3	T_{D1}	T_t	K	
1	$\frac{K}{1 + pT_1}$	2	65.6					10.2	18.24
2	$\frac{K}{(1 + pT_1)(1 + pT_2)}$	3	56.0	6.3				10.1	12.6
3	$\frac{K \cdot e^{-pT_t}}{(1 + pT_1)(1 + pT_2)}$	4	53.0	6.3			1.3	10.0	13.6
4	$\frac{K}{(1 + pT_1)(1 + pT_2)(1 + pT_3)}$	4	56.5	4.8	0.38			10.1	12.95
	$\frac{K(1 + pT_{D1})}{(1 + pT_1)(1 + pT_2)}$	4	66.2	790		1300		6.43	26.7

Bei Vernachlässigung des konjugiert komplexen PN-Paares erhält man analog zum Verfahren QUASI ein Verzögerungsmodell 2. Ordnung. Ein signifikanter D-Anteil bestätigte sich bei beiden Verfahren für die Übertragungskanäle nicht.

Mit der nach dem Verfahren UFGS erhaltenen Strukturinformation erfolgt anschließend eine Parameterpräzisierung nach dem Verfahren QUASI.

5. Schlußfolgerungen für die Anwendung der Verfahren

In diesem Beitrag wird gezeigt, daß einige Schwierigkeiten auch bei der Identifikation linearer zeitinvarianter Systeme mit einem Eingang und einem Ausgang entstehen, obwohl das Problem theoretisch gelöst ist. Natürlich ergeben sich diese Probleme hauptsächlich aus Störungen bei den Meßwerten.

Zuerst betrachteten wir die Anwendbarkeit und die Effektivität einiger Identifikationsmethoden anhand simulierter Prozesse. Danach wurden diese Methoden auf industrielle Reaktionssysteme angewandt, mit den erhaltenen Parametern wurden Regler entworfen. Der Test mit den theoretischen Objekten wies bereits auf Probleme hin, die dann auch am industriellen Prozeß auftraten, z. B. Schwierigkeiten bei der Abschätzung der Systemordnung, das Gegeneinanderwirken von Zeitkonstanten und Verstärkung.

Große Sorgfalt mußte man bei der Planung und bei der Durchführung der Versuche walten lassen. A-priori-Kenntnisse wurden berücksichtigt, besonders in der Phase der Versuchsplanung, aber auch in der Auswertungsphase. So konnte das Risiko großer Parameterfehler verringert werden.

Es scheint günstig zu sein, Methoden zu verwenden, die aperiodische Signale benutzen, weil die Meßzeiten dann relativ kurz sein können, die Übergangsfunktionen leicht überprüfbar sind, und der Effekt von Störungen ist leicht zu erkennen.

Manchmal ist es nicht möglich, aperiodische Signale zu verwenden, z. B. wenn nur kleine Abweichungen vom Nominalwert erlaubt sind. Dann verwenden wir periodische Testsignale, z. B. die oft benutzten PRBS. Unter diesen Bedingungen werden jedoch lange Meßzeiten gebraucht. Oft ist es schwer, Driftstörungen während der Meßzeit zu vermeiden. Die Identifikation im geschlossenen Kreis kann diesen Effekt teilweise ausschließen.

Das Auftreten von Drift und das Fehlen einzelner Meßwerte erfordert eine Datenvorverarbeitung. Die hier zur Driftelimination benutzte Methode liefert im allgemeinen zufriedenstellende Resultate. Schwierigkeiten entstehen vor allem aus hochfrequenten Störungen. Diese Störungen können sogar zu Schwingkomponenten in der Übertragungsfunktion führen. Die Modellanalyse ist schon während der Parameterberechnungsphase sehr bedeutend. Damit ist es möglich, Modelle mit physikalisch sinnlosen Parametern auszuschließen. Dies erfordert auch häufig eine Modifikation von Parameterbestimmungsverfahren, wie sie in der Literatur gegeben sind. Es ist möglich, daß Datenvorverarbeitung mit verbesserter Glättung die Schwierigkeiten bei der Parameterbestimmung verringert.

In der Praxis ist die Untersuchung derselben Daten durch verschiedene Methoden der Durchführung von vielen Experimenten, die mit einer Methode analysiert werden, vorzuziehen. Wir machten die Erfahrung, daß es sehr viel schwieriger ist, Meßreihen ausreichender Qualität zu erhalten, als mehrere Datenanalysen durchzuführen. Diese Vorgehensweise setzt jedoch die Existenz eines Programmpaketes mit mehreren Identifikationsmethoden voraus.

Das Problem der Auswahl der Methoden ist jedoch nicht allgemein zu lösen. Solche Übersichten, wie sie auf den IFAC-Tagungen gegeben werden, können jedoch die Wahl erleichtern. Die Benutzung eines Prozeßrechnersystems für die Versuchsdurchführung und Datenerfassung erleichterte die Identifikation wesentlich (hohe Genauigkeit, exakte zeitliche Zuordnung, bequeme Verarbeitung von großen Meßreihen). Ein weiteres Problem ist die Reglersynthese. Sehr oft ist es schwer, eine Zielfunktion zu definieren, die alle Anforderungen umfaßt, die in der Praxis auftreten. Gewöhnlich sind die Formen der Übergangsfunktionen von Stellgröße und Regelabweichung vorgeschrieben und es existieren Beschränkungen für die Stellgröße, die Stellgeschwindigkeit, das Überschwingen der Regelabweichung etc.

Es ist schwer, diese Forderungen in die Zielfunktion aufzunehmen. In diesem Beitrag wurde ein einfaches Verfahren angewandt, das jedoch eine große Anzahl Optimierungsrechnungen erfordert.

Unsere Untersuchung zeigt, daß der Programmierungs- und Rechenaufwand für eine komplexe Identifikationsaufgabe hoch ist. Deshalb scheint es vernünftig, Programmsysteme zu erzeugen, die leicht zu handhaben sind und die den gesamten Bereich von der Datenerfassung bis zur Reglersynthese erfassen.

6. Literatur

[1] ASTROM, K. J., EYKHOFF, P.: System Identification — A. Survey. Automatica (1971) Vol. 7 No. 2 March. pp. 123—162,

[2] JAMES, A. N., SOUTER, P., DIXON, D. C.: A Comparision of Parameter Estimation Algorithms for Discrete „Systems". Chemical Engineering Sciene, (1974), Vol. 29, pp. 539—547.

[3] ISERMANN, R.: New results on the Identification of Processes. Automatica, (1971), Vol. 7, pp. 191—197.

[4] GUSTAVSON, I.: Survey on Application of Identification in Chemical and Physical Processes. IFAC-Symposium on Identification, den Haag 1975.

[5] HARTMANN, K., LEZKI, E. K., SCHÄFER, W.: *„Statistische Versuchsplanung und Auswertung in der Stoffwirtschaft"*, VEB Deutscher Verlag für Grundstoffindustrie, Leipzig 1974.

[6] ISERMANN, R., BAUR, U., BAMBERGER, W., KNEPPO, P., SIEBERT, H.: Comparision of Six On-line Identification and Parameter Estimation Methods. Automatica (1974), Vol. 10, pp. 81—103.

[7] MÜLLER, J.: Regelstreckenanalyse mittels adaptiver Modelle. msr (1968), No. 2 und 4.

[8] UNBEHAUEN, R.: Fehlerbetrachtungen bei der Auswertung experimentell mit Hilfe determinierter Testsignale ermittelter Zeitcharakteristiken. msr (1968), Heft 4.

[9] NIEMEN, R. E., FISHER, D. G., SABORG, D. E.: A Review of Process Identification and Parameter Estimation Techniques. Int. J. Control, 13, Nr. 2, 209 (1971).

[10] RAMAKER, B. L., SMITH, C. I., MURILL, P. W.: Determination of Dynamic Model Parameters Using Quasilinearization. Ind. Engn. Chem. Fundamentals, 9. Nr. 1.28 (1970).

[11] DAMERT, K.: „Methoden und Programme zur Parameterbestimmung aus gewöhnlichen Differentialgleichungen", in: „*Kybernetische Methoden in der Chemie*", Bd. 1, Akademie-Verlag, Berlin 1971.

[12] DAMERT, K.: „Anwendung einer neuen Variante der Quasilinearisierung zur Identifikation von Steuerungsobjekten", in: „*Kybernetische Methoden in der Chemie und chemischen Technologie*", Bd. 2. Akademie-Verlag, Berlin 1975.

[13] DAMERT, K.: Probleme der Modellierung durch gewöhnliche Differentialgleichungen — eine neue Variante der Quasilinearisierung. msr 17 (1974), S. 175—178 und S. 287—288.

[14] MARQUARDT, D. W.: An Algorithm for Least-Squares Estimation of non linear Parameters. Journal of the Socciety for Industrial ans Applied Mathematics 2 (1963), pp. 431 ff.

[15] HASTINGS-JAMES, R., SAGE, M. W.: Recursive generalised least-squares procedure for online identification of process parameters. Proc. IEE Vol. 116 (1969), No. 12, S. 2057—2062.

[16] ROSENFELD, A., JOHNSTON, E.: Angle Detection on Digital Curves. IEEE Transaction on Computers (1973), September, S. 875—878.

[17] STROBEL, H.: „*Systemanalyse mit determinierten Testsignalen*". Berlin, 1968.

[18] STROBEL, H.: „*Experimentelle Systemanalyse*". Berlin, 1975.

[19] ISERMANN, R.: „*Experimentelle Analyse der Dynamik von Regelsystemen (Identifikation I)*". Mannheim, 1971.

[20] GREESKE, H.: Programmsystem zur Signalanalyse zur Identifikation verfahrenstechnischer Regelstrecken mittels Korrelationsfunktion. Programmdokumentation, VEB PCK Schwedt, 1976.

[21] DAMERT, K., BALZER, D., REINIG, G.: „*Nichtlineare Optimierung und Prozeßsteuerung*". Berlin, 1976.

[22] ISERMANN, R., BAUER, U., BLESSING, P.: Test-case C for comparision of different identification and parameter estimation methods using simulated processes. Proceedings of IFAC-Congress, Boston/Mass. 1975.

[23] ROEDDER, P.: Nichtbeachtung der Rückkopplung bei der Systemanalyse mit stochastischen Signalen. Regelungstechnik und Prozeßdatenverarbeitung 22 (1974), H. 5, S. 154—156.

Entwurf von Algorithmen zur Prozeßsteuerung

(D. Balzer, E. Raasch, G. Reinig, F. Seifert)

Резюме:

Показывается, что с учётом свойств химико-технологических систем и исходя из возможностей современной управляющей техники иерархическая структура является оптимальной для общего алгоритма управления. В статье описываются методы синтеза алгоритмов для решения следующих задач: сбор первичной информации для управления химико-технологическими системами, стабилизация комплексных систем, оптимизация статики систем.

Кроме того, описываются алгоритмы для координирования при управлении технологическими прцессами.

На примере завода по производству аммиака демонстрируется эффективность предложенных методов синтеза.

Summary

The author shows, that using properties of technical systems and possibilities of modern process computing technigne delives the optimunstructure of the complete algorithm as a hierarchical structure. Described Designing methods are for algorithms solving the following problems: gielding primary information for controlled systems, stabilisation of complex technical systems, statical optimisation of systems. Moreover the application of coordinating algorithms in connection with procest control is described. An example is given: Hu design of a complete controll algorithm for an ammonia plant.

1. Einleitung

Wie in [1] zu sehen war, müssen für die Reduktion von Steuerungsaufgaben Dekompensationsmethoden eingesetzt werden. Wenn M die mathematische Beschreibung des Steuerungsobjektes, Q die Zielfunktion und A den Gesamtsteuerungsalgorithmus bezeichnet, dann wird, um den Steuerungsalgorithmus $\{M, Q\} \to A$ zu erhalten, eine Dekomposition der allgemeinen Steuerungsaufgabe $\{M, Q\}$ in eine Menge I von Einzelaufgaben angestrebt:

$$\{M, Q\} \to \left\{\{M_i, Q_i\};\ i \in I\right\}$$

Für die Lösung jeder Einzelaufgabe wird dann ein Steuerungsalgorithmus A_i ausgearbeitet:

$$\{M_i, Q_i\} \to A_i$$

Die Gesamtheit der einzelnen Algorithmen A_i und die Informationsbeziehungen zwischen den Algorithmen bilden den Gesamtalgorithmus:

$$\{A_i, i \in I\} = A$$

Das Steuerungssystem S_i, das den Steuerungsalgorithmus A_i auf das Steuerungsobjekt mit der mathematischen Beschreibung M_i anwendet, als partiell-autonomes Steuerungssystem bezeichnet werden.

Die partielle Autonomie bezieht sich auf die Verwendung einer autonomen Zielfunktion, die aus der Gesamtzielfunktion abgeleitet wurde. Außerdem gilt oft, daß der optimale Wert einer bestimmten Untermenge der zum Steuerungssystem S_i gehörenden Steuergrößen U_i von den Steuergrößen der übrigen Steuersysteme unabhängig ist.

Wie eine Teilaufgabe abgeleitet werden kann wurde bereits in [1] dargestellt.

Vom Standpunkt der dynamischen Eigenschaften der Teilsteuerungssysteme S_i kann man mehrere Gruppen von Teilsystemen unterscheiden, die in einem Verhältnis der hierarchischen Unterordnung zueinander stehen. Die jeweils untergeordnete Gruppe von Teilsystemen reagiert praktisch verzögerungsfrei auf Reaktionen der übergeordneten Gruppe.

Es bestehen folgende Informationsbeziehungen innerhalb einer Gruppe von Algorithmen und zwischen den Gruppen der verschiedenen Hierarchiestufen:

$$\begin{aligned} u_{i,k}^{\text{opt}} = \arg \sup_{u_{i,k}} F_{i,k}(& x_{1,k-1}, \ldots, x_{N_{k-1},-1}, y_{1,k-1}, \ldots, y_{N_{k-1},k-1}, \\ & u_{i,k}, x_{1,k}, \ldots, x_{N_k,k}, y_{1,k}, \ldots, y_{i-1,k}, y_{i+1,k} \ldots, y_{N_k,k}, x_{1,k+1}, \ldots, x_{N_{k+1},k+1} \\ & u_{1,k+1}^{\text{opt}}, \ldots, u_{N_{k+1},k+1}^{\text{opt}}) \end{aligned} \quad (1)$$

wobei $u_{i,k}$, $x_{i,k}$, $y_{i,k}$-Vektoren der Steuer-, Eingangs- und Ausgangsgrößen des i-ten Steuerungssystems der k-ten Hierarchiestufe sind (siehe Abb. 1).

Wenn die rechten Seiten der Beziehung (1) von $x_{j,k}$ und $y_{j,k}$ (bei $j \neq i$) abhängen, so ist eine Koordinierung innerhalb der k-ten Gruppe notwendig, um die Einhaltung bestimmter Nebenbedingungen zu garantieren, die die Kopplung von Material- und Energieströmen zwischen den Teilsystemen beschreiben.

Beispiele solcher Nebenbedingungen sind:

$$x_{i,k}^{(\nu)} = y_{j,k}^{(\mu)}$$

Hierbei stellen $x_{i,k}^{(\nu)}$ und $y_{j,k}^{(\mu)}$ Elemente der Spaltenmatrizen $x_{i,k}$ und $y_{i,k}$ dar.

Diese Nebenbedingungen können auch kompliziertere Formen annehmen (z. B. algebraische Gleichungen oder Differentialgleichungen), wenn die Dekomposition der globalen Steuerungsaufgabe zu einer Auftrennung eines geschlossenen verfahrenstechnischen Teilsystems führt.

Wenn jedoch aus Gründen der Rechenzeit (Koordinierungsalgorithmen sind sehr rechenzeitaufwendig) bzw. aus Effektivitätsgründen die Anwendung eines speziellen Koordinierungsalgorithmus nicht möglich bzw. nicht notwendig ist, so wird empfohlen, die Werte $x_{j,k}^{(\nu)}$ umd $y_{j,k}^{(\mu)}$ zu messen und in das Steuerprogramm einzugeben. Eine solche Vorgehensweise ist auch zu empfehlen, wenn das mathematische Modell eines für die Koordinierung wichtigen Teilprozesses zu ungenau ist, um eine reine Vorwärtsoptimierung zu realisieren.

Eine Lösung der Gleichung (1) unter Verwendung gemessener Werte für $x_{i,k}$ und $y_{i,k}$ führt in jedem Fall zu einer theoretisch nicht kompensierbaren Verzögerung bei der Bestimmung und Realisierung der optimalen $u_{i,k}$. Hierbei ist unter Verwendung der in [2] dargelegten Methodik zur Abschätzung der

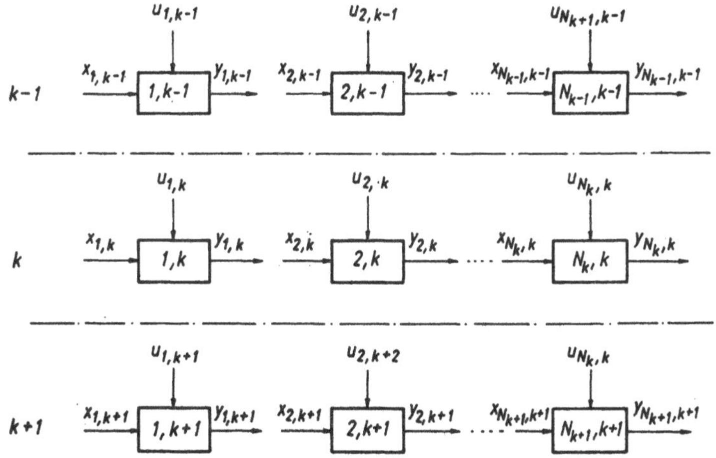

Abb. 1: Darstellung eines verfahrenstechnischen Systems als Steuerungsobjekt.

Effektivität von Steuerungsalgorithmen der zu erwartende Effektivitätsverlust durch verzögerte Informationsbereitstellung zu bestimmen. In der Praxis hat es sich jedoch gezeigt, daß beim Entwurf von Prozeßsteuerungsalgorithmen für verfahrenstechnische Systeme oft auf eine Koordinierung bei der Lösung der einzelnen Steuerungsaufgaben verzichtet werden kann bzw. muß. Wenn die Koordinierung durch direkte bzw. indirekte Messungen ersetzt wird, so führt das zu einer Verringerung der Stabilitätsreserven des Gesamtsystems. In einigen Fällen sind starke Schwankungen und die Ausbildung von Grenzzyklen zu beobachten. Bewährt haben sich in diesen Fällen Kompensationsalgorithmen, die den eigentlichen Steuerungsalgorithmen übergeordnet sind. Die Ausarbeitung von Kompensationsalgorithmen zwingt oft dazu, die Synthese z. B. bestimmter Stabilisierungsalgorithmen gemeinsam durchzuführen.

Im vorliegenden Artikel werden anhand von konkreten Prozeßrechnereinsatzfällen die Fragen der Ausarbeitung von Teilsteuerungsalgorithmen und von Koordinierungsalgorithmen sowie von Algorithmen zur Gewinnung von Primärinformationen für die Prozeßsteuerung behandelt. Dabei gehen wir von den in [1] formulierten Aufgabenstellungen für die Steuerung von Anlagen zur Erzeugung von Synthesegas und Ammoniak aus.

2. Algorithmen zur Gewinnung von Primärinformationen für die Steuerung verfahrenstechnischer Systeme

Bekanntlich besteht das Hauptproblem bei der Gewinnung von Primärinformationen bei der Prozeßsteuerung darin, die dem Nutzsignal überlagerten zufälligen Meßfehler nach Möglichkeit zu unterdrücken oder, anders ausgedrückt, die im Meßsignal enthaltene Information optimal für die Steuerung des Prozesses auszunutzen. In diesem Abschnitt werden die Probleme der linearen und nichtlinearen Filterung bei kontinuierlich vorliegenden Meßgrößen sowie der Interpolation von Meßwerten, die nur in diskreten Zeitpunkten vorliegen (z. B. durch Prozeßchromatographen oder Laboranalysen ermittelte Meßwerte), behandelt.

Zuerst wird die Glättung von Meßwerten betrachtet, wobei angenommen wird, daß die Messung zu den Zeitpunkten $t = \ldots, t_{n-1}, t_n, t_{n+1}, \ldots$ erfolgt. Theoretische Untersuchungen sowie langjährige Erfahrungen beim Betrieb der Meßwerterfassung haben gezeigt, daß für kontinuierliche Signale eine exponentielle Glättung ausreichend ist. Dabei wird folgender Algorithmus verwendet [3]:

$$\tilde{x}_n = (1 - \alpha)\, \tilde{x}_{n-1} + \alpha \bar{x}_n \tag{2}$$

$$\bar{x}_n = x_n + \varepsilon_n$$

$\tilde{x}$ — zur Weiterverarbeitung verwendeter Wert
$\bar{x}$ — gemessener Wert
x — wahrer Wert
ε — Meßfehler
α — Glättungskoeffizient

Sodann ist die Dispersion des Approximationsfehlers zu berechnen, da diese Größe von entscheidender Bedeutung für die Berechnung der Effektivitätsverluste bei der Steuerung ist:

$$\sigma^2 = E\{(\tilde{x}_{n-1} - \alpha\tilde{x}_{n-1} + \alpha x_n + \alpha\varepsilon_n - x_n)^2\} \tag{3}$$

Aus (3) erhält man:

$$\begin{aligned}\sigma^2 = E\{&\tilde{x}_{n-1}^2 - 2x_n\tilde{x}_{n-1} + x_n^2 + 2\alpha(-\tilde{x}_{n-1}^2 + x_n\tilde{x}_{n-1} \\ &+ \tilde{x}_{n-1}\varepsilon_n + x_n\tilde{x}_{n-1} - x_n^2 - x_n\varepsilon_n) + \alpha^2(x_n^2 - 2x_n\tilde{x}_{n-1} + \tilde{x}_{n-1}^2 \\ &+ 2\varepsilon_n x_n + 2\varepsilon_n\tilde{x}_{n-1} + \varepsilon_n^2)\}\end{aligned} \tag{4}$$

Es kann vorausgesetzt werden, daß der Meßfehler ε und die Meßgröße x

nicht korreliert sind. Dann ist zur endgültigen Bestimmung von σ^2 die Bestimmung folgender Größe notwendig:

$$\begin{aligned} E\{\tilde{x}_{n-1} \cdot x_n\} &= E\{(1-\alpha)\, x_n \tilde{x}_{n-2} + \alpha x_n x_{n-l} + \alpha \varepsilon_{n-1} x_n\} \\ &= E\{(1-\alpha)^2\, x_n \tilde{x}_{n-3} + \alpha(1-\alpha)\, x_n x_{n-2} + \alpha(1-\alpha)\, \varepsilon_{n-2} x_n \\ &\quad + \alpha x_n \cdot x_{n-1}\} \end{aligned} \tag{5}$$

Aus (5) folgt dann:

$$E\{\tilde{x}_{n-1} x_n\} = E\left\{\alpha \sum_{k=l}^{\infty} (1-\alpha)^{k-1}\, x_{n-k} x_n\right\} \tag{6}$$

Bei bekannter Korrelationsfunktion der Meßgröße R_x erhält man aus (4) unter Berücksichtigung von (6):

$$\begin{aligned} \sigma^2 &= 2(\alpha^2 - 2\alpha + 1)\, R_x(0) + \alpha^2 \sigma_\varepsilon^2 - 2\alpha(\alpha^2 \\ &\quad - 2\alpha + 1) \sum_{k=l}^{\infty} (1-\alpha)^{k-1}\, R_x(k \cdot \Delta t) \end{aligned} \tag{7}$$

Der optimale Glättungskoeffizient α_{opt} stellt dann die Lösung folgender Gleichung dar:

$$\begin{aligned} \frac{\partial \sigma^2}{\partial \alpha} &= 4(\alpha - 1)\, R_x(0) + 2\alpha \sigma_\varepsilon^2 - (3\alpha^2 - 4\alpha + 1) \\ &\quad \times \sum_{k=l}^{\infty} (1-\alpha)^{k-l}\, R_x(k \cdot \Delta t) + 2\alpha(\alpha^2 - 2\alpha + 1) \\ &\quad \times \sum_{k=l}^{\infty} (k-1)\,(1-\alpha)^{k-2}\, R_x(k \cdot \Delta t) = 0 \end{aligned} \tag{8}$$

Bezüglich Gl. (8) ist zu bemerken, daß in der Praxis die Addition natürlich nur bis $k = n$ erfolgen kann, wobei mit Hilfe der Gleichung

$$R_x(n \cdot \Delta t) \approx 0{,}05 R_x(0)$$

bestimmt wird. Des weiteren muß darauf hingewiesen werden, daß die Gl. (8) $(n - 2)$ Lösungen hat. Es sind jedoch nur die zu berücksichtigen, die der Bedingung $0 \leqq \alpha \leqq 1$ genügen. Aus den verbleibenden α ist der Wert auszuwählen, der dem absoluten Minimum von σ^2 entspricht.

Der optimale Glättungskoeffizient, der die Lösung des nichtlinearen Gleichungssystems (8) darstellt, hängt also von der Korrelationsfunktion, von der Streuung des Meßfehlers und von der Abtastfrequenz $\frac{1}{\Delta t}$ ab: $(\Delta t = t_n - t_{n-1})$.

In diesem Zusammenhang sei darauf hingeweisen, daß die Formel (3) strenggenommen die Dispersion des Fehlers angibt, der zu den Zeitpunkten $t = n \cdot \Delta t$ auftritt. Um die Dispersion über den gesamten Bereich zu ermitteln wäre es notwendig, von folgender Beziehung auszugehen:

$$\sigma^2 = \frac{1}{\Delta t} \int\limits_{n\Delta t}^{(n+t)\Delta t} E\{\bar{x}[(n-1)\,\Delta_p] - \alpha\bar{x}[(n-1)\,\Delta t]$$

$$+ \alpha x(\xi) + \alpha \cdot \varepsilon(\xi) - x(\xi)\}\, d\xi \tag{9}$$

Die Praxis zeigte jedoch, daß sich die optimalen Glättungskoeffizienten dabei nur unwesentlich unterschieden. Aus diesem Grunde wurde von der Gl. (7) ausgegangen, die zu bedeutend einfacheren Berechnungsvorschriften für die Parameter der Algorithmen zur primären Informationsverarbeitung führen.

Obwohl in diesem Abschnitt bei den bisherigen Berechnungen immer eine Stufenapproximation angenommen wurde, ist es jedoch notwendig nachzuweisen, daß kompliziertere Algorithmen keine höhere Effektivität bei der Steuerung garantieren. Aus diesem Grunde wurde die Stufenapproximation mit der linearen Approximation verglichen, wobei zur Vereinfachung von absolut genauen Messungen ausgegangen wurde. Kompliziertere Approximationsverfahren sind auf Grund des großen Speicherplatzbedarfes nicht anwendbar.

Für die Dispersion der Stufenapproximation gilt:

$$\sigma_k^2 = \frac{1}{\Delta t} \int\limits_{t_n}^{t_{n+1}} E\{[x_n - x(t)]^2\}\, dt = \frac{1}{\Delta t} \int\limits_{t_n}^{t_{n+1}} E\,\{x_n^2 - 2x_n \cdot x(t) + x^2(t)\}\, dt$$

$$= 2 \left[[R_x(0) - \frac{1}{\Delta t} \int\limits_0^{\Delta t} R_x(\tau)\, d\tau \right] \tag{10}$$

Für die lineare Approximation gilt:

$$\sigma_L^2 = \frac{1}{\Delta t} \int\limits_{t_n}^{t_{n+1}} E\{[2x_n - x_{n-1} - x(t)]^2\}$$

$$= \frac{1}{\Delta t} \int\limits_{t_n}^{t_{n+1}} E\{4x_n^2 - 4x_n \cdot x_{n-1}^2 + x_{n-1} - 4x(t)\, x_n + 2xx_{n-1} + x^2(t)\}\, dt$$

$$= 2 \left[3R_x(0) - \frac{4}{\Delta t} \int\limits_0^{\Delta t} R_x(\tau)\, dt + \frac{1}{\Delta t} \int\limits_0^{\Delta t} R_x\,(2\tau)\, d\tau \right] \tag{11}$$

Bei einem Vergleich von σ_S^2 und σ_L^2 an 100 verschiedenen Meßstellen ergab es sich, daß die σ_L^2 im Durchschnitt einen nur um 5% kleineren Wert hatten, während der Algorithmus fast den doppelten Speicherplatz und die doppelte Rechenzeit benötigte, was bei Echtzeitsystemen eine große Bedeutung besitzt. Aus diesen Gründen wurde ausschließlich auf die Stufenapproximation zurückgegriffen.

Die Erfahrungen bei der Gewinnung von Primärinformationen besagen, daß eine lineare Filterung allein nicht ausreicht, um bei der Prozeßsteuerung die durch die automatische Meßwerterfassung angebotene Information über das Steuerungsobjekt optimal zu nutzen. Es ist notwendig, den Algorithmen zur linearen Filterung eine nichtlineare Filterung vorzuschalten, um damit zufällig auftretende große und offensichtliche Meßfehler zu unterdrücken (über die lineare Filterung hinausgehend). Der linearen Filterung nachgeschaltet ist oft ein Algorithmus zum Bilanzausgleich, der systematische Meßfehler bei Durchflußmessungen zu unterdrücken hat. Der Algorithmus zum Bilanzausgleich soll hier nicht beschrieben werden.

Es sei hier nur darauf hingewiesen, daß in diesem Fall der Bilanzausgleich auf Grund der begrenzten Rechenzeit unter Verwendung mehrerer kleinerer Bilanznetze durchgeführt wird.

Die oben erwähnte nichtlineare Filterung wird nach folgenden Algorithmen durchgeführt:

$$\bar{x}_n = \begin{cases} \bar{x}_{n-1} + \Delta x, & \text{wenn} \quad x_n > \bar{x}_{n-1} + \Delta x \\ x_n, & \text{wenn} \quad \bar{x}_{n-1} - \Delta x < x_n < \bar{x}_{n-1} + \Delta x \\ \bar{x}_{n-1} - \Delta x, & \text{wenn} \quad x_n < \bar{x}_{n-1} - \Delta x \end{cases}$$

Δx — maximal zulässige Änderung des Meßwertes während eines Abfragezyklus (wird durch Analyse der im jeweiligen Steuerungsobjekt ablaufenden physikalischen und chemischen Prozesse festgelegt),

$\bar{x}_n$ — zur Weiterverarbeitung verwendeter Wert

3. Entwurf von Algorithmen zur Stabilisierung komplexer verfahrenstechnischer Systeme

In [1] wurde nachgewiesen, daß durch die Reduktion der globalen Steuerungsaufgabe eine Reihe von Aufgaben zur Stabilisierung bestimmter Phasenvariablen von Anlagen zur Ammoniak- und Synthesegaserzeugung formuliert werden können. Im vorliegenden Abschnitt wird der Entwurf von Algorithmen zur Lösung von Stabilisierungsaufgaben am Beispiel von folgenden Aufgaben behandelt:

1. Stabilisierung des H_2/N_2-Verhältnisses im Ammoniakkreislauf (γ) durch Steuerung der in den Sekundärreformer einzuspeisenden Luftmenge auf dem optimalen Wert.
2. Stabilisierung der Austrittstemperatur aus dem Sekundärreformer (T_s) durch Steuerung der Brennstoffmenge im Primärreformer auf dem maximal zulässigen Wert.

Beim Entwurf der Algorithmen sind folgende technische und technologische Besonderheiten der Synthesegaserzeugung zu beachten:

1. Es besteht eine enge Kopplung zwischen dem technologischen Prozeß, dem Wärmerückgewinnungssystem und der Prozeßluftverdichtung.
2. Wichtige technologische Begrenzungen (Einhaltung einer minimalen Überstromdampfmenge, Einhaltung einer minimalen Luftmenge bei einem gegebenen Gegendruck, Begrenzung der Sekundärreformeraustrittstemperatur) sind genau einzuhalten.

Die Stabilisierung des H_2/N_2-Verhältnisses auf dem optimalen Wert ohne ein Prozeßsteuerungssystem ist mit erheblichen Schwankungen um den Optimalwert verbunden, was folgende Ursachen hat:

1. Die Messung der Gaszusammensetzung erfolgt durch einen Chromatographen alle 30 Minuten. Bei der Messung selber tritt eine Totzeit von 15 Minuten auf. Dadurch ergibt sich eine Gesamttotzeit von 45 Minuten.
2. Der Kanal „Luftmenge — H_2/N_2-Verhältnis im Kreislauf" ist durch einen großen Verstärkungskoeffizienten und durch eine große Trägheit gekennzeichnet.
   Selbst kleine Fehler bei der Einstellung der Prozeßluftmenge bewirken erhebliche Veränderungen des H_2/N_2-Verhältnisses im Ammoniakkreislauf.

Die gemeinsame Betrachtung der Steuerung des H_2/N_2-Verhältnisses und der Sekundärreformaustrittstemperatur ist auf Grund folgender Eigenschaften des Steuerungsobjektes notwendig: Bei einer Variation der Prozeßluftmenge wird auch die Temperatur am Sekundärreformeraustritt beeinflußt. Da eine stabile Temperatur am Sekundärreformeraustritt gefordert wird, muß bei Veränderung der Prozeßluftmenge die Heizbenzinmenge am Primärreformer ebenfalls verändert werden.

Neben den oben beschriebenen beiden Aufgaben wird außerdem die Stabilisierung eines Ammoniaksynthesereaktors behandelt. Die in [1] entwickelten Prinzipien sowie die Ergebnisse der Analyse des Steuerungsobjektes fanden beim Entwurf der Steuerungssysteme umfangreiche Anwendung.[1])

In Abb. 2 ist der prinzipielle Aufbau des Steuerungssystems gezeigt. Hier wurde zur Vereinfachung des Steuerungsalgorithmus eine Steuerungshierarchie realisiert wobei der übergeordnete Algorithmus (Koordinator) den Abstand des Punktes im Zustandsraum von den Begrenzungen ermittelt (Begrenzungen bezüglich Dampfverbrauch und Pumpgrenze) und bei Unterschreiten eines bestimmten Sicherheitsabstandes auf die Algorithmen PID/4 bzw. PID/5 umschaltet. Diese Algorithmen stellen digitale PID-Regleralgorithmen dar. Werden beide Grenzen gleichzeitig verletzt, so hat die Begrenzung bezüglich des Dampfverbrauchs höhere Priorität. Um ein ständiges Umschalten von einem Steuerungsalgorithmus auf den anderen zu vermeiden, wird bei Einschalten der Algorithmen PID/4 bzw. PID/5 der zulässige Bereich automatisch eingeengt, und so eine künstliche Hysterese erzeugt.

---

[1]) Die Darlegungen dieses Abschnittes basieren auf den in [4] dargestellten Ergebnissen, gehen jedoch über diese hinaus und stellen neue Erfahrungen bei der praktischen Prozeßrechnung dar.

Die Aufgabe des zweiten Koordinators besteht darin, eine weitgehende Autonomie der beiden Steuerungssysteme zu verwirklichen. Es hat sich gezeigt, daß eine vollständige Autonomie aus folgenden Gründen nicht möglich bzw. nicht sinnvoll ist.

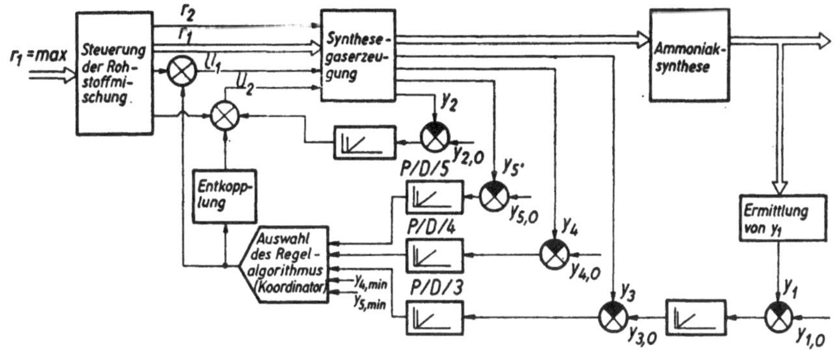

Abb. 2: Steuerungssysteme für Reformertemperatur und H_2/N_2-Verhältnis.

Y_1 — H_2/N_2-Verhältnis
Y_2 — Reformertemperatur
Y_3 — Prozeßluftmenge
Y_4 — Differenz zur unteren Grenze für Preßluftmenge
Y_5 — Differenz zur oberen Grenze für Preßluftmenge
U_1 — Drehzahl des Prozeßluftkompressors
U_2 — Heizbenzinmenge
r_1 — Rohstoffmengen
r_2 — Dampfmenge
$r_{1,max}$ — Rohstoffangebot

Erstens hat eine numerische Simulation der Steuerungssysteme ergeben, daß eine Autonomie der Statik ausreichend war, um die geforderte Qualität bei der Stabilisierung zu erzielen. Zweitens ist aus den Autonomiebedingungen für das linearisierte System

$$
\begin{aligned}
W_{GL-T_s} &= W_K \cdot W_{GB-T_s} \\
\frac{K_1}{(T_{11}p+1)} &= W_K \frac{K_2}{(T_{21}p+1)} \\
W_K &= \frac{K_1}{K_2} \frac{(T_{21}p+1)}{(T_{11}p+1)}
\end{aligned}
\qquad (18)
$$

zu erkennen, daß diese Bedingungen einerseits schwer realisierbar sind, und daß zum anderen Fehler bei der Identifikation der Kanäle des Steuerungsobjektes, zu einer wesentlichen Verschlechterung der Regelgüte führen können.

In Gl. (18) wurden folgende Bezeichnungen verwendet:

W_{GL-T_s} — Übertragungsfunktion des Kanals „Prozeßluftmenge — Austrittstemperatur des Sekundärreformers"

W_{GB-T_s} — Übertragungsfunktion des Kanals „Brennstoffmenge im Primärreformer – Austrittstemperatur des Sekundärreformers"
W_k — Übertragungsfunktion des Kompensationsgliedes.

Aus dem bezüglich der Autonomiebedingungen (18) Gesagten folgt, daß das Steuerungssystem mit Kompensationsalgorithmen sogar schlechter arbeiten kann als das System ohne einen solchen Algorithmus.

Diese Erkenntnisse wurden durch eine umfangreiche numerische Simulation des Steuerungssystems bestätigt. Der Entwurf beider Regelkreise wurde in der ersten Phase unabhängig voneinander vorgenommen. Durch Simulation des Gesamtsystems wurde dann überprüft, ob eine befriedigende Regelgüte erreicht wird.

Da für die Steuerung der Anlage ein Prozeßrechner zur Verfügung steht ist es prinzipiell möglich, sich beim Strukturentwurf für die Steuerungsalgorithmen zur Stabilisierung der Sekundärreformerantrittstemperatur und des H_2/N_2-Verhältnisses im Kreislauf nicht nur auf lineare Algorithmen zu beschränken.

Es hat sich jedoch gezeigt, daß die im Sinne des Maximumprinzips optimalen Steuerungsalgorithmen bei Berücksichtigung der Begrenzungen auf die Steuervariablen nur eine Verbesserung von ca. 3% an HH_3-Ausbeute bezogen auf die erreichte Ausbeuteerhöhung bei Verwendung linearer Stabilisierungsalgorithmen erzielen.

Dabei wurde der in [3] dargestellte Algorithmus verwendet. Gegenübergestellt wurden dabei die Algorithmen zur Stabilisierung des H_2/N_2-Verhältnisses und zur optimalen Rohstoffmischung einerseits und der Algorithmus auf der Basis des Maximumprinzips andererseits. Aus diesem Grunde wurden Echtzeitalgorithmen in folgender Form verwendet:

$$u[m] = k_p \left\{ e[m] + k_I \sum_{i=l}^{m} e[i] + k_D(\tilde{x}[m-1] - \bar{x}[m] \right\} \tag{19}$$

Dazu gehören folgende Anfangswerte:

$$e[1] = 0$$
$$\sum_{i=l}^{m} e[i] = \frac{r}{k_p \cdot k_I} \tag{20}$$

In den Gln. (19) und (20) wurden folgende Bezeichnungen verwendet:

u — Stellgröße
e — Regelabweichung
$\tilde{x}$ — Ausgang des nichtlinearen Filters
$\bar{x}$ — Ausgang des linearen Filters
k_p, k_I, k_D — zu bestimmende Reglerparameter
r — gegenwärtiger Sollwert des Analogreglers
m — der Zeitschritt

Als Kriterium für die Bestimmung der Reglerparameter wurde die minimale Einschwingzeit verwendet. Dieses Kriterium entspricht von allen bekannten Kriterien zum Reglerentwurf den Forderungen der ursprünglichen Aufgabenstellung bei der Steuerung des Gesamtsystems am besten. Außerdem ist der Wert der Zielfunktion am industriellen Objekt einfach (ohne besondere Berechnungen) überprüfbar. Gerade diese Tatsache wird oft beim Entwurf von Prozeßsteuersystemen mißachtet.

Es wurde also:

$$Q_R^* = \min t_E[W(p), k] \tag{21}$$

unter Berücksichtigung der Nebenbedingungen

$$h_R(W(p)), k \leqq 0 \tag{22}$$

gewählt.

k — Vektor der Reglerparameter
$W(p)$ — Übertragungsmatrix des Steuerungsobjektes

Für die Lösung dieser Aufgabe der nichtlinearen Optimierung wurde das Verfahren nach Rosenbrock eingesetzt. Dabei wurde von einer modifizierten Zielfunktion ausgegangen [4].

Für den Temperaturregelkreis wurden optimale Reglerparameter sowohl für sprungförmige Störungen über die Rohstoffmenge als auch über die Luftmenge ermittelt.

Betrachten wir nun im weiteren die Stabilisierung des Temperaturregimes eines Ammoniaksynthesereaktors.

In Abb. 3 ist die Struktur des Stabilisierungssystems abgebildet.

Die allgemeine Aufgabenstellung für den Entwurf des Stabilisierungssystems kann folgendermaßen formuliert werden: Es ist ein DDC-System zur Stabilisierung des Temperaturregimes in der Reaktionszone des Ammoniaksynthesereaktors zu entwickeln, das bei Variation des Sollwerts folgendes Integral minimiert:

$$Q = \int_0^T \sum_{i=1}^{2} \Delta X_i^2 + \sum_{i=1}^{2} a_i \Delta X_i]\, dt, \tag{23}$$

ΔX_i — Regelabweichungen
T — Regelzeit

Für a_i gilt:

$$a_i = 0 \quad \text{bei } \Delta X_i \leqq 0$$
$$a_i = 10^2 \quad \text{bei } \Delta X_i > 0$$

Die Untersuchungen zur Struktur- und Parametersynthese erfolgten mit

Hilfe der digitalen Simulation des geschlossenen Systems. Aus Abb. 3 ist zu ersehen, daß ein zweidimensionales Kaskadensystem für die Stabilisierung verwendet wird. Auf der unteren Ebene erfolgt eine Stabilisierung der relativen Durchflüsse mit Hilfe von PI-Reglern, die ihre Sollwerte von den Temperaturfeldreglern der oberen Ebene erhalten.

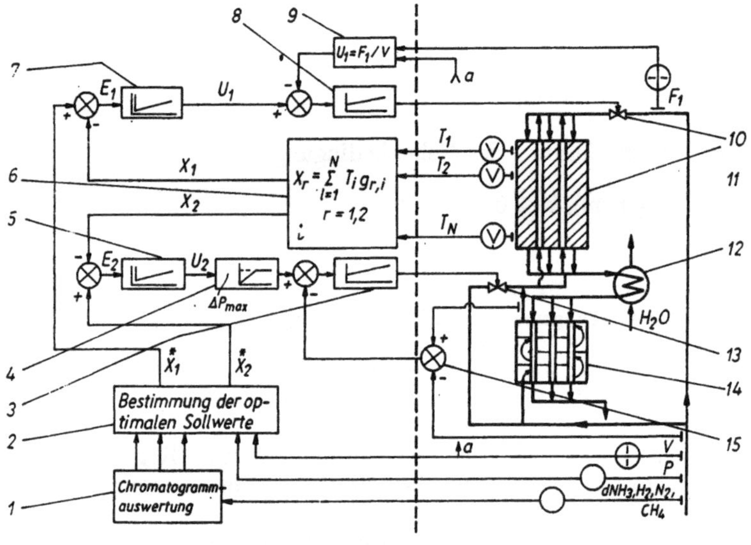

Abb. 3: Steuerung des Temperaturfeldes eines Ammoniaksynthesereaktors und Hilfe eines Prozeßrechners.

1 – Interpretation der Chromatogramme
2 – Bestimmung optimaler Sollwerte
3, 5, 7, 8 – digitale Regelalgorithmen
4 – Überprüfung der Einhaltung des zulässigen Druckabfalls am unteren Wärmetauscher
6 – Berechnung der Zustandsmaße
9 – Berechnung des relativen Durchflusses
10, 13 – Regelventile
11 – Katalysatorkapsel
12 – Abhitzekessel
14 – unterer Wärmetauscher
15 – Vergleichsglied

Darüber hinaus ist ein Koordinierungsalgorithmus entworfen worden, der bei Verletzung der zulässigen Differenzdruckgrenze eine Umschaltung derart vornimmt, daß der Sollwert für den Regler zur Stabilisierung des relativen Durchflusses durch den unteren Bypaß durch den zulässigen Differenzdruck bestimmt wird.

Die Rechenprogramme zur Bestimmung der Parameter der Regelalgorithmen bestehen aus dem digitalen Regelkreismodell (digitale Simulation des geschlossenen Regelkreises) und aus einem Unterprogramm zur Optimierung. Als Optimierungsverfahren fand das Verfahren nach ROSENBROCK Anwendung. Da der Prozeßrechner durch die DDC-Programme minimal belastet werden sollte, wurden die Taktzeiten der Regler unter Beachtung des Impulstheorems von KOTELNIKOW bestimmt. Sowohl bei der Simulation als auch in der großtechnischen Anlage wurden folgende Taktzeiten verwendet: Temperaturregelung 20 s, Durchflußverhältnisregelung 0,25 s. Eine weitere Erhöhung der Taktzeiten war aus Gründen der Stabilität des Systems nicht möglich.

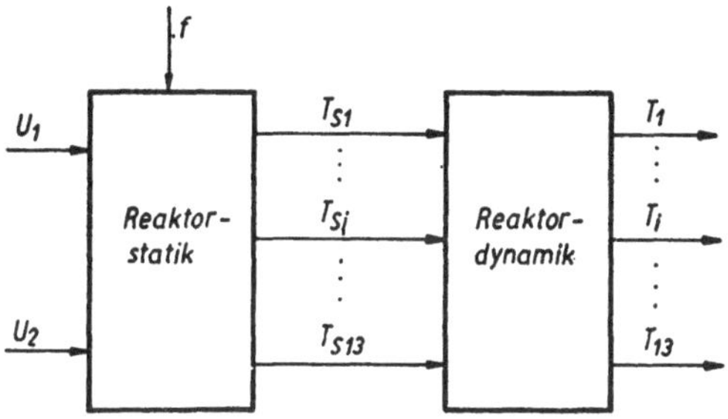

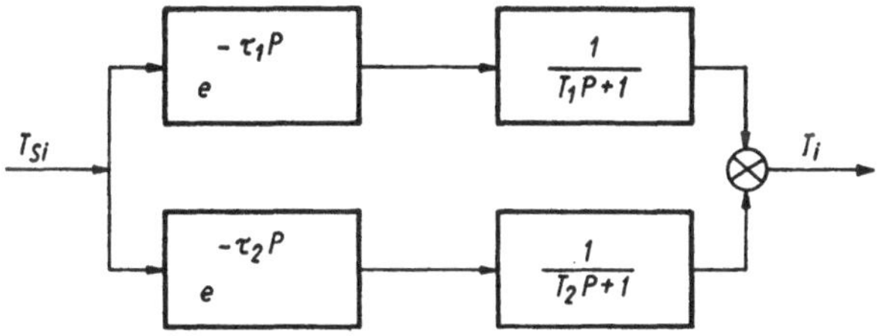

Abb. 4: Approximation des Reaktormodells.

Um die Rechenzeit bei der Bestimmung der optimalen Parameter der Regelalgorithmen in sinnvollen Grenzen zu halten war es notwendig, das Reaktormodell zu vereinfachen. Dabei wurde von dem vollständigen mathematischen Modell eines chemischen Reaktors ausgegangen.

Dieses vollständige Modell in Form eines Systems partieller Differentialgleichungen wurde digital simuliert und anschließend in Form einer Hintereinanderschaltung eines nichtlinearen statischen Modells und eines linearen dynamischen Modells approximiert (siehe Abb. 4). Dieses approximierte Modell bildete dann die Grundlage für die Optimierung der Regelparameter.

4. Lösung von Steuerungsaufgaben durch einfache Vorwärtsrechnungen

In vielen Fällen gelingt es, durch eine genaue Prozeßanalyse die Steuerungsaufgaben, die die Lösung einer bestimmten Optimierungsaufgabe zum Inhalt haben, so zu vereinfachen, daß diese Aufgaben durch einfache Vorwärtsrechnungen zu lösen sind. Eine weitere Möglichkeit zur Vereinfachung besteht darin, daß durch Simulation die zu berechnenden Prozeßparameter durch Messungen bestimmt werden.

Am Beispiel des Entwurfs eines Algorithmus zur optimalen Rohstoffmischung bei der Synthesegaserzeugung wird gezeigt, wie Vorwärtsrechnungen zur Lösung von Steuerungsaufgaben eingesetzt werden können.

In [1] wurde die Aufgabe formuliert, durch eine entsprechende Rohstoffmischung entweder die maximale Menge an Synthesegas zu erzeugen oder, wenn die maximal erzeugbare Synthesegasmenge die im Ammoniakkreislauf verarbeitbare Synthesegasmenge übersteigt, bei minimalen Rohstoffkosten eine vorgegebene Synthesegasmenge zu erzeugen.

Durch Verwendung von einfachen Mengenbilanzgleichungen für die Synthesegaserzeugung ist es gelungen, folgende mathematische Aufgabenstellung zu formulieren:

$$G^*_{SG} = \max G_{SG} \frac{(n+1)(1-\gamma)\varrho \cdot V}{[\gamma + (\gamma+1)\, y_{CH_4} + 1]\, M_C + 0{,}5\,\dfrac{M_{H_2}}{n}} \tag{24}$$

$$\begin{aligned}
&V_{RS}, V_{DK}, V_{FG}\\
&V_{FG} \leqq V^{\circ}_{FG}\\
&V_{DK} \leqq V^{\circ}_{DK}\\
&V_{RG} \leqq V^{\circ}_{RG}\\
&V_{DK} \leqq 5\\
&2{,}3 \leqq V_{FG} \leqq 7{,}5\\
&\frac{G_{H_2}}{V_{FG}} \geqq 0.5\\
&3 \leqq \nu_{C/H_2} \leqq 4{,}2\\
&G_{CO_2}(V_{RG}, V_{DK}, F_{FG}, y_{CH_4}) \leqq A
\end{aligned} \tag{25}$$

Einzelne Koeffizienten in (24) und (25) werden wie folgt berechnet:

$$n = 2\,\frac{M_c}{M_{H_2}}\,\frac{(22{,}4\varrho + M_c)\,M_{H_2}}{(22{,}4\varrho - M_{H_2})\,M_c}$$

$$\varrho = \frac{V_{FG}}{V_{RS}}\,\varrho_{FG} + \frac{V_{RG}}{V_{RS}}\,\varrho_{RG} + \frac{V_{DK}}{V_{RS}}\,\varrho_{DK} \tag{26}$$

$$V = V_{DK} + V_{FG} + V_{RG}$$
$$\nu_{C/H_2} = \frac{(22{,}4\varrho - M_{H_2})\, M_C}{(22{,}4\varrho + M_C)\, M_{H_2}} \tag{26}$$

In den Gln. (24)—(26) wurden folgende Bezeichnungen verwendet:

G_{SG}	—	Molmenge an Synthesegas
n	—	Anzahl der H-Atome im Pseudokohlenwasserstoff des Gesamtrohstoffes
γ	—	H_2/N_2-Verhältnis im Synthesegas
	—	Dichte
V	—	Volumendurchsatz
A	—	die in der CO_2-Wäsche maximal auswaschbare CO_2-Menge
ν_{C/H_2}	—	C/H_2-Verhältnis
Y	—	CH_4-Konzentration im Synthesegas
$FG°, DK°, RG°$	—	maximal zur Verfügung stehende Mengen der Einsatzprodukte
G_{H_2}	—	Menge des freien Wasserstoffs
M	—	Molgewicht
RG, DK, FG, C, H_2	—	Indices für Rohgas, Raffinationsüberschußgas, Flüssiggas, Kohlenstoff, Wasserstoff.

Wenn G^*_{SG} größer ist als die im Ammoniakkreislauf verarbeitbare Synthesegasmenge ($G^*_{SG} > \mathring{G}_{SG}$) dann wird aus (26) folgende zusätzliche Nebenbedingung abgeleitet:

$$G_{SG} = \mathring{G}_{SG} \tag{27}$$

Als neue Zielfunktion, die zu minimieren ist, erhält man:

$$F = g_{DK} V_{DK} + g_{FG} V_{FG} + g_{RG} V_{FG}, \tag{28}$$

wobei g_{DK}, g_{FG} und g_{RG} die Preise für die einzelnen Einsatzgase sind.

Die hier formulierte Aufgabenstellung ist ein typisches Problem der nichtlinearen Optimierung, wobei drei Steuervariable zu bestimmen sind. Als Hauptstörgrößen treten Variationen folgender Größen auf: $\mathring{v}_{DK}$, $\mathring{v}_{RG}$, ϱ_{DK}, ϱ_{RG}. Ein Vergleich der Charakteristika der Störgrößen und der Eigenschaften des Steuerungsobjektes ergab, daß eine Lösung dieser Optimierungsaufgabe mit den normalen Methoden der nichtlinearen Optimierung nicht möglich ist, da die dafür benötigte Rechenzeit den Echtzeitbetrieb verbietet. Das hat im wesentlichen folgende Gründe. Erstens ist zur Bestimmung von y_{CH_4} in Gl. (24) die Simulation des Gesamtmodells der Synthesegaserzeugung notwendig und zweitens nimmt die Lösung des Optimierungsproblems auf Grund des komplizierten Gütegebirges sehr viel Zeit in Anspruch. Darum wurden folgende Vereinfachungen vorgenommen:

1. Der Wert y_{CH_4} wird gemessen und in (24) und (25) eingesetzt.
2. Der Wert γ ist nur zu bestimmten Zeitpunkten meßbar, eine Berechnung ist zu aufwendig. Darum wird $\gamma = 3$ gesetzt. Das entspricht einem Mittelwert, von dem nur in einem Maße abweicht, das für den konkreten Algorithmus unwesentlich ist.

3. Es wurde eine genaue Analyse der Optimierungsaufgabe durchgeführt. Es zeigte sich, daß im gesamten Bereich der Störgrößenvariation im Optimum gilt:

$$V_{RG}^{\text{opt}} = V_{RG}^{\circ} \tag{29}$$

$$V_{DK}^{\text{opt}} = \begin{cases} 5, & \text{wenn} \quad V_{DK}^{\circ} \geqq 5, \ \nu_{C/H_2} \geqq 2{,}3 \\ V_{DK}^{\circ}, & \text{wenn} \quad V_{DK}^{\circ} \leqq 5, \ \nu_{C/H_2} \geqq 2{,}3 \end{cases} \tag{30}$$

Wenn in (30) die Bedingung $\nu_{C/H_2} \geqq 2{,}3$ nicht erfüllt werden kann, so wird V_{DK}^{opt} aus der Gleichung

$$\nu_{C/H_2} = 2{,}3 \tag{31}$$

bestimmt.

Das optimale V_{FG}^{opt} entspricht dem Wert von V_{FG}, der an der Grenze des durch folgende Ungleichungen bestimmten Gebietes liegt (variiert wird nur V_{FG})

$$\nu_{C/H_2} \leqq 4{,}2 \tag{32}$$

$$\frac{G_{H_2}}{V_{FG}} \geqq 0{,}5 \tag{32}$$

$$G_{CO_2} \leqq A$$

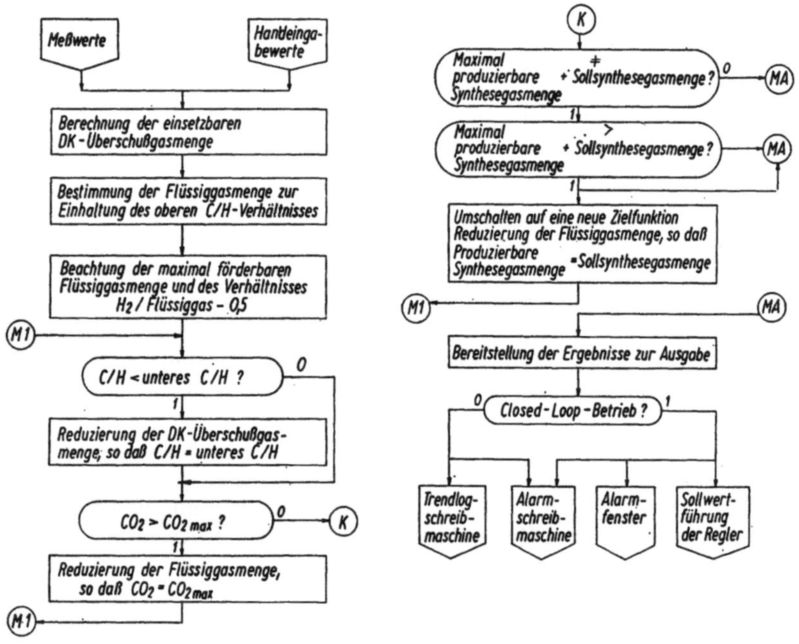

Abb. 5: **Grobflußbild zum Rohstoffmischungsalgorithmus.**

Die Gln. (29) bis (32) stellen die Beziehungen dar, auf deren Grundlage der Algorithmus entworfen wurde, nachdem im Echtzeitbetrieb die optimalen Werte für V_{FG}, V_{RG} und V_{DK} bestimmt wurden (bei $G^*_{SG} \leqq G^\circ_{SG}$).

Ist hingegen $G^*_{SG} > G^\circ_{SG}$, dann ist die oben bereits beschriebene Aufgabenstellung mit der Zielfunktion (28) zu lösen, wobei ebenfalls durch eine ausführliche Analyse dieser Aufgabenstellung wesentliche Vereinfachungen erreicht wurden. Die Lösung nach dem hier beschriebenen Algorithmus benötigt ungefähr 45 s auf dem Rechner ICL 4130 und 3148 Speicherplätze [5]. Durch die Messung von y_{CH_4} entspricht die hier beschriebene Verfahrensweise einem Iterationsalgorithmus. Ein Vergleich dieses Algorithmus mit einem Algorithmus, der auf die Messung von y_{CH_4} verzichtet, ergab, daß der oben beschriebene Iterationsalgorithmus dem Algorithmus unter Verwendung eines Simulationsmodells bezüglich der Rechenzeit und des benötigten Speicherplatzes überlegen war. Trotz der Verwendung eines Iterationsalgorithmus zur Bestimmung der optimalen Steuervariablen kann auf Variationen der Störgrößen praktisch verzögerungsfrei reagiert werden.

Eine Untersuchung mit Hilfe der in [2] beschriebenen Methodik zur Abschätzung der Effektivität eines Steuerungsalgorithmus ergab, daß der Iterationsalgorithmus die Effektivitätsreserven des Systems besser ausschöpft.

Das Prinzipschema der hier behandelten Algorithmen ist auf Abb. 5 dargestellt.

5. Ausarbeitung von Algorithmen zur statischen Optimierung

Bei der Ableitung und Reduktion von Steuerungsaufgaben werden für einzelne Anlagenteile Aufgaben der statischen Optimierung formuliert (siehe [1]). Es existieren folgende Varianten für die Lösung derartiger Aufgabenstellungen in Prozeßsteuerungssystemen:

1. Lösung der Optimierungsaufgabe unter Verwendung eines vollständigen mathematischen Modells im Echtzeitbetrieb.
2. Verwendung stark vereinfachter lokaler mathematischer Modelle für begrenzte Arbeitsbereiche. In diesem Fall wird die Optimierungsaufgabe oft analytisch im Echtzeitbetrieb gelöst.
3. Im voraus (vor der Nutzung im Echtzeitbetrieb) wird mit Hilfe des vollständigen mathematischen Modells die Optimierungsaufgabe für mehrere Punkte im Raum der Störgrößen gelöst („Voroptimierung“).
   Unter Einsatz von Optimierungsmethoden werden zum einen für die hier erwähnten Punkte im Raum der Störgrößen die optimalen Steuergrößen berechnet und zum anderen wird eine Approximation der Abhängigkeit der optimalen Steuergrößen von den Störgrößen mit Hilfe der optimalen Versuchsplanung vorgenommen.
   Im Echtzeitbetrieb werden dann lediglich unter Verwendung der approximierenden Gleichung durch einfache Vorwärtsrechnung die optimalen Steuergrößen bzw. Sollwerte bestimmt.
4. Lösung der Optimierungsaufgaben durch Suche des Optimums unter Verwendung der Möglichkeiten des Prozeßrechners unmittelbar am Steuerungsobjekt.

In der Praxis werden auch oft Kombinationen dieser Varianten verwendet.

An zwei Beispielen (Statische Optimierung eines Rohrreaktors und eines Mehrschichtreaktors zur Ammoniaksynthese) wurde untersucht, in welcher Form eine Lösung der Optimierungsaufgabe im Echtzeitbetrieb vorgenommen werden kann.

Die Optimierungsaufgabe für einen Rohrreaktor zur Ammoniaksynthese wurde in [6] formuliert.

Diese Aufgabenstellung gilt im Prinzip auch für die statische Optimierung eines Mehrschichtreaktors zur Ammoniaksynthese.

Zuerst wurde die Variante 4 untersucht, weil das von grundsätzlicher Bedeutung für die Anwendung mathematischer Modelle bei der Optimierung ist. In Frage kommen sowohl aktive als auch passive Methoden zur Bestimmung des Optimums. Verfahrenstechnische Systeme insgesamt (und für die beiden vorliegenden Beispiele gilt das besonders) verfügen über derartige Relationen der dynamischen Eigenschaften der Störgrößen und der Objekteigenschaften, daß für die Bestimmung des Optimums mit passiven Methoden zu viel Zeit benötigt wird, als daß nennenswerte ökonomische Effekte zu erzielen wären. Es käme also nur die Anwendung aktiver Versuche in Frage (Einsatz von sogenannten Extremalsystemen).

Die Eigenschaften des Steuerungsobjektes und der Störgrößen waren auch für diesen Fall solche, daß eine direkte Suche am Prozeß nicht zu empfehlen war. Dabei wurde davon ausgegangen, daß die Kanäle „Steuergröße—Zielfunktion" durch eine Reihenschaltung eines Trägheitsgliedes 1. Ordnung mit der Übertragungsfunktion

$$W(p) = \frac{e^{-\tau p}}{1 + Tp} \tag{33}$$

und eines nichtlinearen statischen Gliedes, das als Polynom zweiten Grades beschrieben werden kann, beschrieben werden.

Als Beispiel sollen die Ergebnisse angeführt werden, die bei der Untersuchung des Mehrschichtreaktors erzielt wurden. Hierbei ist davon auszugehen, daß es durch eine intensive Prozeßanalyse gelungen ist, das Steuerungsproblem auf die Auswahl des Durchsatzes durch den zweiten Bypaß zu reduzieren, der die Austrittstemperatur aus der ersten Katalysatorschicht maximiert.

Selbst wenn wir einen zeitoptimalen Suchalgorithmus auf dem Prozeßrechner realisieren, gilt folgende Ungleichung [7]:

$$\Delta Z_{A\min} > \frac{\partial Z_A}{\partial T_{A1}} \Delta T_{A t\min} \geqq \frac{\partial Z_A}{\partial Z_{A1}} 3\sigma^2_{T_{A1}} \tag{34}$$

Z_A — Ammoniakkonzentration am Reaktoraustritt
T_{A1} — Temperatur am Austritt aus der ersten Schicht
$\Delta Z_{A\min}$ — minimale Suchverluste
$\Delta T_{A t\min}$ — minimale mögliche Empfindlichkeitsschranke des Extremregelsystems
∂T_A — Sensibilität der Ammoniakaustrittskonzentration

∂T_{A1} — des Reaktors bei Variation der Temperatur am Austritt aus der ersten Schicht
$\sigma^2_{T_{A1}}$ — Streuung des Meßfehlers

Unter Verwendung der entsprechenden mathematischen Beziehungen [8] und bei einer Streuung im Meßkanal von 0,25 grd² trennen selbst unter günstigsten Umständen durch die Anwendung eines Extremregelsystems Optimierungsverluste von 10% bezogen auf die theoretisch mögliche Erhöhung der Ammoniakausbeute (oder 480 t Ammoniak pro Jahr) auf Ähnliche. Ergebnisse waren auch bei der Steuerung anderer Prozesse zu verzeichnen. Darüber hinaus wurde an mehreren Beispielen nachgewiesen, daß bei den für verfahrenstechnische Prozesse typischen Verhältnissen zwischen den dynamischen Eigenschaften des Störgrößen- und des Steuerungsobjektes zusätzliche Verluste von 20% bis 40% auftreten (in Abhängigkeit vom verwendeten Suchalgorithmus und von den konkreten Objekteigenschaften).

Die Untersuchungen haben also gezeigt, daß für die Prozeßsteuerung verfahrenstechnischer Systeme in der überwiegenden Mehrzahl der Fälle die Modellmethode (Variante 1, 2 oder 3) anzuwenden ist. Bei Verwendung der einzelnen Varianten der Modellmethode kann in der Praxis davon ausgegangen werden, daß für den Fall, daß das Prozeßrechnersystem neben der Meßwerterfassung nur diese eine Steuerungsaufgabe (Optimierung des Rohr- bzw. Mehrschichtreaktors) zu lösen hat, bereits eine Sättigung in Hinblick auf den Effektivitätszuwachs bei Erhöhung der Optimierungsfrequenz zu verzeichnen ist. Die gesammelten praktischen Erfahrungen zeigen, daß selbst bei mehreren Optimierungsaufgaben ebenfalls unter Ausnutzung aller Möglichkeiten der Prozeßrechner oft eine Sättigung zu verzeichnen ist (siehe auch [2]).

Außerdem ist festzustellen, daß die Rechenzeit, die benötigt wird, um mit einer Frequenz zu optimieren, bei der gerade eine Sättigung bezüglich der Optimierungsverluste eintritt, für jede der hier betrachteten Varianten eine wichtige Grundlage für die Einschätzung ihrer Effektivität ist. Die bei der unmittelbaren Steuerung benötigte Rechenzeit setzt sich aus folgenden Komponenten zusammen:

$$R = R_N' + R_N'' + R_A + R_C \tag{35}$$

R_N' — Rechenzeit für die Nachführung des vollständigen Modells
R_N'' — Rechenzeit für die Nachführung des vereinfachten Modells
R_A — Rechenzeit für die Approximation der Abhängigkeit des optimalen Steuervektors vom Störgrößenvektor
R_C — Rechenzeit für die Optimierung (entweder Optimierung unter Verwendung des mathematischen Modells oder unter Ausnutzung der approximierenden Gleichung für den optimalen Steuervektor)

In diesem Zusammenhang sei darauf hingewiesen, daß die R_N', R_N'' und R_A in den einzelnen Varianten immer so gewählt werden sollten, daß vollständige Adäquatheit des Modells bzw. eine gute Approximation gewährleistet sind.

Frei wählbar ist damit nur R_0. Alle Versuche, durch nur teilweise Adäquatheit zusätzliche ökonomische Effekte durch Rechenzeitgewinne zu erzielen, haben sich als nicht erfolgreich erwiesen, weil bei fehlender Adäquatheit in verfahrenstechnischen Systemen die Rechenergebnisse zu stark vom Optimum abweichen.

Tab. 1 zeigt die Rechenzeiten der einzelnen Varianten unter Berücksichtigung von (35).

Tabelle 1: Benötigte Rechenzeiten für die verschiedenen Steuerungsvarianten auf dem vorgegebenen Prozeßrechnersystem [5].

Variante	Rechenzeit/Jahr
1	584 Std.
2	120 Std.
3	10 Std.

Die Variante 3 benötigt also in diesem Fall die geringste Rechenzeit, was eindeutig für diese Variante spricht.

Hier ist zu bemerken, daß die Ergebnisse der theoretischen Untersuchungen zur Effektivität der einzelnen Varianten der Modellmethode nur Anhaltspunkte für eine Entscheidung in der Praxis liefern können. Folgende zusätzliche Gesichtspunkte spielen darüber hinaus eine wichtige Rolle:

- rechentechnische Möglichkeiten und Zuverlässigkeit der einzelnen Teile des zur Steuerung der Gesamtanlage eingesetzten Rechnersystems
- Qualität und Quantität des Kaderpotentials, das zur Lösung der einzelnen Aufgabenstellungen zur Verfügung steht
- Umfang der vorhandenen Bibliothek an Standardprogrammen.

In Tab. 2 sind die Vor- und Nachteile aller Varianten aufgeführt.

Für den Fall, daß die Steuerung eines Rohrreaktors eine Teilaufgabe bei der Steuerung einer Ammoniakfabrik ist und daß zur Realisierung der Steuerungsalgorithmen ein Rechnerhierarchiesystem zur Verfügung steht, ergeben sich für die dritte Variante folgende wichtige zusätzliche Vorteile, die die Ergebnisse der theoretischen Untersuchungen untermauern:

Die Echtzeitrechnungen, die nur in geringem Umfang durchzuführen sind, werden nur auf dem Satellitenrechner durchgeführt, was geringere Anforderungen an die Zuverlässigkeit des Rechnerhierarchiesystems stellt [5].

Es wurde also die Variante 3 zur Lösung der hier formulierten Steuerungsaufgabe angewendet.

In diesem Zusammenhang sei noch einmal auf die Arbeit [6] verwiesen, in der der Entwurf des Steuerungsalgorithmus entsprechend Variante 3 behandelt wird, wobei auch spezielle Probleme der Steuerung von Systemen mit verteilten Parametern betrachtet werden.

Tabelle 2: Vergleich verschiedener Steuerungsvarianten.

	Vorteile	Nachteile
Variante 1	geringer zusätzlicher Programmieraufwand für die Aufnahme in das Echtzeitsystem, Modellangleich nur bei Veränderung der Katalysatoreigenschaften und der Wärmeübertragungskoeffizienten	Notwendigkeit, ein für Echtzeitbedingungen kompliziertes Optimierungsverfahren anzuwenden; große Rechenzeiten für die Bestimmung des Optimums. Zur Lösung des Optimierungsproblems muß im Echtzeitbetrieb ein Rechner mit großen Speichermöglichkeiten vorhanden sein
Variante 2	Geringe Anforderungen an das Speicherplatzvolumen des Prozeßrechners; geringere Rechenzeit für die Lösung der Optimierungsaufgabe	Großer zusätzlicher Programmieraufwand bei Aufnahme des Steuerungsalgorithmus in das Echtzeitbetriebssystem; Modellangleich auch bei Änderungen der Regimeparameter notwendig
Variante 3	extrem geringe Anforderungen an Rechenzeit und Speicherplatz im Echtzeitregime	Großer Rechenzeitaufwand bei der „Voroptimierung"

6. Einsatz von Koordinierungsalgorithmen bei der Prozeßsteuerung

In [1, 4] wurden die Aufgaben der sogenannten Koordinierungsalgorithmen bei der Prozeßsteuerung allgemein formuliert. Die im weiteren zu behandelnden Klassen von Koordinierungsalgorithmen werden teilweise an Beispielen behandelt.

6.1. Algorithmen zur Bestimmng der Optimierungsfrequenz

Die in [2] beschriebenen Methoden zur Abschätzung der ökonomischen Effektivität der Steuerungsalgorithmen gestatten es, die zur Verfügung stehende Rechenzeit der Prozeßrechner optimal unter den einzelnen Optimierungsaufgaben zu verteilen. Dadurch gelingt es, die optimale Optimierungsfrequenz für die Lösung jeder Steuerungsaufgabe zu bestimmen. Die Methode [2] gestattet es, die Effektivität einer jeden Steuerung π in Abhängigkeit von der Optimierungsfrequenz $f = \frac{1}{T}$ zu ermitteln $(\pi = \pi(\lambda))$. Bezüglich der optimalen Optimierungsfrequenz wurden zwei Aufgaben gelöst.

Die erste Aufgabe bestand darin, daß die Optimierungsrechnungen auf dem Zentralrechner durchgeführt werden, der über große Rechenzeitreserven verfügt, die auch an andere Nutzer vergeben werden können. In diesem Fall setzt sich die Verlustfunktion aus den Verlusten zusammen, die durch die Abweichung vom Optimum auftreten $(\pi(\lambda))$ und aus den Kosten, die bei Durchführung der Optimierungsrechnungen auftreten $(C \cdot \Delta \cdot \lambda)$:

$$Q_i = \pi_i(f_i) + C\Delta_i \cdot \lambda_i \tag{36}$$

C — Preis der Rechenzeiteinheit
Δ_i — Rechenzeit für die Lösung der i-ten Optimierungsaufgabe
f_i — Frequenz mit der der Prozeßrechner das i-te Steuerungsobjekt optimiert

In diesem Fall besteht die Aufgabe des Koordinierungsalgorithmus also darin, das Optimum der Funktion (36) bezüglich F_i zu bestimmen, und zwar separat für jede Optimierungsaufgabe i:

$$Q_i{}^* = \min_{f_i} Q_i(f_i) \tag{37}$$

Die zweite Aufgabe bestand darin, daß bei begrenzter Rechenzeit des Prozeßrechnersystems eine optimale Verteilung derselben auf die einzelnen Steuerungsalgorithmen vorgenommen wird. In diesem Fall mußte folgende Aufgabenstellung gelöst werden:

$$Q^* = \min_{f_i} \sum_{i=1}^{N} \pi_i(f_i)$$

$$\text{bei} \quad \sum_{i=1}^{N} f_i \cdot \Delta_i = M, \tag{38}$$

N — Anzahl der Steuerungsobjekte
M — zur Verfügung stehende Rechenzeit

Die Aufgaben (37) und (38) wurden mit Hilfe von Methoden der nichtlinearen Optimierung gelöst.

Da die mathematische Erwartung des durch fehlende Optimierung entstehenden ökonomischen Verlustes monoton in Abhängigkeit von der Zeit anwächst, muß der Koordinierungsalgorithmus immer das Steuerungsobjekt i zur Optimierung auswählen, bei dem der Quotient

$$\gamma_i = \frac{\pi_i\left(\dfrac{1}{T_i}\right)}{i}$$

$$T_i = \sum_{\substack{j=1 \\ j\neq 1}}^{s} \Delta_j + \Delta_i \tag{39}$$

den größten Wert annimmt. (In Gl. (39) bedeutet s die Anzahl der Optimierungsaufgaben, die seit der letzten Optimierung des Steuerungsobjektes i

gelöst wurden.) Die Steuerung des Gesamtsystems hat also so zu erfolgen, daß zu jedem Zeitpunkt das Steuerungsobjekt ausgewählt wird, dessen Optimierung den größten ökonomischen Effekt für das Gesamtsystem ergibt, da der einmal eingetretene Verlust durch fehlende Optimierung durch keine andere Maßnahme kompensiert werden kann.

Der Koordinierungsalgorithmus ist dann

$$\gamma_i = \sup \gamma_j, \quad j = 1, 2, \ldots, N \tag{40}$$

N – Anzahl der Steuerungsobjekte

Aus (39) und (40) kann abgeleitet werden, daß solche Steuerungsobjekte i existieren können, die niemals der Bedingung (40) genügen. Das heißt, daß bei jedem Prozeßsteuerungssystem für die einzelnen Teilsteuerungsobjekte eine bestimmte Schranke $\bar{\pi}_{i0}$ bezüglich der Systemreserven $\pi_{i0} = \pi_i(0)$ besteht, die eine Optimierung dieses Teilsteuerungsobjektes i aus ökokomischen Gründen nicht zuläßt (bei $\bar{\pi}_{i0} > \pi_{i0}$). Diese Schranke $\bar{\pi}_{i0}$ hängt von den Eigenschaften des Teilsteuerungsobjektes ab.

Die Auswahl des Teilsteuerungsobjektes gemäß (40) setzt voraus, daß die zufälligen Störgrößen stationär bezüglich der mathematischen Erwartung und der Streuung sind. Das ist bei plötzlichen Regimeänderungen nicht der Fall. Das heißt also, daß in diesen Situationen die Teilsteuerungsobjekte mit Regimeänderungen vorrangig zu optimieren sind.

6.2. Algorithmen zur Situationserkennung

Die Grundgedanken bei der Anwendung von Algorithmen zur Situationserkennung bestehen im folgenden:

a) Die im verfahrenstechnischen System möglichen Zustände werden in mehrere Klassen eingeteilt (Klassifizierung der Anlagezustände). Diese Einteilung erfolgt mit dem Ziel, daß solche Klassen definiert werden, für die eine jeweils andere Struktur oder andere Parameter des Steuerungsalgorithmus anzuwenden sind.
Gerade dadurch kann es gelingen, die Rechenzeit für die Lösung der Steuerungsaufgabe wesentlich zu reduzieren. Die einzelnen Klassen können durch die Verwendung einer bestimmten Zielfunktion, durch die Aktivierung bestimmter Begrenzungen, durch bestimmte Eigenschaften des Steuerungsobjektes, die zu neuen mathematischen Modellen zur Beschreibung des Steuerungsobjektes führen, sowie durch die Existenz bestimmter Kombinationen von Störgrößen charakterisiert werden.
b) Die jeweilige in der Anlage auftretende konkrete Situation wird einer bestimmten Klasse zugeordnet. Diese Zuordnung geschieht nach einer gewissen Wahrscheinlichkeitsverteilung.
c) Der für eine bestimmte Klasse optimale Algorithmus wird durch den Koordinierungsalgorithmus aufgerufen und zur Abarbeitung freigegeben.
d) In Abhängigkeit von der Treffsicherheit beim Erkennen einer bestimmten Situation wird die entsprechende Klasse neugefaßt (Anwendung von Adaptionsalgorithmen).

Die hier allgemein formulierte Konzeption zur Anwendung von Situationserkennungsalgorithmen setzt voraus, daß die Klassifikation von Betriebssituationen möglich ist; d. h. die Unterteilung des Raumes X der möglichen Störgrößenvektoren x in eine endliche Anzahl N von Teilgebieten $\Delta_x \in X$, die bestimmten Anlagenzustände (z. B. einer bestimmten Anlagenschaltung, Notwendigkeit einer bestimmten Steuerung) entsprechen.

Oft kann die Situationsklassifikation anhand bestimmter binärer Informationen (Schaltzustände) direkt bzw. durch Ausführung einiger logischer Operationen erfolgen; in anderen Fällen kann es notwendig sein, Trennflächen $F(x)$ für die Unterscheidung der Teilgebiete Δ_x (Situationen) zu konstruieren, so daß aus

$$F_1(x) \geqq 0 \tag{41}$$

die Zugehörigkeit zur Situation 1 und aus

$$F_1(x) < 0 \tag{42}$$

die Zugehörigkeit zur Situation 2, 3, ... oder N folgt. Für die Bestimmung der Trennflächen auf Basis einiger bekannter Zuordnungen von Störgrößenvektoren zu „ihren" Situationen wurden Standardprogramme erarbeitet [9].

In den konkreten Fällen ist es oft möglich, die Zuordnung zu bestimmten Situationen mit einfachen Mitteln zu erreichen.

Vereinfachung von Optimierungsalgorithmen

In [6] wurde eine Optimierungsaufgabe für den Ammoniaksynthesereaktor formuliert. Als Nebenbedingung trat auf:

$$\Delta P \leqq \overline{\Delta P} \tag{43}$$

Diese Nebenbedingung wurde bei der „Voroptimierung" berücksichtigt und findet indirekt in der Approximationsgleichung, die zur Berechnung der optimalen Steuergrößen dient, seinen Niederschlag. Diese Gleichung besitzt jedoch eine bestimmte Unschärfe, die es notwendig macht, die Einhaltung dieser scharfen Nebenbedingung zusätzlich zu kontrollieren (bei Verletzung dieser Nebenbedingung kann der Reaktor stark beschädigt werden). Aus diesen Gründen wurde auf dem Prozeßrechner ein Koordinierungsalgorithmus programmiert, der bei Erfüllung der Bedingung

$$\Delta P \geqq \overline{\Delta P}$$

auf einen Algorithmus umschaltet, der durch Variation einer Steuergröße (unter Bypaßöffnung) den Differenzdruck ΔP auf den Wert $(\overline{\Delta P} - \varepsilon)$ stabilisiert (bezeichnet eine Sicherheitsschranke). Diese Stabilisierung wird eine bestimmte Zeit T durchgeführt. Danach schaltet der Koordinierungsalgorithmus auf den Optimierungsalgorithmus um. Sollte jedoch nach kurzer Zeit wiederum eine Verletzung der Differenzdruckbegrenzungen zu verzeichnen sein, so muß die Adäquatheit des mathematischen Modells, auf dessen Grundlage die Approximationsgleichungen gewonnen wurden, überprüft werden, um gegebenenfalls eine Modellnachführung durchzuführen.

Vereinfachung von Stabilisierungsalgorithmen

Im Abschnitt 3. wird ein Steuerungsalgorithmus beschrieben, bei dem in Abhängigkeit von der konkreten Situation (Verletzung einer bestimmten Begrenzung) von einem Koordinator ein anderer Algorithmus eingeschaltet wird. (Näheres siehe im Abschnitt 3.). Hierbei geht es um die Stabilisierung des H_2/N_2-Verhältnisses im Ammoniakkreislauf.

Optimale Rohstoffmischung in der Synthesegaserzeugung

Bei der Steuerung der Rohstoffmischung wird durch einen Koordinator von einer Zielfunktion auf die andere umgeschaltet. (Näheres siehe Abschnitt 4.).

6.3. Anwendung von Kompensationsalgorithmen

In [1, 4] wurde bereits erwähnt, daß durch die Anwendung von Kompensationsalgorithmen Optimierungsverluste, die durch Dekomposition der globalen Steuerungsaufgabe auftreten, weitgehend eingeschränkt werden können. Die Möglichkeiten sind hier sehr vielfältig. So ergibt sich zwischen dem in Abschnitt 4. beschriebenen Algorithmus zur optimalen Rohstoffmischung und dem in Abschnitt 3. dargestellten Algorithmus zur Stabilisierung des optimalen H_2/N_2-Verhältnisses eine Kopplung derart, daß bei Änderung der Synthese eine Störung des H_2/N_2-Verhältnisses erfolgt. Unter Verwendung des mathematischen Modells der Synthesegaserzeugung ist es möglich, den Wert zu berechnen, um den sich das H_2/N_2-Verhältnis am Ausgang der Synthesegaserzeugung ändert, wenn eine Änderung der Rohstoffmenge erfolgt. Daraus ergibt sich dann folgende Gleichung, nach der der Kompensationsalgorithmus den Wert der Prozeßluftmengenänderung berechnet, um eine Beeinflussung des Mittelwertes des H_2/N_2-Verhältnisses im Ammoniakkreislauf zu verhindern (auf Grund der großen Trägheit dieses Kreislaufes war es ausreichend, eine statische Kompensation durchzuführen):

$$V_{PL} = 0{,}317114\,(V_{SG} - V_{SG}^{CH_4}) \tag{44}$$

V_{PL} — Prozeßluftmenge
V_{SG} — die Synthesegasmenge (wird nach Formel (24) berechnet), $V_{SG}^{CH_4}$—die Methanmenge im Synthesegas (wird gemessen)

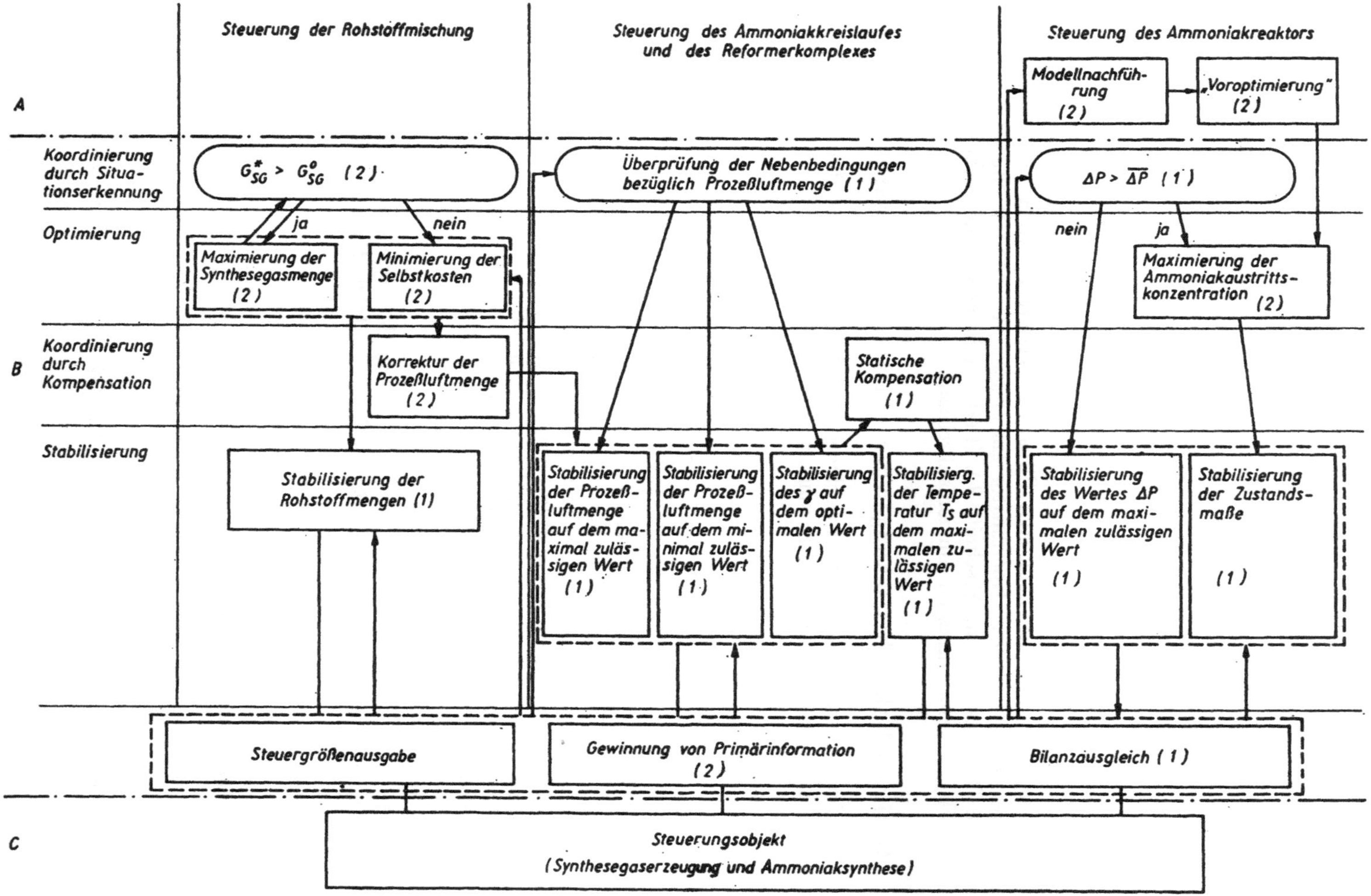

Abb. 6: **Darstellung des Gesamtalgorithmus.**

7. Darstellung des Gesamtalgorithmus

Alle in diesem Artikel entwickelten Steuerungsalgorithmen wurden beim Entwurf eines Prozeßsteuerungssystems für die Synthesegaserzeugung und die Ammoniaksynthese verwendet.

Abb. 6 zeigt die allgemeine Struktur des Gesamtalgorithmus zur Steuerung dieser chemischen Anlagen. Bei jedem Einzelalgorithmus ist angegeben, ob eine Abarbeitung auf dem untersten Rechner (1) oder auf dem Zentralrechner erfolgt (2). Die Struktur des Rechnersystems ist in [5] dargestellt. Außerdem ist angegeben, in welchem Abschnitt dieses Artikels bzw. in welchen anderen Arbeiten dieser Teilalgorithmus beschrieben wird (z. B. V. 4, [6]). Die Ebene *A* enthält die Algorithmen, die überwiegend im off-line-Regime abgearbeitet werden können, während die Ebene *B* alle die Algorithmen vereinigt, die eine überwiegende Abarbeitung im on-line-Regime erfordern. Die Ebene *C* bezeichnet das Steuerungsobjekt. Die mit gestrichelten Linien zusammengefaßten Algorithmen sind solche, über deren Abarbeitung ein Situationserkennungsalgorithmus entscheidet (es wird nur immer ein Algorithmus verwendet).

Für die Zuordnung der einzelnen Algorithmen zu den Rechnern (1) oder (2) waren im wesentlichen folgende Gesichtspunkte maßgebend:

- Notwendigkeit der Durchführung von Gleitkommaoperationen
- Notwendigkeit, eine große Menge gespeicherte Daten zu verwenden
- Frequenz, mit der der einzelne Algorithmus abzuarbeiten ist
- Anforderungen an die Zuverlässigkeit, mit der ein Algorithmus aufgerufen und abgearbeitet werden muß.

8. Literatur

[1] BALZER, D.: „Ableitung von Steuerungsaufgaben für Prozeßsteuerungssysteme". Im vorliegenden Sammelband.

[2] BALZER, D., REINIG, G.: „Abschätzung der ökonomischen Effektivität von Prozeßsteuerungsalgorithmen". Im vorliegenden Sammelband.

[3] Autorenkollektiv: „*Analyse und Steuerung von Prozessen der Stoffwirtschaft*". Gemeinschaftsausgabe Akademie-Verlag, Berlin, und Verlag für Grundstoffindustrie, Leipzig, 1971.

[4] DAMERT, K., BALZER, D., REINIG, G.: „*Nichtlineare Optimierung und Prozeßsteuerung*". Akademie-Verlag, Berlin 1976.

[5] BALZER, D., HARTMANN, K., ILJIN, B. W., REINIG, G.: „Zu einigen Ergebnissen und Erfahrungen beim Entwurf und bei der Realisierung von Prozeßsteuerungssystemen". Chem. Techn., Heft 5, 1975.

[6] BALZER, D., ILJIN, B. W., REINIG, G.: „Optimale Steuerung eines Rohrreaktors". Im Sammelband „*Automatisierte Steuerung kontinuierlicher Produktionsprozesse*". Akademie-Verlag, Berlin, 1975.

[7] LIBERSON, L. M., RODOV, A. B.: „*Extremalsysteme*". Automatisierungsbibliothek, Ausg. 154, Verlag Energija, Leningrad, 1965 (russ.).

[8] Lutschutenkov, S. P.: Dissertationsschrift, TH Merseburg, 1975.
[9] Fomin, F. A., Lezki, E. K., Reinig, G.: „Anwendung von Klassifikationsmethoden bei experimentellen Untersuchungen". msr 15, 1972, Heft 11.
[10] Balzer, D., Lezki, E. K., Pawlack, P., Reinig, G.: „Nachführung theoretischer Modelle von technologischen Prozessen". Im Sammelband „*Automatisierte Steuerung kontinuierlicher Prozesse*". Akademie-Verlag, Berlin 1975.

Optimierung verfahrenstechnischer Systeme

(M. Grauer, K. Hartmann)

Резюме:

Даётся подробный обзор методов оптимизации химико-технологических систем. Описываются алгоритмы для решения задач оптимизации без ограничений и с ограничениями.

Даётся сравнительная оценка всех методов. Примеры иллюстрируют сделанные в статье выводы.

Summary

In the contribution a survey of solution methods in the elaboration of optimization problems of structure synthesis, design and control of chemical process systems is given. From these optimization problems arise tasks of non-linear programming, optimization with uncertainty and mixed-integer optimization. With the optimization methods the strategic conception of solutions is decribed and discussed. The optimization methods and the algorithms for a numeric finding of solutions are obtained and evaluated. The end is a short analysis of application examples of optimization of chemical process systems.

1. Einleitung

Ziel der Gestaltung und Steuerung verfahrenstechnischer Systeme ist, Anlagen mit optimalen Eigenschaften zu entwerfen und unter optimalen Betriebsbedingungen zu betreiben. Die Realisierung dieser Forderungen ist mit der Anwendung von Optimierungsmethoden, die die Ermittlung der optimalen Werte der variierbaren Größen, bei denen eine gewählte Zielfunktion ihr Extremum erreicht, verbunden. Voraussetzung zur Lösung dieser Aufgabenstellung ist die vorherige Modellierung des verfahrenstechnischen Systems, die Schaffung der Voraussetzungen zur Simulation, d. h. Berechnung des Systems, da nur diese Vorgehensweise Grundlage für eine allgemeingültige Methodik zur Optimierung verfahrenstechnischer Systeme bildet. Einen Überblick über Stand und Probleme der Modellierung und Simulation verfahrenstechnischer Systeme wurde in [A. 1] gegeben. Die Anwendung experimenteller und automatischer Methoden zur Optimierung von in Betrieb befindlichen verfahrenstechnischen Systemen wird hier nicht behandelt. Geeignete Methoden dieser Vorgehensweise sind in [A. 2—4] beschrieben.

Die Optimierung verfahrenstechnischer Systeme setzt die Lösung des

Bewertungsproblems voraus, d. h. die Auswahl und die Festlegung von Zielgrößen und die Aufstellung der Zielfunktion, d. h. des mathematischen Zusammenhanges zwischen zu extremierender Zielgröße und variierbaren Größen sowie den anderen Variablengruppen und Parametern. Die Bewertung selbst ist nicht Gegenstand der vorliegenden Übersicht.

Auch Fragestellungen der linearen Optimierung, die z. B. beim Aufbau von Stoffverbundsystemen, bei der Untersuchung von Transport- und Verteilungsproblemen in verfahrenstechnischen Systemen erwachsen, werden in dem Beitrag nicht behandelt. Die entsprechenden Optimierungsmethoden und -verfahren sind grundsätzlich von der mathematischen Problemstellung her entwickelt und Schwierigkeiten erwachsen meist nur bei der Aufbereitung konkreter technischer Aufgaben.

2. Formulierung der Optimierungsaufgaben

Verwendet man die im Punkt 7 angeführten Bezeichnungen, so besteht zwischen einer allgemeinen Zielgröße J (stoffliche oder energetische Wirkungsgrade, Kosten, Gewinn u. a.) und den unterschiedlichen Variablengruppen folgender Zusammenhang, der als Zielfunktion bezeichnet wird:

$$J = J(x, y, u, a, z, t, p, d) \tag{1}$$

Zur Formulierung des Optimierungsproblems sind die Nebenbedingungen anzugeben. Sie bestehen aus zwei Gruppen:

$$M(x, y, u, a, z, t, p, d) = 0 \tag{2}$$

Diese Gleichungen charakterisieren die Elementmodelle.

$$N(x, y, u, a, z, t, p, d) \geqq 0 \tag{3}$$

Diese Gleichungen stellen die eigentlichen Nebenbedingungen für die einzelnen Variablengruppen in expliziter oder impliziter Form dar.

Die Zielfunktion (1) repräsentiert den Zusammenhang zwischen Zielgröße und den Variablengruppen. Ist in Gl. (1) die Zeit t explizit enthalten, so handelt es sich um die Optimierung dynamischer Systeme, d. h. um solche Optimierungsaufgaben, wie optimale Umsteuerung von einem stationären Zustand in einen anderen, optimales An- und Abfahren einer Anlage, optimale Steuerung zyklischer bzw. satzweise arbeitender Prozesse, optimale Regelung u. a. Bei Optimierungsaufgaben, in denen in (1) bis (3) die Zeit t explizit nicht eingeht, besteht das Problem in der Optimierung des stationären oder statischen Zustandes des Systems. Eine gewisse Zwischenstellung nehmen quasistationäre Systeme ein.

Je nach der Wirkungsweise der Störgrößen z führt die Aufgabenstellung (1) bis (3) auf Probleme der stochastischen oder determinierten Optimierung.

Ein stochastisches Optimierungsproblem liegt vor, wenn der Einfluß der Störgrößen oder anderer Variablengruppen in Form von Verteilungsfunktionen berücksichtigt werden muß. Ist der Einfluß der Störgrößen zu vernachlässigen oder kann man mit konstanten Mittelwerten arbeiten, so läßt sich die Optimierungsaufgabe auf das einfachere Problem der determinierten Aufgabe (Optimierung) reduzieren.

Die variierbaren Größen eines verfahrenstechnischen Systems setzen sich (je nach Aufgabenstellung) aus variierbaren Eingangsgrößen des Systems, den Steuervariablen und den Entwurfsvariablen der Elemente (z. B. Hauptabmessungen) sowie den Strukturvariablen zusammen. Ihre Gesamtheit soll als Entscheidungsvektor bezeichnet werden. Die Dimension dieses Entscheidungsvektors kann für große und komplexe verfahrenstechnische Systeme außerordentlich hoch werden. Aus diesen Gründen ist eine Reduzierung der Dimension des Optimierungsproblems von entscheidender Bedeutung. Zwei Vorgehensweisen führen zu einer möglichen Reduzierung der Dimension der ursprünglichen Optimierungsaufgabe:

1. Dekompositionsmethoden
2. Verfahren zur Vereinfachung der Zielfunktion, der Modellgleichungen und der Nebenbedingungen.

Beide Vorgehensweisen werden häufig auch kombiniert angewendet. Im weiteren soll nur auf die Dekomposition näher eingegangen werden.

Dekomposition verfahrenstechnischer Systeme und Aufgabenstellungen:

Die Zerlegung einer Gestaltungsaufgabe bzw. des verfahrenstechnischen Systems selbst kann auf folgende zwei Arten erfolgen:

— Horizontale Dekomposition des Systems durch Bildung von elementfremden Teilsystemen, die global oder mit Hilfe anderer Methoden optimiert werden. Die optimalen Lösungen der Teilsysteme müssen durch spezielle Koordinationsalgorithmen so zu einem funktionierenden Gesamtsystem zusammengefügt werden, daß die Gleichungen (1) bis (3) erfüllt sind. Dieses Vorgehen ist schematisch in Abb. 1 dargestellt.

Die horizontale Dekomposition wird begünstigt durch die vielfach in additiver Form vorliegende Zielfunktion

$$J = J(x, y, u, z, t, p) = \sum_{i=1}^{N} J_i(x_i, y_i, u_i, z_i, t, p_i). \tag{4}$$

Bei der Verwendung monetärer Zielgrößen wie Kosten, Gewinn, u. a. läßt sich immer die Form (4) erreichen.

Durch Berücksichtigung der unterschiedlichen Elementtypen im System (Eingangs- und Ausgangsrandelemente, innere Elemente), die formale Substitution von y durch die Auflösung von (2) nach y und Einsetzen in

(1), sowie die formale Gleichbehandlung von Steuer- und Entwurfsvariablen sowie variierbaren Eingangsgrößen, die Vernachlässigung der Wirkung der Störgrößen sowie die Reduzierung auf statische Optimierungsprobleme, läßt sich die Zeilfunktion (4) formal wie folgt angeben [A. 5]:

$$J = J(x) = \sum_{i=1}^{N} J_i(x_i). \tag{4a}$$

Von dieser Darstellungsform wird bei der Übersicht über Optimierungsmethoden und -verfahren im weiteren stets Gebrauch gemacht.

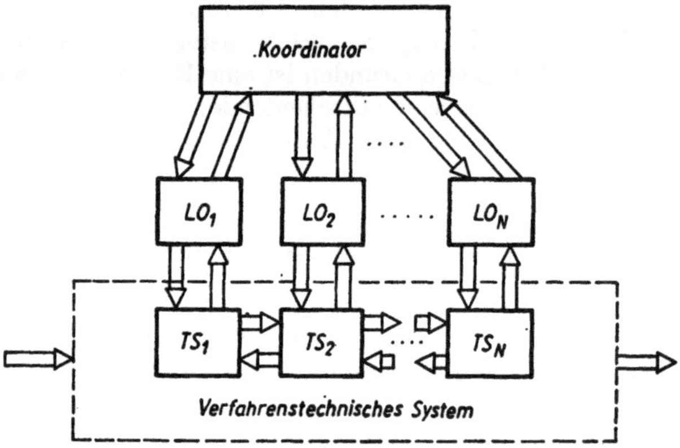

Abb. 1: Horizontale Dekomposition eines Optimierungsproblems.
TS_i – Teilsystem i LO_i – Lösung der lokalen Optimierungsprobleme

– Vertikale Dekomposition des Optimierungsproblems, d. h. sukzessive Lösung der einzelnen Gestaltungsaufgaben, beginnend mit der Strukturoptimierung als Aufgabe zur Ermittlung der optimalen Struktur, Auslegungsoptimierung als Aufgabe zur Ermittlung der optimalen Hauptabmessungen und technologische Optimierung (optimale Steuerung) als Aufgabe zur Ermittlung der optimalen Steuervariablen. Infolge der Verknüpfung der einzelnen Variablengruppen in der Optimierungsaufgabe (1) bis (3) führt diese vertikale Dekomposition ebenfalls zu keinem Geradeausverfahren zur Erfüllung des Optimierungszieles (1), sondern erfordert ebenfalls ein iteratives Vorgehen, ähnlich der Koordinationsaufgabe bei der horizontalen Dekomposition.

In Abb. 2 ist das Vorgehen bei der vertikalen Dekomposition für das Entwurfsproblem schematisch dargestellt.

Zur näheren Charakterisierung der bei der Lösung der Optimierungsaufgabe auftretenden Probleme werden die einzelnen Aufgabenstellungen nach steigendem Schwierigkeitsgrad näher behandelt:

1. Optimale Steuerung (bzw. technologische Optimierung)

$$J(x, y, u', z, d_0, a_0, p, t) \rightarrow \text{Extremum} \tag{1a}$$

$$M(x, u', y, z, d_0, a_0, p, t) = 0 \tag{2a}$$

$$N(x, y, u', z, d_0, a_0, p, t) \geqq 0. \tag{3a}$$

Bei dieser Optimierungsaufgabe liegen sowohl die Strukturvariablen als auch die Entwurfsvariablen fest. Als Entscheidungsvariablen treten allein die variierbaren Systemeingänge und die Steuervariablen der Elemente u' auf. Schwierigkeiten können dadurch auftreten, daß die Wirkung der Stör-

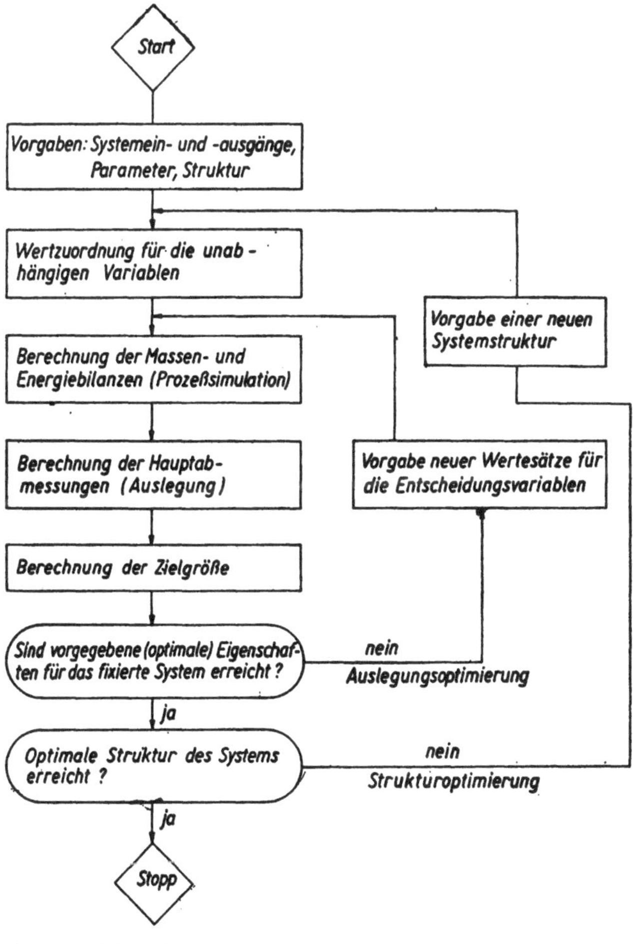

Abb. 2: Ablauf des Entwurfsprozesses.

größen z und das dynamische Verhalten spezieller Elemente sowie die Zeit in der Zielfunktion berücksichtigt werden müssen. Bei vielen Aufgabenstellungen kann jedoch der Störgrößeneinfluß vernachlässigt und außerdem das System als stationär betrachtet werden. Viele der Nebenbedingungen (3a) reduzieren sich bei dieser Aufgabe auf Nebenbedingungen des Typs

$$a \leqq x \leqq b \tag{5}$$

außerdem sind die Entscheidungsvariablen meist stetig. Allerdings muß der oft beschränkte Gültigkeitsbereich der Elementenmodelle berücksichtigt werden.

2. Auslegungsoptimierung

$$J(x, y, d, u', a_0, p) \to \text{Extremum} \tag{1b}$$

$$M(x, y, u', d, a_0, p) = 0 \tag{2b}$$

$$N(x, y, u', d, a_0, p) \geqq 0. \tag{3b}$$

Bei dieser Aufgabenstellung sind nur die Strukturvariablen a_0 fixiert, die optimalen Werte der Entwurfs- und Steuervariablen sind zu bestimmen. Die Störgrößen z können in der Regel vernachlässigt werden, da meist noch keine Informationen über deren Verteilungen vorliegen. Allerdings ist es bei speziellen Aufgabenstellungen zweckmäßig, Unsicherheiten und Unbestimmtheiten der Parameter und zu erwartender Schwankungen der Steuer- und Eingangsvariablen zur Festlegung optimaler Entwurfsgrößenzuschläge als „Optimierungsproblem unter Berücksichtigung von Unsicherheiten" in die Optimierung mit einzubeziehen [D. 1]. Einige der Entwurfsvariablen d können diskrete Größen darstellen (z. B. Anzahl der Böden einer Kolonne, Typenreihen bei Verwendung von Standardausrüstungen usw.). Um die Schwierigkeiten gemischt-ganzzahliger Optimierungsprobleme zu umgehen, können diese Variablen jedoch ohne besondere Schwierigkeiten bei der Optimierung als stetig betrachtet und nach erfolgter Optimierung auf ganzzahlige oder standardisierte Größen gerundet werden. Eine nochmalige Durchrechnung des Systems wird danach meist erforderlich.

3. Strukturoptimierung

Dieses Optimierungsproblem wird durch die Gleichungen (1) bis (3) beschrieben. Es stellt den kompliziertesten Fall dar, da nicht nur die Dimension des Entscheidungsvektors am größten ist, sondern auch die Strukturparameter meist ganzzahlige Variable (0 oder 1) darstellen.

Die stetige Einhüllung dieser Variablen zwischen 0 und 1 und die Rundung nach erfolgter Optimierung ist im allgemeinen nicht ohne starke Entfernung vom Optimum möglich.

Die Probleme der Strukturoptimierung sind ausführlich in [A. 8—9] dargestellt.

Bei der praktischen Durchführung der Optimierung verfahrenstechnischer Systeme werden nicht nur die o. g. Vereinfachungs- und Dekompositionsmethoden kombiniert, sondern auch die horizontale und vertikale Dekomposition.

Bisher wurde bei der Formulierung der Optimierungsaufgabe immer davon ausgegangen, daß nur eine Zielgröße vorliegt, d. h. J ein Skalar ist. Die unterschiedlichen Eigenschaften verfahrenstechnischer Systeme, die stoffliche, energetische, apparative und informationelle Zielgrößen für die Bewertung der Güte eines Verfahrens erfordern, machen es jedoch wünschenswert, daß möglichst viele dieser Zielgrößen bestmöglichst erfüllt werden. Diese Forderung führt zur sogenannten Vektor- oder Polyoptimierung [A. 10]. Die Polyoptimierung bedeutet jedoch nicht, daß alle gewählten Zielgrößen extremiert werden können, sondern nur, daß ein bestimmter Kompromiß zwischen der bestmöglichen Erfüllung der Zielgrößen realisiert wird.

Ebenso wie die Berechnung verfahrenstechnischer Prozesse mit der Modellierung und Simulation einzelner Prozeßeinheiten begann und schließlich zur Modellierung und Simulation des gesamten Verfahrens geführt hat, bestanden die ursprünglichen Zielstellungen für eine „Optimierung" in der Erreichung der Stabilität des Systems und seiner Betriebsweise, die über die optimale Gestaltung einzelner Elemente und die optimale Einstellung von Reglern bis zur jetzt in Angriff genommenen Problematik der optimalen Gestaltung der Struktur und der Elemente des Verfahrens, die optimale Steuerung der gesamten Anlage, reicht. Durch diese Veränderungen wurden Methoden und Umfang der Optimierungsrechnungen wesentlich beeinflußt [A. 6—7, A. 11—33].

Die Problematik des Systems weist sehr viele spezifische Züge auf, die bei einzelnen Prozeßeinheiten keine Rolle spielten.

Im weiteren erfolgt die Beschränkung auf die Optimierungsproblematik statischer Aufgabenstellungen. Die optimale Gestaltung des dynamischen Verhaltens von Systemen befindet sich noch in der Entwicklung.

Zur Komprimierung der weiteren Ausführungen werden im Abschnitt 3. die Optimierungsmethoden dargestellt, und deren strategisches Vorgehen wird erläutert. Die zur eigentlichen Durchführung der Optimierungsrechnungen erforderlichen Optimierungsverfahren werden für beschränkte und unbeschränkte Aufgabenstellungen im Abschnitt 4. beschrieben und auf ihre Eignung zur Optimierung verfahrenstechnischer Systeme bewertet. Schließlich wird im Abschnitt 5. eine Übersicht über ausgewählte Beispiele der Optimierung stoffwirtschaftlicher Anlagen gegeben.

3. Optimierungsmethoden

Die beschriebenen Optimierungsaufgaben aus dem Prozeß der Gestaltung und Steuerung verfahrenstechnischer Systeme lassen sich in Abhängigkeit von der Art der Zielfunktion und der Beschränkungen in drei Gruppen untergliedern:

— **Nichtlineare Optimierung:**

In diese Gruppe fallen Aufgabenstellungen, in denen die Zielfunktion und/oder die Nebenbedingungen nichtlinear sind. Die Mehrzahl der Aufgaben der Steuerung und des Entwurfs verfahrenstechnischer Systeme wären hier einzuordnen.

— **Optimierung unter stochastischen Aspekten:**

Aufgaben des Entwurfs und der Steuerung sind in hohem Maße mit Unbestimmtheiten behaftet, die sich aus Modellungenauigkeiten oder stochastisch schwankenden Eingangsgrößen ergeben. Charakteristisch für diese Optimierungsaufgaben ist deshalb, daß sich Zielfunktionen oder Modelle oder ein Teil der Eingangsgrößen nicht determiniert sondern nur durch ihre Verteilungsfunktionen angeben lassen.

— **Gemischt-ganzzahlige Optimierung:**

Bei der Ermittlung einer optimalen Struktur eines verfahrenstechnischen Systems sind ein Teil der Entscheidungsgrößen nicht stetig variierbar, sondern können nur diskrete Werte annehmen. Solche Optimierungsaufgaben mit nichtlinearen Zielfunktionen und Beschränkungen sowie der Forderung nach Ganzzahligkeit bezüglich eines Teiles der unabhängigen Variablen fallen in diese Gruppe.

3.1. Nichtlineare Optimierung

Das Optimierungsproblem

$$\min J(x) \qquad x \in E^n \tag{6}$$

mit $$h(x) = 0 \tag{7}$$

und $$g(x) \geqq 0 \tag{8}$$

kann global und unter Berücksichtigung spezieller Strukturen (Dekompositionsmethoden) gelöst werden. Innerhalb dieser beiden Möglichkeiten lassen sich verschiedene Vorgehensweisen (Optimierungsmethoden) angeben, die außer in trivialen Fällen nach Einsatz entsprechender Optimierungsverfahren (s. Abschnitt 4.) die numerische Lösung liefern.

3.1.1. Globale Optimierungsmethoden

Innerhalb des globalen Lösungsvorgehens läßt sich die Gruppe der *direkten Methoden* unterscheiden.

Danach wird das Problem (6) unter (7) und (8) durch Einsatz von Optimierungsverfahren gelöst, wie sie in Abschnitt 4. beschrieben wurden. Dieses Herangehen wird bei geringer Kenntnis über das Optimierungsproblem und wenig Erfahrungen bei der Anwendung von Algorithmen dominieren.

Als ein Spezialfall der globalen Optimierungsmethoden ist die *quadratische Optimierung* anzusehen. Die Zielfunktion ist in diesem Fall eine quadratische Form:

$$J(x) = \frac{1}{2} x^T \cdot H \cdot x + c^T \cdot x$$

und die Beschränkungen sind linear:

$$A \cdot x = b \quad \text{und} \quad x \geqq 0.$$

Die KUHN-TUCKER-Bedingungen vereinfachen sich in diesem Fall zu einem System linearer Gleichungen und Ungleichungen. Die Lösung dieses Systems ergibt das globale Minimum. In [A. 27] werden eine Reihe von Verfahren beschrieben, die dieses Problem effektiv lösen.

Da in den seltensten Fällen sich die Optimierungsaufgabe als quadratisches Problem formulieren läßt und meist stärker nichtlinear ist, wurde die Möglichkeit untersucht, die Minimierung (6) mit (7) und (8) durch eine Folge von quadratischen (approximierenden) Optimierungsproblemen zu ersetzen [B. 1]. Als Einsatzgebiet werden nahezu quadratische Probleme mit wenigen Variablen genannt, da die Rechenzeit stark von der Dimension abhängt ($\sim n^6/8$), [B. 1].

Ein weiterer Sonderfall der nichtlinearen Optimierung liegt dann vor, wenn sich Zielfunktion und Beschränkungen in der Form positiver Polynome (Posinome), [B. 30] angeben lassen:

$$g(x) = \sum_{j=1}^{m} c_j \prod_{i=1}^{n} x_i^{a_{ij}}$$

c_j — positive Konstante
a_{ij} — beliebige, reelle Konstante
$x_i > 0,\ i = 1; 2; \ldots; n$

Die Aufgabenstellung der *geometrischen Optimierung* lautet dann allgemein:

$$\min_{x} g_0(x)$$

mit $g_p(x) \leqq 1$ $\quad p = 1; 2; \ldots; l$
und $x_i > 0$ $\quad i = 1; 2; \ldots; n$

Eine ganze Reihe von Gesetzmäßigkeiten des Wärme- und Stoffaustausches lassen sich auf der Basis der Dimensions- und Ähnlichkeitstheorie durch Posinome angeben.

Auch weist die Optimierung des vielbearbeiteten WILLIAMS-OTTO-Prozesses mit der geometrischen Optimierung [B. 31] darauf hin, daß sich mit diesem Vorgehen nicht nur einfachste Spezialfälle lösen lassen. Jedoch die zu betreibende mathematische Aufarbeitung des jeweiligen Problems, bevor die geometrische Optimierung anwendbar ist, setzen der Methode noch enge Grenzen in ihrer Anwendung.

Indirekte Methoden des globalen Vorgehens gestatten, über die Untersuchung einer Hilfsfunktion oder eines Systems von Hilfsfunktionen die Lösung des Ausgangsproblems zu ermitteln. Das einfachste Beispiel hierfür ist die Untersuchung der Systeme der notwendigen und hinreichenden Bedingungen für ein Minimum von (6).

Dazu ist Voraussetzung, daß diese Bedingungen analytisch angebbar sind. Auch können aktive Ungleichheitsbeschränkungen (8) nicht berücksichtigt werden. Die praktische Bedeutung eines solchen Vorgehens ist deshalb gering.

Treten im Optimierungsproblem nur Gleichungsbeschränkungen (7) auf, so läßt sich die Methode der LAGRANGEschen Multiplikatoren bei bestimmten Voraussetzungen [A. 27] anwenden. Mit diesen Multiplikatoren $\lambda = (\lambda_1; \lambda_2; \ldots \lambda_l)^T$ wird eine LAGRANGE-Funktion gebildet

$$L = J(x) + \sum_{i=1}^{l} \lambda_i \cdot h_i(x).$$

Über die Untersuchung des Gleichungssystems der notwendigen und hinreichenden Bedingungen kann man dann zur Lösung der Ausgangsaufgabe gelangen. In analoger Weise können über die KUHN-TUCKER-Bedingungen Nebenbedingungen in Ungleichungsform (8) berücksichtigt werden [A. 7, 27].

Für die direkte Anwendbarkeit dieser Methode gilt die obige Aussage. Jedoch stellt die Theorie der LAGRANGE-Funktion eine Möglichkeit dar, Lösungsstrukturen zu entwickeln, die nach Einsatz von Optimierungsverfahren recht effektiv sein können (Mehrebenenoptimierung).

Eine weitere Möglichkeit der Lösung des Problems der nichtlinearen Optimierung stellt das diskrete Maximumprinzip dar [E. 1, 2, 6, 7, 10, 11, 13]. Nach Bilden einer Hilfsfunktion der sogenannten HAMILTON-Funktion wird ein System von Bedingungen formuliert, die von der optimalen Lösung erfüllt sein müssen. Durch numerische Auswertung (Lösung eines nichtlinearen Gleichungssystems) gelangt man dann zur Lösung von (6). Prinzipiell lassen sich auch die Bedingungen (8) in der Aufgabenstellung berücksichtigen, aber rechentechnisch nur schwer auswerten.

Bei realen verfahrenstechnischen Systemen sind Ableitungen in der Regel analytisch nicht angebbar und somit die notwendige Hilfsfunktion des Maximumprinzips nicht formulierbar. Schwierigkeiten entstehen auch durch die komplexe Struktur (Rückkopplungen) realer Systeme. Untersuchungen zur Anwendbarkeit des diskreten Maximumprinzips auf mehrstufige Prozesse auch in Kombination mit der Dynamischen Optimierung sind in [A. 14] enthalten.

3.1.2. *Dekompositionsmethoden*

Die betrachteten verfahrenstechnischen Systeme bestehen aus relativ selbständigen Teilsystemen (Prozeßeinheit, Prozeßgruppe, Verfahrensstufe, Verfahren usw.). Es ist deshalb denkbar, die Optimierung des Gesamtsystems auf Optimierungen der Teilsysteme zurückzuführen. Auf diese Weise wird das Lösen einer hochdimensionalen Aufgabe durch das mehrmalige Lösen einer Reihe niederdimensionaler Aufgaben ersetzt, in dem man von der Struktur der Aufgabenstellung Gebrauch macht. Dadurch können unter bestimmten Bedingungen Vorteile bezüglich der Realisierbarkeit des Lösungsprozesses und der benötigten Rechenzeit erzielt werden.

Eine erste Möglichkeit, die Struktur der Aufgabenstellung zu nutzen, besteht in der Anwendung der Methode der dynamischen Optimierung auf statische Probleme. Diese Methode beruht auf dem von BELLMAN [E. 4] bewiesenen Optimierungsprinzip und ist bereits auf eine breite Klasse von Problemen angewendet worden [E. 2, 3, 5, 11—13]. Das Vorgehen ist besonders für Reihenschaltungen von Teilsystemen geeignet. Prinzipiell lassen sich auch Rückführungen berücksichtigen, jedoch wird dann die Aufgabe weitaus komplizierter.

Echte Beschränkungen ergeben sich aus dem hohen Bedarf an Speicherplatz und Rechenzeit bei der Anwendung der Methode auf komplexe verfahrenstechnische Systeme. Als Erfahrungswert hat sich herausgebildet, daß die dynamische Optimierung für Probleme mit Zustandsvektoren bis zur Dimension vier bis fünf eine effektive Lösungsvariante darstellt (s. auch [F. 31]). Eine kritische Einschätzung der Anwendung der Methode auf verfahrenstechnische Systeme in Vergleich mit dem Maximumprinzip ist [A. 14] zu entnehmen.

Eine weitaus größere Bedeutung für die Lösung von Problemen der nichtlinearen Optimierung innerhalb der Dekompositionsmethoden besitzt die Mehrebenenoptimierung [A. 28]. Im weiteren soll auf diese Lösungsstrategie eingegangen werden.

Die Optimierungsaufgaben für jedes Teilsystem werden gelöst, ohne die Wechselwirkungen der einzelnen Teilsysteme untereinander zu berücksichtigen. Auf diese Weise wird in der Regel nicht das Optimum der Gesamtaufgabe erreicht. Durch eine übergeordnete Koordination werden die lokalen Aufgaben so im Verlaufe der Lösung modifiziert, daß die Gesamtlösung erreicht wird. In Abhängigkeit von der Art der Einwirkung auf die lokalen Aufgaben unterscheidet man Mehrebenenmethoden mit Zielfunktionsmodifikation (Beeinflussung der Zielfunktionen der Teilsysteme) und Methoden mit Modellmodifikation (Beeinflussung der Nebenbedingungen).

Beide Modifikationsarten werden bei der Straffunktionsmethode gekoppelt verwendet.

Die Untersuchungen in [A. 34] und [B. 11] ergaben, daß für praktische Anwendungen die „nonfeasible" Methode [B. 32], die „feasible" Methode [B. 33] und die Straffunktionsmethode (z. B. [B. 34], [B. 35]) am geeignetsten sind. Dabei haben sich Abstiegsverfahren (siehe Abschn. 4.1.2.) und gradientenfreie Verfahren für beschränkte Probleme (siehe Abschn. 4.2.1.) im Einsatz zur Lösung des Koordinationsproblems und der Optimierungen der Teilsysteme als am günstigsten erwiesen. Detaillierte Aussagen über die mathematischen Voraussetzungen und Einsatzmöglichkeiten der Mehrebenenoptimierungsmethoden sind [A. 25] zu entnehmen.

Auf Grund der ungenügenden Durchdringung und des Aufwandes bei der Aufbereitung des Optimierungsproblems für die Anwendung der Mehrebenenmethoden erscheint der Einsatz dieser Dekompositionsmethode im Moment vorrangig zur Lösung von Problemen der optimalen Steuerung sinnvoll.

3.2. Optimierung unter stochastischen Aspekten

Bei der Formulierung der Optimierungsaufgabe (6) unter (7) und (8) wurde der Einfluß z. B. experimentell bestimmter Parameter oder stochastisch schwankender Störgrößen negiert. Es ist deshalb eine Erweiterung der ursprünglichen Aufgabenstellung notwendig, die beim Entwurf und bei der Steuerung verfahrenstechnischer Systeme diese „Unsicherheiten" berücksichtigt. Das soll dazu dienen, den Einfluß dieser „Unsicherheiten" zu ermitteln und die so erhaltenen Informationen bei der Systemgestaltung und Steuerung zu nutzen.

In [D. 1] wurde ein Überblick über die vorhandenen Methoden zur Lösung dieser Problematik gegeben.

Danach lassen sich die Methoden zum einen in eine Gruppe lokaler Strategien einordnen. Diese Methoden nutzen die Empfindlichkeitsinformationen, die sich aus lokalen Ableitungen ergeben. Eine zweite Gruppe globaler Strategien basiert auf der Entscheidungstheorie.

Während die lokalen Strategien auf bereits nicht einfach zu ermittelnde Größen zurückgreift (partielle Ableitungen), benötigen die globalen Strategien umfangreiche und zum Teil schwer beschaffbare Informationen in Form von Verteilungsdichtefunktionen der stochastisch schwankenden Größen.

Zu den lokalen Strategien sind Empfindlichkeitsmethoden mit Modifikation der Zielfunktion [D. 2—4], die Einführung von Empfindlichkeitsnebenbedingungen [D. 2, D. 3], die hierarchische Optimierung [D. 5] und die Verwendung optimaler Sicherheitsfaktoren [D. 6—8] zu zählen.

Die Optimierungsmethoden der Erwartungswertstrategie [D. 2, D. 9—11], der Minimaxstrategie [D. 9, D. 12—13], der Verwendung relativer Empfindlichkeiten [D. 3, D. 9, D. 11, D. 14] und gemischte Strategien [D. 15] sind der Gruppe der globalen Methoden zuzuordnen.

Bei der rechentechnischen Realisierung einzelner Methoden erwiesen sich gradientenfreie, determinierte Suchverfahren (Abschn. 4.1.1.1. und 4.2.1.) am günstigsten [D. 1].

Schwierigkeiten bei der Lösung praktisch bedeutsamer Probleme treten in der Beschaffung der Primärdaten (Verteilungsdichtefunktionen) und bei der Realisierung des numerischen Lösungsprozesses auf.

3.3. Gemischtganzzahlige Optimierung

Durch den Charakter der Strukturvariablen tritt bei dem Entwurf verfahrenstechnischer Systeme eine zusätzliche Modifikation der Optimierungsaufgabe (6) unter (7) und (8) auf. Ein Teil der Komponenten des Entscheidungsvektors x ist nicht stetig variierbar und kann nur diskrete Werte annehmen.

Eine solche Optimierungsaufgabe wird als gemischt-ganzzahlige Optimierung bezeichnet. Für den Fall nichtlinearer Zielfunktionen und Modelle existiert für das gemischt-ganzzahlige Problem kein allgemeines Lösungsvorgehen.

Es erscheint naheliegend, der Ganzzahligkeitsforderung während der Optimumsuche keine Beachtung zu schenken und danach die entsprechenden Variablen zum nächstliegenden ganzzahligen Wert zu runden (stetige Einbettung). Ein solches Vorgehen ist jedoch nur berechtigt, wenn die Zahl der diskreten Zustände der Variablen genügend groß ist, so daß der Rundungsfehler vernachlässigt werden kann. Da die Strukturvariablen nur die Werte 0 und 1 annehmen, kann folglich von einem solchen Zugang nur mit Einschränkungen Gebrauch gemacht werden.

In der Regel werden zur Lösung dieser Aufgabenstellung gradientenfreie Verfahren für beschränkte Probleme (Abschn. 4.2.1.) angewendet. In [A. 31] ist eine Übersicht über gebräuchliche Optimierungsverfahren gegeben:

- determinierte Verfahren [C. 1],
- determinierte Verfahren in Kombination mit Mehrebenenmethoden [C. 2],
- adaptive Zufallssuche [C. 3] und
- zufälliges Abtasten [C. 4].

Der Entwicklung effektiver Lösungsmethoden für die gemischt-ganzzahlige Optimierung kommt eine besondere Bedeutung zu, da durch Entscheidungen bei der Struktursynthese die größten ökonomischen Ergebnisse erzielt werden können.

4. Optimierungsverfahren

Mit den in Abschnitt 3. behandelten Optimierungsmethoden wurde das strategische Vorgehen zur Lösung der Aufgaben der nichtlinearen, gemischt-ganzzahligen Optimierung und der Optimierung unter stochastischen Aspekten beschrieben. Die Algorithmen zur sich dann anschließenden numerischen Lösung nach den einzelnen Methoden sollen als Optimierungsverfahren bezeichnet werden. Sie lassen sich in Verfahren für beschränkte und unbeschränkte Probleme unterteilen.

Zur Lösung der unterschiedlichsten Aufgabenstellungen wurde eine Vielzahl von Verfahren entwickelt [B. 1—40].

In den ersten beiden Abschnitten woll ein kurzer Überblick und eine Wertung der wichtigsten Verfahren vorgenommen werden.

Da kein universelles Verfahren zur gleichguten Lösung der erwähnten Aufgaben existiert, geht man den Weg der Kombination von Optimierungsverfahren. Darauf wird im letzten Abschnitt eingegangen.

4.1. Optimierungsverfahren für unbeschränkte Probleme

Die Verfahren zur Lösung des unbeschränkten Optimierungsproblems

$$\min_x J(x) \; x \in E^n \tag{9}$$

lassen sich unterteilen in

- gradientenfreie Verfahren, die nur die Berechnung von Funktionswerten der Zielfunktion erfordern, und
- Abstiegsverfahren, die neben den Funktionswerten auch die Informationen über das Problem nutzen, die die Ableitungen in sich bergen.

4.1.1. *Gradientenfreie Verfahren (Suchverfahren)*

Die iterative Lösung der Aufgabe (9) erfolgt durch gradientenfreie Verfahren, in dem zwei Teilschritte ausgeführt werden:

- Bestimmung einer Suchrichtung s_i und
- Ermittlung einer Schrittlänge λ_i,

so daß

$$J(x_{i-1}) > J(x_{i-1} + \lambda_i \cdot s_i)$$

ist.

Das Vorgehen in diesen beiden Teilschritten kann determiniert oder stochastisch erfolgen.

4.1.1.1. *Determinierte Suchverfahren*

Der einfachste Algorithmus dieser Art ist das Verfahren nach GAUSS-SEIDEL [A. 20]. Die Variablen werden in dem gewählten orthogonalen Koordinatensystem nacheinander verändert:

x_1 bei festen $x_2, x_3, \ldots, x_n$ zur Ermittlung des Minimums in x_1-Richtung, danach x_2 bei festen $x_1, x_3, \ldots, x_n$ usw. bis zur Ermittlung des Extremums von (9). Das Verfahren ist effektiv bei quadratischen Zielfunktionen, deren Achsen parallel zum Koordinatensystem verlaufen. Es wird relativ häufig angewendet, um eine Grobuntersuchung des Optimierungsproblems zu machen, da es einfach zu programmieren ist und wenig Speicherplatz benötigt. Uneffektiv ist das Verfahren bei stark nichtlinearen Problemen mit z. B. „gebogenen Tälern" (ROSENBROCKsche Bananenfunktion).

Bei *Relaxations*-Verfahren [B.1] werden als Suchrichtungen nicht nacheinander die Koordinatenachsen gewählt sondern jeweils die Koordinatenrichtung mit der größten Verbesserung der Zielfunktion. Die oben getroffene Aussage über die Effektivität gilt auch für diesen Algorithmus.

Ein effektiveres Vorgehen gelingt es zu erhalten durch die Kombination des Relaxationsverfahrens mit anschließender Bewegung in einer approximierten Gradientenrichtung.

HOOKE und JEEVES [B. 2] schlugen einen Algorithmus, bestehend aus zwei Teilen, vor. In einer Suchbewegung (exploratory move) im Raum der unabhängigen Variablen nach einmaligem Abarbeiten des Relaxationsverfahrens wird ein neuer Punkt x^1 bestimmt. In der neuen Suchrichtung s_1 von x^0 nach x^1, die eine Approximation des Antigradienten darstellt, erfolgt dann eine Anpassungsbewegung (pattern move).

Die Abfolge der beiden Bewegungsarten und Ermittlung der entsprechenden Schrittlänge λ_i erfolgt in Abhängigkeit von den Ergebnissen der Suche.

Das Verfahren kann „Schluchten“ einer nichtlinearen Zielfunktion folgen; hat aber den Nachteil geringer Konvergenz in Optimumnähe [B. 1, B. 3] und ist somit ebenfalls vorrangig zu Beginn eines Suchprozesses einzusetzen.

Das Verfahren nach ROSENBROCK [B. 4] schließt ebenfalls eine Suchbewegung wie oben beschrieben in Koordinatenrichtungen ein. Dabei ist das orthogonale Koordinatensystem jedoch nicht fest, sondern wird nach jedem Suchzyklus nach dem Verfahren von GRAM-SCHMIDT so gedreht, daß eine Achsenrichtung näherungsweise in die Richtung der Hauptachsen der quadratischen Approximation der Zielfunktion fällt. Diese Achsen sind aber die Eigenvektoren der HESSischen Matrix der Zielfunktion und stellen somit einen Spezialfall konjugierter Richtungen dar (s. auch [B. 3]). Das Konvergenzverhalten ist demnach auch ähnlich dem der Verfahren mit konjugierten Richtungen (s. Abschnitt 4.1.2.). Das Verfahren nach ROSENBROCK gestattet, eine gute Approximation der Zielfunktion zu finden und ist für unbeschränkte Probleme erfolgreich angewendet worden. Eine Verbesserung kann durch Kombination mit Verfahren, die in Lösungsnähe effektiver sind, erreicht werden.

Das im allgemeinen effektivste in der Klasse der gradientenfreien Verfahren [B. 6] ist das von POWELL [B. 5] vorgeschlagene Verfahren. Es ist ein Verfahren, bei dem die Suche in konjugierten Richtungen erfolgt und das somit quadratische Konvergenz aufweist. Die Suchrichtungen erfüllen die Bedingung:

$$s_i^T H s_j = 0 \qquad \text{für} \qquad i \neq j,$$

dabei ist H die Matrix der positiv definiten quadratischen Form

$$J = \frac{1}{2} x^T \cdot H \cdot x + c^T \cdot x.$$

Das Verfahren nach POWELL zeichnet sich durch sehr gute Konvergenz in Lösungsnähe und für Zielfunktionen, die sich gut durch quadratische Formen approximieren lassen, aus.

Das Simplex-Verfahren nach NELDER/MEAD [B.7] geht von einem Vergleich der $(n + 1)$ Zielfunktionswerte in den Eckpunkten des Vielecks im Raum der n unabhängigen Variablen aus. Durch Operationen der Kontraktion, Reflexion und Expansion um den Schwerpunkt des Simplex wird die Bewegungsrichtung zum Minimum festgelegt. Die Wahl entsprechender Koeffizienten für die drei Operationen gestattet die Bestimmung der jeweiligen Schrittweite. Das Simplex-Verfahren hat auf Grund folgender Vorteile eine breite Anwendung zur Lösung ingenieurtechnischer Optimierungsprobleme gefunden:

- es werden keinerlei Voraussetzungen an die Zielfunktion gestellt,
- bei der Programmierung treten kaum numerische Schwierigkeiten auf und
- der Algorithmus stellt die Basisprozedur für ein effektives Verfahren zur Lösung beschränkter Optimierungsprobleme (COMPLEX-Verfahren) dar.

Dem stehen einige Nachteile gegenüber:

- die Konvergenz in Optimumnähe ist gering,
- es besteht die Gefahr der Entartung des Simplex und damit vorzeitigem Abbruch der Suche,
- die Effektivität des Verfahrens hängt stark von dem gewählten Startsimplex und den Koeffizienten für die Grundoperation ab und
- die Effektivität sinkt mit steigender Dimension des Problems.

4.1.1.2. Stochastische Suchverfahren

Für stochastische Suchverfahren ist charakteristisch, daß Suchrichtung s_j und/oder Schrittweite λ_j zufällig ausgewählt werden. Eine Klassifikation und Übersicht über die vielen Varianten von Verfahren der stochastischen Suche ist [B. 8] zu entnehmen. Hier sollen nur einige prinzipielle Algorithmen beschrieben und Anwendungsgebiete aufgezeigt werden.

Beim *reinen* („*blinden*") *Zufallssuchverfahren* wird im Raum der unabhängigen Variablen, der durch die entsprechenden oberen und unteren Grenzen aufgespannt wird, eine gleichverteilte Folge von Punkten generiert. Die Anzahl der Punkte läßt sich aus der Wahrscheinlichkeit berechnen, mit der das Minimum gefunden werden soll. In den Punkten wird der Wert der Zielfunktion ermittelt und das Extremum ausgewählt. Der offensichtliche Nachteil des Verfahrens ist die große Zahl von Zielfunktionswertberechnungen zur Ermittlung der Lösung mit hinreichender Genauigkeit.

Beim *Verfahren des gelenkten Zufalls* [B. 9] wird auf Grund der ermittelten Zielfunktionswerte die Verteilungsdichte der Wahrscheinlichkeit bestimmt und auf jedem Schritt somit der Bereich, in dem das Minimum zu vermuten ist, eingeengt. Damit wird ein Element des Lernens in den Algorithmus einbezogen und es gelingt, die Zahl der Zielfunktionswertberechnungen zu senken.

Gemischte Verfahren so wie die *adaptive Zufallssuche* [B. 10] verwenden als Grundstruktur einen determinierten Algorithmus, dem in Abhängigkeit von dem Erfolg der vorangegangenen Suchschritte eine bewichtete zufällige Komponente in der Wahl der Fortschreitungsrichtung und der Schrittlänge überlagert wird.

Die stochastischen Suchverfahren sind weniger effektiv als Verfahren der direkten Suche; besitzen jedoch spezielle Einsatzgebiete. Kann man für (9) Unimodalität nicht voraussetzen, was für technische Probleme oft der Fall ist, so gestatten Zufallssuchverfahren, die ungefähre Lage des globalen Minimums mit großer Wahrscheinlichkeit zu ermitteln.

Algorithmen der stochastischen Suche sind schnell und leicht programmierbar. Es empfiehlt sich, die Verfahren zu Beginn eines Suchprozesses in Verbindung mit determinierten Algorithmen und in Kombinationsverfahren einzusetzen (siehe Abschn. 4.3.). Ein sinnvoller Einsatz der Zufallssuchverfahren ist auch dann gegeben, wenn andere Verfahren aus Konvergenzschwierigkeiten versagen und in der Umgebung des bisher erreichten Wertes ein besserer gefunden werden soll.

4.1.2. Abstiegsverfahren

Das einfachste Verfahren dieser Klasse ist das Verfahren des ***steilsten Abstiegs.*** Dabei erfolgt die Suche auf jedem Schritt in Richtung des Antigradienten der Zielfunktion (9), d. h.:

$$s_i = -\nabla J(x_i) \tag{10}$$

Die Schrittweite kann konstant oder variabel sein. Bei der Verwendung einer konstanten Schrittweite erfolgt keinerlei Anpassung an die Bedingungen des Suchprozesses und sie ist deshalb nicht zu empfehlen. Eine variable Schrittweite kann erzeugt werden durch Bestimmen des Minimums von (9) in s_i.

$$\min_{\lambda} J(x_i + \lambda \cdot s_i) \tag{11}$$

Das erfordert jedoch das mehrmalige Berechnen der Zielfunktion und somit der entsprechenden Systemdurchrechnungen. Ein einfacheres Vorgehen, das sich recht gut bewährt hat [B. 11], ist in [A. 20] beschrieben.

Danach wird in Abhängigkeit von der Veränderung des Gradienten der Zielfunktion vom $(i - 1)'$-ten zum i-ten Schritt eine Vergrößerung oder Verkleinerung der Schrittweite vorgenommen ohne zusätzliche Zielfunktionswertberechnungen. Der Algorithmus realisiert das ganz natürliche Vorgehen, zu Beginn einer Suche sich der Lösung mit größer werdenden Schritten zu nähern und in der Umgebung des Minimums kleiner werdende Schritte zu machen, um die notwendige Genauigkeit zu erreichen.

Die Verfahren des steilsten Abstiegs benötigen relativ geringen numerischen Aufwand, der fast ausschließlich von der Ermittlung des Gradienten beeinflußt wird und ebenfalls geringen Speicherplatzbedarf. Der große Nachteil der Verfahren ist jedoch, daß in „Schluchten" der Zielfunktion (wenn das Verhältnis des größten und kleinsten Eigenwertes der Hessischen Matrix an der Stelle groß ist) der Suchprozeß in einem Zickzack-Verlauf mit unbefriedigender Konvergenzgeschwindigkeit vor sich geht. Die Verfahren eignen sich deshalb in Kombination mit anderen Verfahren und zu Beginn einer Suche.

Das NEWTON-*Verfahren* verwendet die gleiche Suchrichtung wie die Verfahren des steilsten Abstiegs, jedoch ist die Schrittweite optimal in dem Sinne, daß ein quadratisches Problem in einem Suchschritt gelöst wird. Diese Schrittweite ist gleich der Inversen der zweiten Ableitung der Zielfunktion, d. h. der Inverse der Hessischen Matrix an dem Suchpunkt:

$$\lambda_i = [\nabla^2 J(x_i)]^{-1} = H^{-1}(x_i)$$

Das Verfahren ist bezüglich der Konvergenzgeschwindigkeit den Algorithmen des steilsten Abstiegs überlegen. Der rechentechnische Aufwand ist auf jedem Suchschritt bereits erheblich, da erste und zweite Ableitungen ermittelt und zusätzlich eine Matrixinversion, die wiederum die Gefahr numerischer Instabilitäten in sich birgt, durchgeführt werden muß. Außerdem ist der Speicherplatzbedarf für diese genannten Operationen beträchtlich.

Das NEWTON-*Verfahren* läßt sich vorteilhaft einsetzen, wenn analytische Ausdrücke für die ersten und zweiten Ableitungen zur Verfügung stehen und sich die Zielfunktion durch eine quadratische Form gut approximieren läßt.

Verfahren der *konjugierten Gradienten* wählen im Unterschied zu den bisher beschriebenen Abstiegsverfahren als neue Suchrichtung nicht (10) sondern eine Richtung in der Ebene der bisherigen Suchrichtung und des Antigradienten, so daß eine quadratische Form in n-Schritten minimiert wird. Das Verfahren nach FLETCHER/REEVES [B. 12] erzeugt die neue Richtung nach folgender Vorschrift:

$$s_i = -\nabla J(x_i) + \omega_i \cdot s_{i-1} \tag{12}$$

mit

$$\omega_i = \frac{\nabla J^T(x_i) \cdot \nabla J(x_i)}{\nabla J^T(x_{i-1}) \cdot \nabla J(x_{i-1})} \tag{13}$$

Die Schrittweite λ_i wird nach (11) ermittelt. Dabei haben sich in Abhängigkeit von den Einsatzfällen sowohl kubische als auch quadratische Approximation bei der Richtungsminimierung als günstig erwiesen. Die Effektivität des Verfahrens ist als gut einzuschätzen, da nicht nur die Information genutzt wird, die der Gradient im jeweiligen Suchpunkt besitzt, sondern auch die vorhergehender Gradienten. Der Speicherplatzbedarf ist gering, da keine Matrizeninversionen benötigt werden.

Ebenfalls in die Klasse der konjugierten Gradienten läßt sich das PARTAN-Verfahren [B. 3], (parallel tangents) einordnen. Das Verfahren nutzt die Eigenschaft, daß die Gerade durch die Schnittpunkte zweier paralleler Tangentialebenen mit den Niveaulinien einer quadratischen Funktion durch das Minimum geht. Das Verfahren gestattet, das Minimum einer quadratischen Zielfunktion n-ter Ordnung in $(2 \cdot n - 1)$ Schritten zu erreichen. Der Nachteil bei dem Vorgehen nach diesem Algorithmus ist der hohe Speicherplatzbedarf.

Die Verfahren der *variablen Metrik* sind eine weitere Gruppe der Abstiegsverfahren. Sie werden auch als NEWTON-ähnlich bezeichnet, weil sie eine Approximation der Hessischen Matrix oder ihrer Inversen jedoch nur unter Ausnutzung der ersten Ableitungen für die Steuerung des Suchprozesses nutzen. Sie besitzen ebenfalls die Eigenschaft der quadratischen Konvergenz. Zur Erläuterung soll der Algorithmus des Vorgehens nach DAVIDON/FLETCHER/POWELL [B. 13] kurz vorgestellt werden:

Auswahl der Suchrichtung erfolgt nach:

$$s_i = -\eta_i \cdot \nabla J(x_i) \tag{14}$$

η_i — Approximation von $H^{-1}(x_i)$

Die Schrittweite wird nach (11) ermittelt. Der neue Punkt ergibt sich dann zu

$$x_{i+1} = x_i + \Delta x_i \tag{15}$$

mit

$$\Delta x_i = \lambda_i \cdot s_i$$

Die Approximation der Hessischen Matrix errechnet sich rekursiv nach

$$\eta_{i+i} = \eta_i + A_i + B_i \tag{16}$$

mit

$$A_i = \frac{\Delta x_i \cdot \Delta x_i^T}{\Delta x_i^T \cdot \Delta g_i}$$

$$B_i = -\frac{\eta_i \cdot \Delta g_i \cdot \Delta g_i^T \cdot \eta_i}{\Delta g_i^T \cdot \eta_i \cdot \Delta g_i}$$

und

$$\Delta g_i = \Delta J(x_{i+1}) - \Delta J(x_i)$$

Im Startpunkt ist eine positiv definite symmetrische Matrix η_0 vorzugeben, z. B. die Einheitsmatrix. Bei quadratischen Funktionen muß die Schrittweite nicht entsprechend (11) ermittelt werden, sondern kann beliebig gewählt werden, wie in [B. 11] gezeigt wurde.

Eine andere Möglichkeit zu Approximationen von $H^{-1}(x_i)$ zu kommen, besteht in der Verwendung von Differenzenschemata, wie sie mit dem Algorithmus von Goldstein/Price [B. 3] vorgeschlagen wurde.

Einen entscheidenden Einfluß auf die Gesamtrechenzeit hat bei den Verfahren der variablen Metrik die Durchführung der Richtungsminimierung (11). Deshalb haben Verfahren, die mit sehr wenig Funktionswert- und Gradientenberechnungen je Suchrichtung auskommen — wie das von Fletcher [B. 14] oder diese Suche ganz umgehen, wie das Verfahren von Broyden (s. [B.15]) — eine große Bedeutung. Zu beachten ist, daß die Verfahren der variablen Metrik einen großen Speicherplatzbedarf haben, da die Richtungsmatrix η_i abgespeichert werden muß, während das Verfahren nach Fletcher/Reeves nur den Gradienten benötigt [B. 1, B. 11]. Eine Übersicht über die vielfältigen, von verschiedenen Autoren vorgeschlagenen Approximationsmöglichkeiten von $H^{-1}(x_i)$, ist in [B. 3] enthalten.

4.1.3. Wertung der Verfahren

In der Literatur über rechentechnische Probleme ist es üblich, neue Verfahren mit anderen an Standardtestfunktionen (z. B. Rosenbrocksche Bananenfunktion, Woodsche Funktion usw.) zu vergleichen. Als Vergleichskriterien werden Rechenzeit und manchmal auch Zielfunktionswertberechnungen herangezogen. Dabei zeigte sich, daß Faktoren wie Speicherplatzbedarf, numerische Stabilität, Einfluß der Wahl der Startwerte und Anfangsschrittweiten sowie der Abbruchschranken nur schwer zu berücksichtigen sind. Auch liefern gleiche Verfahren von verschiedenen Autoren programmiert in gleichen Anwendungsfällen recht unterschiedliche Ergebnisse. Das begründet sich darin, daß der Einbau heuristischer Erfahrungsregeln die Leistungsfähigkeit (besonders für stark nichtlineare Probleme) eines Verfahrens entscheidend verbessern kann. Auch der Versuch, über Standard-Timing-Programme eine vom Maschinentyp unabhängige Rechenzeit zu schaffen, ist nur unvollständig gelungen, da auch solche Programme, aufgestellt von unterschiedlichen Autoren, für gleiche Rechner voneinander abweichende Ergebnisse liefern [B. 3].

Für die in Abschnitt 2 aufgezeigten Optimierungsprobleme des Typs (9) ist charakteristisch, daß sie stark nichtlinear sind, Unimodalität nicht vorausgesetzt werden kann, $f(x)$ selten stetig ist, über die Existenz der ersten und zweiten Ableitungen keine allgemeine Aussage getroffen werden kann und in der Regel keine analytischen Ausdrücke zur Berechnung der Ableitungen angebbar sind. Die Zielfunktion stellt meistens eine einfach und schnell berechenbare Kombination der Eingangs- und Ausgangsgrößen des Systems dar. Den rechenzeitaufwendigsten Teil bildet die Ermittlung der Ausgangsgrößen bei vorgegebenen unabhängigen Optimierungsvariablen, da dazu ein nichtlineares Gleichungssystem gelöst werden muß. Folglich kann die Zielfunktion nur punktweise iterativ mit endlicher Genauigkeit berechnet werden. Damit besitzt die Zielfunktion eine gewisse „Rauhheit", die der Genauigkeit der numerischen Ermittlung der Ableitungen enge Grenzen setzt.

Für diese Klasse von Aufgaben erscheint es sinnvoll, als Vergleichskriterien einzelner Verfahren neben Speicherplatzbedarf und Rechenzeit vorrangig folgende zu benutzen:

— Zuverlässigkeit der Verfahren:

  Hiermit soll erfaßt werden, ob Verfahren ein breites Spektrum von Optimierungsproblemen (9) lösen, ohne daß die aufwendige Ermittlung problemspezifischer Konstanten notwendig ist. Damit wird Wert auf numerische Stabilität, unabhängig von konkreten Einsatzfällen der Verfahren gelegt, ohne daß die Lösungseffektivität im Vordergrund steht.

— Anzahl der Zielfunktionswertberechnungen:

  Da für jeden Zielfunktionswert die Durchrechnung der Modellgleichungen notwendig ist, kann diese Zahl als ein brauchbares Maß für die Effektivität der Verfahren angesehen werden. Dabei ist es günstig, diese Anzahl als Mittelwert mehrerer Suchprozesse von verschiedenen Startpunkten bei definierter Genauigkeit zu bestimmen.

Auf der Basis dieser Vergleichskriterien und unter der Voraussetzung hinreichend guter Ableitungen (analytisch oder numerisch) soll unter Verwendung der Ergebnisse in [B. 3] und [B. 11] eine Einteilung der Verfahren in Klassen vorgenommen werden:

1. „Sehr gut" — Fletcher
   — Davidon/Fletcher/Reeves
   — Broyden
   — Powell

2. „Gut" — FLETCHER/REEVES
— GOLDSTEIN/PRICE
3. „Genügend" — steilster Abstieg (variable Schrittlänge)
— NELDER/MEAD
— ROSENBROCK
— HOOKE/JEEVES.

Ableitungen werden jedoch nur in Sonderfällen wie bei der Lösung des Koordinationsproblems bei der Anwendung von Dekompositionsmethoden (siehe Abschn. 3.1.2.) oder der Anwendung des konjugierten Prozesses [A. 5, D. 1] verfügbar sein, so daß zur Untersuchung der globalen Eigenschaften des Optimierungsproblems stochastische Verfahren herangezogen werden und die Lösung selbst mit gradientenfreien Verfahren ermittelt wird.

Beim Einsatz von Abstiegsverfahren ist es günstig, erst das leicht programmierbare und numerisch stabile Verfahren mit variabler Schrittweite zu verwenden und danach zu den komplizierteren Verfahren der konjugierten Gradienten und variablen Metrik überzugehen [B. 11].

4.2. Verfahren für beschränkte Optimierungsprobleme

Die meisten im Abschnitt 2. beschriebenen Optimierungsaufgaben zählen zu den beschränkten Optimierungsproblemen:

$$\min_x J(x) \qquad x \in E^n \tag{17}$$

mit

$$h(x) = 0 \tag{18}$$

und

$$g(x) \geqq 0 \tag{19}$$

Dabei stellt (18) das nichtlineare Gleichungssystem des Systemmodells dar und (19) wird vom Vektor der Beschränkungen gebildet, dem Eingangs-, Zustands- und Ausgangsgrößen unterliegen.

Die Verfahren zur Lösung des nichtlinearen Optimierungsproblems (17) unter den Beschränkungen (18) und (19) lassen sich in drei Gruppen einteilen:

— Gradientenfreie Verfahren, die zur Lösung des Problems (17) ähnlich den in Abschnitt 4.1.1. beschriebenen Verfahren arbeiten, aber im Suchprozeß neben der Information über den Zielfunktionswert laufend die Einhaltung von (19) direkt überprüfen.
— Verfahren, die das Minimum des nichtlinearen Optimierungsproblems durch das wiederholte Lösen eines entsprechenden linearen Problems annähern.
— Verfahren, die durch Transformation der Variablen oder der Zielfunktion die Lösung von (17)—(19) durch Lösen unbeschränkter Probleme erreichen.

4.2.1. Gradientenfreie Verfahren

Die Algorithmen dieser Gruppe von Verfahren berücksichtigen bei der Wahl der Suchrichtung und der Schrittlänge die Verletzung der Ungleichungsnebenbedingungen (19) wie einen zu verwerfenden Zielfunktionswert. Die rein stochastischen Suchverfahren lassen einen Punkt der (19) nicht erfüllt unberücksichtigt und Algorithmen mit gemischten Strategien transformieren einen solchen Punkt in das Gebiet der bisher ermittelten zulässigen Punkte. Das setzt voraus, daß der Startpunkt im zulässigen Gebiet liegen muß. Solche Modifikationen stochastischer Suchverfahren zur Lösung beschränkter Probleme können teilweise eine Vorstellung von den globalen Eigenschaften vermitteln, haben sich aber im allgemeinen nicht als zuverlässig und effektiv erwiesen.

Mehrere Lösungen der in Abschnitt 2 beschriebenen Probleme sind in der Literatur mit einem Algorithmus, der auf der Basis des NELDER/MEAD-Verfahrens arbeitet und auf den Fall beschränkter Probleme erweitert wurde, bekannt. Das als COMPLEX-Verfahren bezeichnete Vorgehen wurde von Box in [B. 16] vorgeschlagen. Die Durchführung der Operationen der Reflektion, Kontraktion und Expansion werden nicht mehr nur vom Wert der Zielfunktion abhängig gemacht, sondern auch von der Einhaltung der Beschränkungen in Ungleichungsform (19). Es sind mehrere Modifikationen des Grundalgorithmus beschrieben worden [A. 21, B. 17, B. 18, B. 3], die eine Anpassung an einen bestimmten Problemtyp darstellen oder auf eine Effektivitätssteigerung ausgerichtet sind. Am erwähnenswertesten erscheint der Gedanke, die Fortbewegungsrichtung des Polyeders nicht nur an seiner Geometrie zu orientieren (Kontraktion, Reflektion und Expansion in Richtung des Schwerpunktes), sondern die Beschaffenheit des Zielfunktionsgebirges zu berücksichtigen. Das gelingt, indem man z. B. einen mit den Differenzen der Zielfunktionswerte der einzelnen Eckpunkte des Polyeders gewichteten Schwerpunkt ermittelt.

In einer weiteren Modifikation des COMPLEX-Verfahrens — in dem Verfahren der flexiblen Toleranz [B. 3] — wird das zulässige Gebiet um eine Grenzzone erweitert. Die Einhaltung der Nebenbedingungen (18) und (19) wird über eine Art Straffunktionsterm erzwungen, der auch als Abbruchkriterium genutzt wird. Das Verfahren gestattet, Gleichungsnebenbedingungen direkt zu berücksichtigen.

Diese Algorithmen, nach denen die Suche im Raum der unabhängigen Variablen durch Umbildung eines Polyeders durchgeführt wird, haben den Vorteil, daß sie keine Anforderungen an die Art der Zielfunktion stellen. Dadurch, daß der Startpolyeder mit Hilfe von Zufallszahlen im zulässigen Raum verstreut aufgebaut werden kann, ist weiterhin ein positives Element stochastischer Suchverfahren mit eingebaut. Die Programmierung des Verfahrens ist relativ einfach. Als Nachteil ist die sinkende Effektivität bei steigender Dimension des Problems zu nennen.

4.2.2. *Verfahren mit linearer Approximation*

Umfangreiche Erfahrungen der Autoren mit Algorithmen dieser Gruppe existieren nicht. Deshalb baut sich der Inhalt dieses Abschnittes im wesentlichen auf [B. 1] und [B. 3] auf.

Das Problem (17) kann durch wiederholte Lösung eines linearen Optimierungsproblems, das zur Lösung des nichtlinearen Problems konvergiert, gelöst werden. Verfahren, die nach diesem Vorgehen arbeiten, sind [B. 3]:

- MAP (method of approximation programming),
- POP (process optimization program) und
- NLP (nonlinear programming method).

Der Speicherplatzbedarf für diese Verfahren ist erheblich, da auf jedem Schritt unter anderem ein beschränktes lineares Optimierungsproblem zu lösen ist. Auch entstehen Schwierigkeiten dadurch, daß die Zwischenlösungen die aktiven Beschränkungen verletzen und damit die Gefahr besteht, daß der Gültigkeitsbereich der Modelle verlassen wird.

Von Vorteil ist, daß für die Verfahren POP und NLP die Startpunkte nicht zum zulässigen Gebiet gehören müssen.

Eine weitere Klasse von Verfahren der linearen Approximation sind die Projektionsverfahren. Ausgehend von einem zulässigen Startpunkt wird z. B. durch Projektion des Gradienten der Zielfunktion in die Tangentialebenen der Beschränkungen die neue Suchrichtung bestimmt und durch Richtungsminimierung die Schrittweite festgelegt. Da in der Fläche der linearen Approximationen der nichtlinearen Beschränkungen gesucht wird, muß zur Einhaltung von (19) eine Korrekturprozedur vorgesehen werden. Die bekanntesten Verfahren dieser Klasse sind [B. 3]:

- Verfahren der projizierten Gradienten nach Rosen [B. 19],
- GGS (generalized gradient search),
- Verfahren nach Davidon-Goldfarb-Davies und
- Verfahren nach Zoutendijk [B. 20].

Die Verfahren sind programmtechnisch sehr kompliziert und stellen hohe Anforderungen an den Speicherplatzbedarf. Auch erwachsen alle die Schwierigkeiten, die mit der Ermittlung von Gradienten verbunden sind. Verfügt man jedoch über Ableitungen, so verläuft der Suchprozeß zu lokalen Minima sehr effektiv.

Eine dritte Klasse bildet das GRG-Verfahren (Generalized reduced gradient method) [B. 21]. Es stellt eine Erweiterung des Verfahrens nach Wolfe auf den Fall einer nichtlinearen Zielfunktion und nichtlinearer Beschränkungen (18) und (19) dar [B. 3].

Das Verfahren wird auf Grund umfangreicher numerischer Experimente (s. [B. 1], [B. 3]) als das effektivste dieser Gruppe von Algorithmen bezeichnet.

4.2.3. *Verfahren mit Transformation der Beschränkungen*

Die Verfahren dieser Gruppe gehen von dem Gedanken aus, durch Transformation von Variablen oder der Zielfunktion das ursprünglich beschränkte Optimierungsproblem in die Lösung eines oder mehrerer unbeschränkter Probleme zu überführen. Dabei geht man davon aus, daß die in Abschnitt 4.1. beschriebenen Verfahren effektiv und zuverlässig und leichter zu handhaben sind als die Algorithmen, die Beschränkungen berücksichtigen.

Der einfachste Fall solcher Transformation besteht darin, obere oder untere Grenzen zu berücksichtigen, z. B.:

a) $x \geqq c$ wird ersetzt durch $x = c + e^{\hat{x}}$

b) $l \leqq x \leqq u$ wird ersetzt durch $x = l + (u - l) \cdot (\sin \hat{x})^2$

Die ursprünglichen Beschränkungen werden in den neuen Variablen $\hat{x}$ automatisch eingehalten und enthält der Vektor (19) keine weiteren Restriktionen, kann ein unbeschränktes Problem gelöst werden. In [B. 6] ist eine Übersicht zu solchen Transformationsmöglichkeiten gegeben. Natürlich lassen sich somit nur die simpelsten Probleme lösen, jedoch gelingt es, in einigen Fällen z. B. Nichtnegativitätsbeschränkungen auf einer oder mehreren Variablen des Vektors x so elegant zu berücksichtigen und den Einsatz von Verfahren des Abschnittes 4.2. effektiver zu gestalten oder gar erst möglich zu machen.

Eine allgemeinere Form, Beschränkungen zu berücksichtigen besteht darin, die ursprüngliche Zielfunktion mit Termen zu erweitern, durch die Überschreitungen der Restriktionen bestraft werden (Straffunktion). Diese Terme müssen so aufgebaut sein, daß sie mit Annäherung an die Lösung gegen Null streben und damit das Ausgangsproblem (17) bis (19) lösen. Die einfachste und gebräuchlichste Form der Bildung eines äquivalenten unbeschränkten Problems zum Ausgangsproblem (17) bis (19) ist folgende Straffunktion:

$$\min_x P(x, K) = J(x) + \sum_{i=1}^{l} K_i [h_i(x)]^2 + \sum_{j=1}^{m} K_j \cdot \delta[g_j(x)] \tag{20}$$

mit

$$\delta[g_j(x)] = \begin{cases} 1 & \text{für} \quad g_j(x) < 0 \\ 0 & \text{für} \quad g_j(x) \geqq 0 \end{cases}$$

und

$$l = \dim \{h(x)\}, \qquad m = \dim \{g(x)\}$$

Die Vereinfachung des Problems (Lösung einer unbeschränkten Aufgabe wird durch mehrmalige Lösung von (20) erkauft, denn die Operation min $P(x, K)$ muß für mehrere Straffunktionskoeffizienten durchgeführt werden, bis die Restriktionen genügend genügend eingehalten werden. Dazu werden die Elemente von K vergrößert.

Es existiert eine Vielzahl von Modifikationen der Straffunktionsterme. Eine Übersicht ist [B. 1, B. 3] zu entnehmen. Eine sehr gute theoretische Fundierung der Theorie der Straffunktionstechniken stellt [B. 23] dar.

In eigenen Untersuchungen als sehr effektiv erwies sich das von FIACCO und McCORMICK vorgeschlagene und entwickelte Verfahren SUMT [B.24]. Es benutzt eine Straffunktion folgenden Typs:

$$P(x, r) = J(x) + \frac{1}{r} \cdot \sum_{i=1}^{l} [h_i(x)]^2 - r \cdot \sum_{j=1}^{m} \ln [g_j(x)] \tag{21}$$

Dabei strebt die Folge der Koeffizienten $r = r_0, r_1, r_2 \ldots$ gegen Null.

Das Verfahren stellt hohe programmtechnische und Speicherplatzanforderungen.

4.2.4. Wertung der Verfahren

Neben den in Abschnitt 4.1.3. angeführten Bewertungskriterien soll an dieser Stelle noch der Aufwand und die möglichen Fehlerquellen, die für einen Benutzer erwachsen, der Programme der genannten Optimierungsverfahren als Arbeitsmittel verwendet, hinzugezogen werden.

In einer solchen Wertung haben gradientenfreie Verfahren eindeutige Vorteile gegenüber den Verfahren mit linearer Approximation oder Straffunktionstechniken, denn die Ermittlung problemspezifischer Konstanten und Ableitungen sind, wenn für die betrachteten Optimierungsprobleme überhaupt möglich, mit erheblichem Mehraufwand verbunden.

Das begründet sich damit, daß die untersuchten Optimierungsprobleme meist eine hohe Dimension haben (z. B. Entwurfsprobleme) und folglich Ableitungen numerisch nur mit großen Rechenzeitaufwendungen bestimmt werden können. Hinzu kommt, daß Ableitungen in vielen Fällen nicht existieren (z. B. Modellierung von Phasenübergängen).

Charakteristisch für die zu lösenden Optimierungsprobleme ist weiterhin eine große Zahl von stark nichtlinearen Beschränkungen des Typs (19), z. B.: Beschränkungen in geometrischen Parametern, Durchsätzen, Konzentrationen, Temperaturen und Drücken von Produktströmen. Hinzu kommen Restriktionen resultierend aus den Gültigkeitsbereichen der Modelle.

Die wohl im Moment umfangreichste Beschreibung eines experimentellen Vergleichs von Verfahren zur Lösung beschränkter Optimierungsprobleme ist in [B. 3] enthalten. Der Autor setzt dabei voraus, daß 1. und 2. Ableitungen analytisch angebbar sind. Er kommt zu folgender Rangliste (in abnehmender Wertigkeit):

- GRG (siehe Abschn. 4.2.2.)
- Verfahren der flexiblen Toleranz
- NLP (siehe Abschn. 4.2.2.)
- SUMT
- ROSENBROCK [B. 25]
- GGS (siehe Abschn. 4.2.2.)

Um eine Wertung der Verfahren aus der Sicht der Lösung der Optimierungsprobleme bei Gestaltung und Steuerung verfahrenstechnischer Prozesse vornehmen zu können, seien zwei Tendenzen in den Arbeitsrichtungen auf diesem Gebiet erwähnt.

- Die mathematisch orientierten Autoren (an der Spitze angelsächsische und sowjetische) konzentrieren ihre Untersuchungen fast ausschließlich auf die Entwicklung und Testung von Verfahren mit linearer Approximation und Straffunktionstechniken, da diese Verfahren einer theoretischen Fundierung besser zugänglich sind.
- Die ingenieurtechnisch orientierten Autoren beschäftigen sich zum überwiegenden Teil mit gradientenfreien Verfahren der direkten Suche. Als Beispiel seien [B. 26, 3, 27, 17, 11, 28] genannt. Die Ursachen hierfür liegen in der Nichtverfügbarkeit analytischer Ableitungen und der beschriebenen Ungenauigkeit numerisch ermittelter Gradienten. Somit sind dem Einsatz numerisch empfindlicher Algorithmen (Verfahren mit linearer Approximation und Straffunktionstechniken) objektive Grenzen gesetzt.

Aus dem gegenwärtigen Entwicklungsstand heraus können deshalb zur Lösung von (17) bis (19) vorrangiger gradientenfreie Verfahren gekoppelt mit heuristischer Logik empfohlen werden. In den Anwendungsfällen dominiert dabei als Basisalgorithmus das Verfahren von Box [B. 16].

Um die Vielfalt in der Entwicklung von Optimierungsverfahren bewußt zu steuern, erscheint es wichtig, neben rein experimentellen, rechentechnischen Vergleichen eine wissenschaftlich begründete Bewertung von Verfahren zu erarbeiten. Mit [B. 29] ist ein möglicher Zugang zu dieser Problematik aufgezeigt.

4.3. Kombinationen von Optimierungsverfahren

Ausgehend von der Situation, daß ein einziges dominierendes Optimierungsverfahren zur Lösung der Vielfalt von Problemen nicht existiert, wurden Kombinationen von Optimierungsverfahren geschaffen.

Diese Kombinationsprogramme oder auch automatische Optimierungsprogramme vereinen die Vorteile mehrerer Verfahren. So sind in ihnen Verfahren für beschränkte und unbeschränkte Probleme enthalten, stochastische Suchverfahren zur Lokalisierung der globalen Lösung, direkte Suchverfahren und Abstiegsverfahren für den Fall, daß Gradienten zur Verfügung stehen.

Der Einsatz der einzelnen Verfahren des Programmes kann vom Benutzer oder durch eine nach Erfahrungswerten aufgebaute Prioritätensteuerung gelenkt werden.

In [B. 1] wird über das Kombinationsprogramm AESOP (automated engineering and scientific optimization program) berichtet, daß 9 verschiedene Verfahren enthält. Natürlich haben solche Verfahren einen Speicherplatzbedarf, der nur auf Großrechnern verfügbar ist.

5. Anwendungsbeispiele

An dieser Stelle soll auf die Anwendung der in den Abschnitten 3. und 4. relativ eigenständig abgehandelten Methoden und Verfahren zur Lösung der in Abschnitt 2. beschriebenen Optimierungsaufgaben hingewiesen werden.

Die in Tab. 1 angeführten Anwendungsbeispiele stellen eine Auswahl dar und sind natürlich durch die Arbeitsgebiete der Autoren beeinflußt. Es wurde versucht, in Tab. 1 die Problemklassen anzugeben (nichtlineare, gemischt-ganzzahlige Optimierung und Optimierung unter stochastischen Aspekten), das jeweilige strategische Lösungsvorgehen (Optimierungsmethoden) und die notwendige numerische Auswertung (Optimierungsverfahren).

Bei den Optimierungsverfahren wurde beim Vergleich mehrerer Algorithmen der erfolgreichste in die Tafel aufgenommen. Einigen Literaturstellen sind keine Aussagen über das verwendete Optimierungsverfahren zu entnehmen.

Bei den Dekompositionsmethoden kann nur über Anwendungen der Mehrebenenoptimierung berichtet werden. Die angegebenen Optimierungsverfahren in dieser Rubrik beziehen sich auf die Lösung der lokalen Probleme, da für die Koordination außer bei der Anwendung der Feasible Methode Abstiegsverfahren verwendet werden. Teilweise wurden für die Lösung der lokalen Probleme unterschiedliche Verfahren angewendet (s. [F.23]), darauf wurde jedoch nicht weiter eingegangen.

Tabelle 1: Ausgewählte Beispiele der Anwendung von Optimierungsmethoden und -verfahren.

		Technologisches Beispiel	Optimierungsverfahren	Literatur
Nichtlineare Optimierung	Globale Methoden	Reaktorkaskade	Hooke/Jeeves und Nelder/Mead	[F. 6]
		Williams-Otto-Anlage	COMPLEX/Box	[F. 7]
		Mehrstufiger Reaktionsprozeß	versch. Abstiegsverfahren	[F. 8]
		Reaktorkaskade	Newton/Raphson	[F. 9]
		Methanolanlage	POP (s. 4.2.2.)	[F. 10]
		Erdölverarbeitungsanlage	Nelder/Mead	[F. 11]
		Absorber-Stripper-Anlage	COMPLEX/Box	[F. 12]
		Williams-Otto-Anlage	Newton/Raphson	[F. 31]
		Extraktoren-Anlage	Newton/Raphson	[F. 13]
		Williams-Otto-Anlage	COMPLEX/Box	[F. 14]
		Williams-Otto-Anlage	Rosen	[F. 15]
		Äthylen-Anlage	lineare Appr. (s. 4.2.2.)	[F. 16]
		Verdampfer-Anlage	determ. Suchverf. (s. 4.1.1.1.)	[F. 17]
		Sauerstoff-Anlage	determ. Suchverf. (s. 4.1.1.1.)	[F. 18]
		Polymerisations-Anlage	stochast. Suchverf.	[F. 26]
		Soda-Anlage	steilster Abstieg	[F. 28]
		Methan-Konvertierung		[F. 29]
		Williams-Otto-Anlage	stochast. Suchverf.	[F. 30]
		Alkylat-Herstellung	stochast. Suchverf.	[F. 30]

		Technologisches Beispiel	Optimierungsverfahren	Literatur
Nichtlineare Optimierung	Dekompositionsmethoden	Monochlorbenzolanlage	COMPLEX/Box	[F. 19]
		WILLIAMS-OTTO-Anlage	ROSEN	[F. 15]
		Katalytische Crackanlage	POWELL	[F. 20]
		Acrylnitrilreaktorsystem	COMPLEX/Box	[F. 3]
		Reforming-Anlage	NELDER/MEAD	[F. 21]
		Erdölverarbeitungsanlage	FIACCO/MCCORMICK	[F. 2]
		Wassermengensteuerung	COMPLEX/Box	[F. 23]
		Aluminiumoxid-Anlage	NELDER/MEAD	[F. 24]
		Rübenzucker-Anlage		[F. 25]
		Entsalzungsanlage-Kraftw.		[F. 5]
		Ammoniak-Anlage		[F. 1]
		Äthylen-Anlage		[F. 4]
Optimierung unter stochast. Aspekten		Ammoniakreaktor	POWELL	[D. 1]
		Wärmeübertragernetzwerk	FLETCHER/REEVERS	[D. 6]
		Anilin-Anlage	HOOKE/JEEVES	[F. 27]
Gemischt-ganzzahlige Optimierung		Monochlorbenzolanlage	COMPLEX/Box	[C. 1]
		Monochlorbenzolanlage	stochast. Suchverf.	[C. 3]

Zu beachten ist auch der unterschiedliche Schwierigkeitsgrad der Anwendungsaufgaben. Er reicht von der Lösung eines nichtlinearen Gleichungssystems 2. Ordnung (WILLIAMS-OTTO-Anlage) bis zur Anwendung von Programmsystemen zur Modelldurchrechnung [F. 26].

Als verallgemeinernde Aussage kann festgestellt werden, daß als Lösungsstrategien die globale Methode und die Dekompositionsmethoden mit den Varianten der Mehrebenenoptimierung dominieren. Von den Optimierungsverfahren werden die Algorithmen der determinierten Suche vorrangig angewendet.

6. Zusammenfassung

Der Beitrag stellt sich die Aufgabe, eine Übersicht zu geben über Lösungsvorgehen bei der Bearbeitung von Optimierungsproblemen der Struktursynthese, Auslegung und Steuerung verfahrenstechnischer Systeme. Diese genannten Optimierungsprobleme führen zu den Aufgabenstellungen der nichtlinearen Optimierung, der Optimierung unter stochastischen Aspekten und der gemischt-ganzzahligen Optimierung. Im weiteren wird mit den Optimierungsmethoden das strategische Lösungsvorgehen und mit den Optimierungsverfahren die Algorithmen zur numerischen Ermittlung der Lösung dargestellt und diskutiert. Es wird gezeigt, daß Optimierungsverfahren der gradientenfreien, determinierten Suche im derzeitigen Entwicklungsstand am erfolgreichsten arbeiten. Diese Aussage wird auch durch die Analyse der Anwendungsbeispiele im letzten Abschnitt belegt.

7. Zusammenstellung der verwendeten Formelzeichen

a — Vektor der Strukturvariablen
d — Vektor der Entwurfsvariablen
J — Zielfunktion
p — Vektor der Strukturvariablen
t — Zeit
u — Vektor der manipulierbaren Größen
u' — Vektor der Steuervariablen
x — Vektor der Eingangsvariablen
y — Vektor der Ausgangsvariablen
z — Vektor der Störgrößen

8. Literatur

[A] *Arbeiten mit Übersichtscharakter*

[A. 1] Hartmann, K., Dietzsch, L.: „Modellierung und Simulation verfahrenstechnischer Systeme" in: „Moderne Probleme der chemischen Technologie" Akademie-Verlag, Berlin 1979.
[A. 2] Autorenkollektiv: „*Statische Versuchsplanung und -auswertung in der Stoffwirtschaft*". VEB Deutscher Verlag für Grundstoffindustrie, Leipzig 1974.
[A. 3] Himmelblau, D. M.: „*Process Analysis by Statistical Methods.*" Wiley, New York 1969.
[A. 4] Borodjuk, W. P., Lezki, E. K.: „*Statistische Modellierung verfahrenstechnischer Systeme,*" Akademie-Verlag, Berlin 1976.
[A. 5] Ostrowski, G. M., Wolin, Ju. M.: „*Methoden zur Optimierung komplexer verfahrenstechnischer Systeme.*" Akademie-Verlag, Berlin 1973.
[A. 6] Ray, W. H., Szekely, J.: „*Process Optimization*". Wiley, New York 1973.
[A. 7] Lasdon, L. S.: „*Optimization Theory for Large Systems*". Macmillan, New York 1970.
[A. 8] Ichikawa, A., Umeda, T.: „*Chemical Process Design*". Tokyo 1973 (jap.).
[A. 9] Umeda, T.: „*Studies of the Optimal Design of Chemical Processing Systems*". Dr. Eng. Thesis, Tokyo 1972.
[A. 10] Peschel, M., Riedel, C.: „*Polyoptimierung*". VEB Verlag Technik, Berlin 1976.
[A. 11] Rudd, D. F., Watson, C. C.: „*Strategy of Process Engineering*". Wiley, New York 1968.

[A. 12] Erfurth, H., Just, G.: „*Modellierung und Optimierung chemischer Prozesse und Systeme*". VEB Deutscher Verlag für Grundstoffindustrie, Leipzig 1973.

[A. 13] Rudd, D. F., Powers, G. J., Siirola, J. J.: „*Process Synthesis*". Prentice Hall, Englewood Cliffs 1973.

[A. 14] Erfurth, H., Biess, G.: „*Optimierungsmethoden*". VEB Deutscher Verlag für Grundstoffindustrie, Leipzig 1975.

[A. 15] Damert, K., Balzer, D., Reinig, G.: „*Nichtlineare Optimierung für Modellierung und Prozeßsteuerung*". Akademie-Verlag, Berlin 1976.

[A. 16] Hartmann, K., Kauschus, W., Ostrowski, G.: „Modellierung und Optimierung verfahrenstechnischer Systeme" in: „*Modellierung und Optimierung verfahrenstechnischer Systeme*". Akademie-Verlag Berlin 1976.

[A. 17] Autorenkollektiv: „*Systemverfahrenstechnik II.*" VEB Deutscher Verlag für Grundstoffindustrie, Leipzig 1977.

[A. 18] Gutenbaum, J., Malanowski, K.: Statische und dynamische Optimierung technologischer Prozesse, msr 15 (1972), H. 10, S. 352–358 und H. 11, S. 403–407.

[A. 19] Hartmann, K. (Herausgeber): „*Analyse und Steuerung von Prozessen der Stoffwirtschaft*". Akademie-Verlag und VEB Deutscher Verlag für Grundstoffindustrie, Leipzig 1971.

[A. 20] Bojarinow, A. J., Kafarow, W. W.: „*Optimierungsmethoden in der Chemie und chemischen Technologie*" (russ.), Chimija, Moskau 1975, 2. Aufl..

[A. 21] Beveridge, G. S. G., Schechter: „*Optimization: Theory and Practice.*" Mc Graw-Hill, New York 1970.

[A. 22] Wismer, D. A. (ed.): „*Optimization methods for large-scale systems*". Mc Graw-Hill, New York 1971.

[A. 23] Göpfert, A.: „*Mathematische Optimierung in allgemeinen Vektorräumen*". B. G. Teubner, Leipzig 1973.

[A. 24] Gabassow, R., Kirillowa, F. M.: Über den derzeitigen Stand der Theorie optimaler Prozesse (russ.), Avtomatika i Telemechanika, 9, 1972, S. 31–62.

[A. 25] Polak, E.: „*Computational Methods in Optimization*". Academic Press, New York, 1971.

[A. 26] Murray, F. (Ed.): „*Numerical methods for unconstrained optimization*". Academic Press, New York 1972.

[A. 27] Hadley, G.: „*Nichtlineare und dynamische Programmierung*". Die Wirtschaft, Berlin 1969.

[A. 28] Mesarovic, M. D., Macko, D., Takahara, Y.: „*Theory of Multilevel Hierarchical Systems.*" Academic Press, New York, 1970.

[A. 29] Fletcher, R. (ed.): „*Optimization*". Academic Press, London 1969.

[A. 30] Feldbaum, A. A., Butkowskij, A. G.: „*Methoden der Theorie der automatischen Steuerung*", Nauka, Moskau 1971.

[A. 31] Hlaváček, V.: Analysis and Synthesis of complex plants-steady state and transient behavior, Symposium on Computers in the design and Erection of Chemical plants, Karlovy Vary 1975.

[A. 32] van Rompay, P.: Optimization of chemical plants, Symposium on Computers in the design and Erection of chemical plants, Karlovy Vary 1975.

[A. 33] Bialy, H., Olbrich, M.: „Optimierung". Fachbuchverlag, Leipzig 1975.

[A. 34] Auerbach, D., Grauer, M.: Erfahrungen bei der Anwendung der Mehrebenenoptimierung in „*Modellierung und Optimierung verfahrenstechnischer Systeme*". Akademie-Verlag, Berlin 1976.

[B] *Arbeiten zu statischen Optimierungsproblemen*

[B. 1] Jacoby, S. L. S., Kowalik, J. S., Pizzo, J. T.: „*Iterative Methods for Nonlinear Optimization Problems.*" Prentice-Hall, Inc., Englewood Cliffs 1972.

[B. 2] Hooke, R., Jeeves, T. A.: J. of ACM, Vol. 8, pp. 212, 1961.

[B. 3] Himmelblau, D. M.: „*Applied Nonlinear Programming*". Mc Graw-Hill, N. Y., 1972.

[B. 4] Rosenbrock, H. H.: Comp. J., 3, (1960), pp. 175.

[B. 5] Powell, M. J. D.: Comp. J., 7, 1964, pp. 155–162.

[B. 6] Box, M. J.: Comp. J., 9, 1966, pp. 67–78.

[B. 7] Nelder, J. A., Mead, R.: Comp. J., Vol. 7, pp. 308, 1964.

[B. 8] Rastrigin, L. A.: „*Systeme der extremalen Steuerung*" (russ.). Verlag „Nauka", Moskau 1974.

[B. 9] Fürst, H., Müller, P. H., Nollau, V.: Chem. Technik, 20 (1968), H. 7, S. 400–405.

[B. 10] Schrack, G., Borowski, N.: „*An Experimental Comparison of Three Random Searches*", in Lootsma (ed.), „*Numerical Methods for Nonlinear Optimization*", Academic Press, N. Y. 1972.

[B. 11] Auerbach, D., Grauer, M.: Ein Beitrag zur optimalen Steuerung komplexer Prozeßsysteme mit Verfahren der Mehrebenenoptimierung, Dissertation, TH Leuna-Merseburg 1975.

[B. 12] Fletcher, R., Reeves, C. M.: Comp. J., 7, (1964), pp. 149.

[B. 13] Fletcher, R., Powell, M. J. D.: Comp. J. 6, (1963), Nr. 2, pp. 163.

[B. 14] Fletcher, R.: Comp. J., 13 (1970), Nr. 3, pp. 317.

[B. 15] Murtagh, B. A., Sargent, R. A.: Comp. J., 13 (1970), Nr. 2, pp. 185.

[B. 16] Box, M. J.: Comp. J. 8 (1965), Nr. 1, pp. 42.

[B. 17] Schmidt, S., Schürer, K.: Rechentechnik und Datenverarbeitung, 9 (1975), S. 22–25.

[B. 18] Umeda, T., Ichikawa, A.: Ind. Eng. Chem. Proc. Des. Dev., Vol. 10, Nr. 2, 1971, pp. 229–236.

[B. 19] Rosen, J. B.: SIAM-Journal, Vol. 8 (1960), pp. 181 und SIAM-Journal, Vol. 9 (1961), pp. 514.

[B. 20] Zoutendijk, G.: Methods of Feasible Directions, Elsevier Publishing Company, Amsterdam, 1960.

[B. 21] Abadie, J., Carpentier, J.: „Generalization of the Wolfe Reduced Gradient Method to the Case of Nonlinear Constraints" in R. Fletcher (ed.) „*Optimization*". Academic Press, N. Y., 1969.

[B. 22] Davies, D., Swann, W. H.: „Review of Constrained Optimization" in R. Fletcher (ed.), „*Optimization*". Academic Press, N. Y. 1969.

[B. 23] Fiacco, A., Mc Cormick, G. P.: „*Nonlinear programming-sequential unconstrained minimization techniques*". J. Wiley, N. Y. 1968.

[B. 24] Kuester, J. L., Mize, J. H.: „*Optimization techniques with FORTRAN*". Mc Graw-Hill, N. Y. 1973.

[B. 25] Rosenbrock, H. H., Storey, C.: „*Computational techniques for chemical engineers*", Pergamon Press, Oxford 1966.

[B. 26] Adelman, A., Stevens, W.: AIChE Journ., Vol. 18, Nr. 1, 1972.

[B. 27] Céa, J.: „*Optimisation theórie et algorithmes*". DUNOD, Paris, 1971.

[B. 28] Kleemann, G., Hartmann, K.: Chem. Techn., 27. Jg., H. 12, Dezember 1975, S. 708–711.

[B. 29] Larichev, O. I., Gorvits, G. G.: JOTA, Vol. 13, Nr. 6, 1974, pp. 635–659.

[B. 30] ZENER, C.: „*Engineering Design by Geometric Programming*" (russ.). Mir, Moskau 1973.

[B. 31] RIJCKAERT, M. J., MARTENS, X. M.: AIChE-Journal, Vol. 20, Nr. 4, July, 1974, pp. 742–750.

[B. 32] LASDON, L. S., SCHOEFFLER, J. D.: A Multilevel Technique for Optimization. Preprints JACC, 1965.

[B. 33] BROSILOW, C. B., LASDON, L. S., PEARSON, J. D.: Feasible Optimization Methods for Interconnected Systems. Preprints JACC, 1965.

[B. 34] TATJEWSKI, P.: Coordination of nonlinear programming problems by use of penalty functions, Bdstawy Sterowania, Nr. 1, 1974.

[B. 35] KREPPENHOFER, D.: msr, 19 (1976), H. 2, S. 59.

[B. 36] ZANGWILL, W. I.: „*Nonlinear Programming*". Prentice-Hall, Englewood Cliffs 1969.

[B. 37] ROCKAFELLAR, R. T.: Convex Analysis. Princeton University Press, 1970.

[B. 38] Proceedings of the Workshop Discussion on Multilevel Control. Warszawa, June 1975.

[B. 39] HOFFMANN, U., HOFMANN, H.: „*Einführung in die Optimierung*". Verlag Chemie, Weinheim, 1971.

[B. 40] MANGASARIAN, O. L.: „*Nonlinear programming*". Mc-Graw-Hill, New York 1969.

[C] *Arbeiten zu gemischt-ganzzahligen Optimierungsproblemen*

[C. 1] UMEDA, T., HIRAI, A., ICHIKAWA, A.: Chem. Eng. Sc., 1972, Vol. 27, pp. 795–804.

[C. 2] UMEDA, T., ICHIKAWA, A.: Synthesis of optimal Processing systems by a method of Decomposition, 71-st AIChE-Meeting, Dallas, 1972.

[C. 3] FAN, L. T., CHEN, H. T., ALDIS, D.: An adaptive random Search Procedure for Large Scale Industrial and Process Systems Synthesis, Symposium-Computers in the Design and Erection of chemical Plants, Karlovy Vary, 1975.

[C. 4] FAN, L. T., MISHRA, P. N.: A random Sampling Approach to Process System Design and Synthesis, 76-th AIChE-Meeting, Tulsa, 1974.

[C. 5] DANTZIG, G. B.: „*Lineare Programmierung und Erweiterungen*". Springer-Verlag, Berlin, Heidelberg, New York 1966.

[C. 6] GARFINKEL, R. S., NEMHAUSER, G. L.: „*Integer Programming*". Wiley, New York, 1972.

[C. 7] KORBUT, A. A., FINKELSTEIN, J. J.: „Diskrete Optimierung". Akademie-Verlag, Berlin 1971.

[C. 8] HU, T. CH.: „*Ganzzahlige Programmierung und Netzwerkflüsse*". Oldenburg-Verlag, München, 1972.

[C. 9] STEPHANOPUOLAS, G., WESTERBERG, A. W.: Chem. Eng. Sc., 1976, Vol. 31, Nr. 3.

[D] *Arbeiten zu stochastischen Optimierungsproblemen*

[D. 1] DITTMAR, R.: Optimierung bei Parameterunsicherheit für den Entwurf und die Steuerung verfahrenstechnischer Systeme, Dissertation, TH Leuna-Merseburg, 1976.

[D. 2] CHEN, M. S. K., ERICKSON, L. E., FAN, L. T.: I&EC, Proc. Des. and Develop. **9**, 514 (1970).

[D. 3] CHANG, T. M.: „Sensitivity in Optimum Process Design". Phil. Diss., Morgantown 1967.
[D. 4] WEINRICH, S. D., LAPIDUS, L.: AIChE Journal **17**, 1471 (1971).
[D. 5] SEINFELD, J. H., MC BRIDGE, W. L.: I&EC, Proc. Des. and Develop. **9**, 53 (1970).
[D. 6] TAKAMATSU, T., HASHIMOTO, I., OHNO, H.: I&EC, Proc. Des. and Develop. **9**, 368 (1970).
[D. 7] TAKAMATSU, T., HASHIMOTO, I.: Optimum Design and Operation of Chemical Processes from the View of Point of Sensitivity Analysis, 2nd IFAC Symposium on Sensitivity and Adaptivity, Dubrovnik, 1968.
[D. 8] TAKAMATSU, T., HASHIMOTO, I., SHIOYA, S.: J. of Chem. Engng. of Japan, **6**, 535 (1973).
[D. 9] WATANABE, N., NISHIMURA, Y., MATSUBARA, M.: Chem. Eng. Sci. **28**, 905 (1973).
[D. 10] KITRELL, J. R., WATSON, C. C.: Chem. Eng. Progr. **62**, 79 (1966).
[D. 11] WEN, C. Y., CHANG, T. M.: I&EC Proc. Des. and Develop. **7**, 49 (1968).
[D. 12] NISHIDA, N., ICHIKAWA, A., TAZAKI, E.: I&EC proc. Des. and Develop. **13**, 209 (1974).
[D. 13] NISHIDA, N., ICHIKAWA, A., TAZAKI, E.: AIChE Journal **18**, 561 (1972).
[D. 14] ROHRER, R. A., SOBRAL, M.: IEEE Tans. on Autom. Control **10**, 43 (1965).
[D. 15] DITTMAR, R., HARTMANN, K.: Vortrag: „Anwendung der Empfindlichkeitsanalyse bei der Gestaltung verfahrenstechnischer Systeme", Verfahrenstechnische Jahrestagung der DDR, Dresden 1974.
[D. 16] FELDBAUM, A. A.: „*Grundlagen der Theorie optimaler Automatisierungssysteme*" (russ.). Nauka, Moskau 1966.
[D. 17] PLISKIN, L. G.: „*Optimierung von Fließprozessen*" (russ.). Energija, Moskau, 1975.
[D. 18] ANDREJEW, N. I.: „*Korrelationstheorie statistisch optimaler Systeme*" (russ.). Nauka, Moskau 1966.
[D. 19] BATKOW, A. M.: „*Optimierungsmethoden für statistische Steuerungsaufgaben*" (russ.). Maschinostrojenije, Moskau 1974.
[D. 20] ASTRÖM, K. J.: „*Introduction to stochastic Control Theory*". Academic Press, N. Y. 1970.
[D. 21] JUDIN, D. B.: „*Mathematische Methoden der Steuerung unter Bedingungen unvollständiger Information*" (russ.). Sowjetskoje Radio, Moskau 1974.

[E] *Arbeiten zu Optimierungsmethoden für dynamische Probleme*

[E. 1] PONTRIJAGIN, L. S., BOLTJANSKI, W. G., GAMKRELIDSE, R. W., MISCHENKO, E. F.: „*Mathematische Theorie optimaler Prozesse*" (russ.). Nauka, Moskau, 1969.
[E. 2] LERNER, A. J., ROSENMAN, E. A.: „*Optimale Steuerung*" (russ.). Energija, Moskau, 1970.
[E. 3] TABAK, D., KUO, B. J.: „*Optimal Control by Mathematical Programming*". Prentice-Hall, Englewood Chiffs 1971.
[E. 4] BELLMAN, R.: „*Dynamic Programming*". Princeton University Press, 1957.
[E. 5] BELLMAN, R., DREYFUS, S.: „*Applied Dynamic Programming*". Princeton University Press, 1962.
[E. 6] FAN, L T., WANG, C. S.: „*The Discret Maximum-Principle: A study of Multistage Systems Optimization*". John Wiley, N. Y. 1964.

[E. 7] Athans, M., Falb, P. L.: „*Optimal Control*". Mc-Graw-Hill, N. Y. 1965.
[E. 8] Roberts, S. M.: „*Dynamic Programming in Chemical Engineering and Process Control*". Academic Press, N. Y. 1964.
[E. 9] Aris, R.: „*Optimal Design of Chemical Reactors*". Academic Press, N. Y. 1961.
[E. 10] Fan, L. T.: „*The Continous Maximum Principle*". Wiley, New York 1960.
[E. 11] Zach, F.: „*Technisches Optimieren*". Springer-Verlag, Wien, New York 1974.
[E. 12] Gabassow, P., Kirillowa, F. M.: „*Grundlagen der dynamischen Programmierung*" (russ.). Verlag BGU, Minsk, 1975.
[E. 13] Pierre, D. A.: „*Optimization theory with applications*", Wiley, N. Y. 1969.

[F] *Anwendungsbeispiele*

[F. 1] Titli, A.: Contribution a l'étude des structures de commande hierarchisées en vue de l'optimisation des processus complexes, Thése de Doctorat es Sciences Physiques, Universiti Paul Sabatier, Toulouse, 1972.
[F. 2] Foord, A. G.: On-line optimisation of a petro-chemical complex, Ph. D. Thesis, University of Cambridge, 1974.
[F. 3] Möllmann, T.: Ein Beitrag zur Anwendung hierarchischer Methoden beim Entwurf und bei der Optimierung verfahrenstechnischer Systeme, Dissertation, TH-Leuna-Merseburg, 1975.
[F. 4] Menzies, M. A., Johnson, A. I.: Synthesis of Optimal Energy Recovery Networks using Discrete Methods, Can. J. of Chem. Eng., Vol. 50, April 1972.
[F. 5] Findeisen, W.: Avtomatika und Telemechanika, 34 (1970), H. 9, S. 86—95.
[F. 6] Brusset, H., Depeyre, D., Boeda, M., Melkior, R., Staedtsbaeder, J. L.: Canad. J. Chem. Eng., Vol. 49, December, 1971.
[F. 7] Luus, R., Jaakola, Th, J.: AIChE-J. 19, 645 (1973).
[F. 8] Schäfer, W., Hartmann, K.: Chem. Techn., 22, H. 4, April 1970.
[F. 9] Lee, S. E.: Can. J. Chem. Eng., Vol 47, August 1969.
[F. 10] Shah, M. J., Stillmann, R. E.: Ind. and Eng. Chem., Vol. 62, Nr. 12, Dezember, 1970.
[F. 11] Kleemann, G., Hartman, K.: Chem. Techn. 27, H. 12, Dezember, 1975.
[F. 12] Umeda, T.: Ind. and Eng. Chem., Vol. 8, Nr. 3, Jg. 1969.
[F. 13] Lee, E. S.: AIChE-J., Vol. 15, Nr. 13, May, 1969.
[F. 14] Adelmann, A., Stevens, W. F.: AIChE-J., Vol. 18, Nr. 1, January, 1972.
[F. 15] Jung, B. S., Mirosh, W., Ray, W. H.: Can. J. Chem. Eng., Vol. 49, December, 1971.
[F. 16] Gambro, A. J., Muenz, K., Abrahams, M.: Hydrocarbon Processing, Vol. 52, March, 1972.
[F. 17] Itahara, S., Leonhard, I. S.: Ind. and Eng. Chem., Vol. 7, Nr. 1, January, 1968.
[F. 18] Hellinkx, L. J., Rijckaert, M. J.: Cand. J. Chem. Eng., Vol. 50, Febr., 1972.
[F. 19] Umeda, T., Shindo, A., Tazaki, E.: Ind. Eng. Chem. Process Des. Develop., Vol. 11, Nr. 1, 1972.
[F. 20] Brosilow, C., Nunez, E.: Cand. J. Chem. Eng. 46 (1968), H. 6.
[F. 21] Jankowski, W., Pulaczewski, J.: Multilevel Optimization of Complex quasistatic chemical Process in [B. 38].
[F. 22] White, G. W. T.: Some Studies in the Application of Multilevel optimization at Cambridge University in [B. 38].
[F. 23] Heescher, A., Reinisch, K., Schmitt, R.: On multilevel Optimization of Nonconvex static Problems: Application to Water Distribution of a River System, Vortrag, VI. IFAC-Kongreß, Boston, 1975.

[F. 24] FINDEISEN, W., SZYMANOWSKI, J., PULACZEWSKI, J., BRDYS, M.: Two-level optimization in a Aluminium Oxide Production, Vortrag, V. IFAC-Kongreß, Paris, 1972.

[F. 25] FINDEISEN, W., PULACZEWSKI, J., MANTIUS, A.: Multilevel Optimization and Dynamic Coordination of Mass Flows in a Beet Sugar Plant, IV. IFAC-Kongreß, Warschau, 1969.

[F. 26] GAINES, L. D., GADDY J. L.: Process Optimization by Flow Sheet Simulation, Ind. Eng. Chem., Process Des. Div., Vol. 15, Nr. 1, 1976.

[F. 27] WEISMAN, J., PULIDO, H., KHANNA, ASHOK: Ind. Eng. Chem., Process Des. Dev., Vol. 14, Nr. 1, 1975.

[F. 28] KRITSCHEWSKAJA, E. L., GOGUNSKI, W. D., WARLAMOW, M. L., ROMANZEW, A. S., TRUNOW, M. P.: Chim. Prom., Nr. 1, 1976, S. 35—39.

[F. 29] EGOROW, W. W. u. a.: Chim. Prom., 1975, Nr. 10, S. 761.

[F. 30] LUUS, R., JAAKOLA, T. H. I.: AIChE-J., Vol. 19, Nr. 4, July, 1973.

[F. 31] WILDE, D. J.: Chem. Eng. Progress, Vol 61, Nr. 3, March, 1965.

Ausgleich von Stoffbilanzen bei fehlerhaften Meßwerten

(W. Kauschus)

Резюме:

Описывается алгоритм выравнивания материальных балансов при исходных данных с погрешностами. Особое внимание уделяется вопросам сходимости алгоритма и проверки непротиворечивости результатов выравнивания.

Summary

In the chemical industry, especially in continuous production the problem of the compensation of balances arises as a result of inaccurate measured values. In the present paper, the compensation problem for a chemical unit of the mixer-separator type for imperfect mass flow is solved on the base of the least squares method. For the compensation, the balances of components and the heat balance are taken into account. The aim of this paper is to obtain expressions suitable for use in engineering by special selection of the weight factors in the objective function.

1. Problemstellung

In der chemischen Industrie, hauptsächlich bei kontinuierlicher Produktion, fehlen oft für wesentliche Produkte gesicherte Mengenangaben, weil entweder Messungen ganz fehlen, oder nur eine ungenügende Meßgenauigkeit erreicht wird. Dies führt dazu, daß schon die Stoffbilanzen um verfahrenstechnische Einheiten oder Gruppen von solchen fehlerbehaftet sind. Stützt sich ein erforderliches Ausgleichsverfahren auf die Zielstellung, eine geeignete Fehlerquadratsumme zu minimieren, so erhält man allgemein ein nichtlineares Problem. Die Auflösung der entsprechenden Gleichungen erfordert den Einsatz leistungsfähiger Iterationsverfahren. Nachfolgend wird für eine Klasse von Bilanzgleichungen eine geeignete Zielfunktion formuliert, wodurch das Ausgleichsproblem in einfacher Weise gelöst werden kann.

2. Bilanzgleichungen und Zielfunktion

Betrachtet wird eine verfahrenstechnische Einheit mit k Mengenströmen M. Jeder Strom hat n Komponenten, die durch ihren Massenanteil X angegeben werden. Der Zahlenwert X kann den Wert 0 haben, wenn diese Komponente im betrachteten Strom nicht vorkommt.

Als Beispiel wird eine Zweistoffdestillationskolonne betrachtet.
Die Gesamtmengenbilanz lautet für dieses Beispiel

$$m_E = m_K + m_S$$

und die Bilanz der Schlüsselkomponente

$$m_E x_E = m_K x_K + m_S x_S$$

Sind die Massen m_E, m_K, m_S und die Anteile x_E, x_K und x_S gemessene Größen, so brauchen auf Grund von Meßfehlern die aufgeschriebenen Bilanzgleichungen nicht erfüllt sein. Es sind dann Ausgleichswerte M_E, M_S, M_K und X_E, X_S, X_K zu suchen derart, daß die Bilanzen erfüllt sind. Bevor die Zielstellung für diesen Ausgleich formuliert wird, sind die Bilanzgleichungen hinreichend allgemein aufzuschreiben. Vereinbart man, daß die in den Bilanzkreis eintretenden Mengen negativ und die austretenden positiv aufgeschrieben

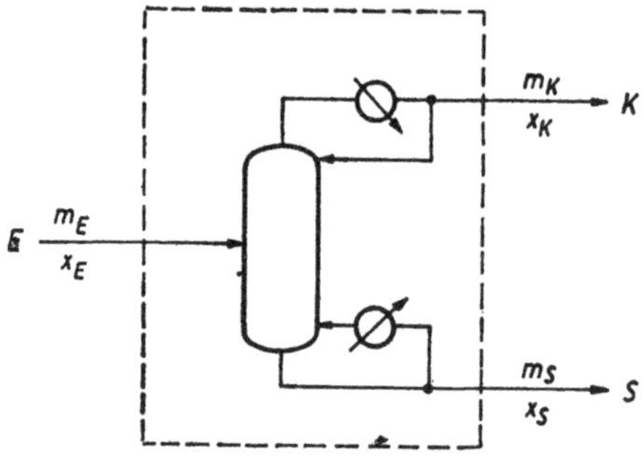

Abb. 1: Bilanzkreis um das System Zweistoffdestillation.

werden (oder auch umgekehrt) dann lautet für k Ströme die Summenbilanz

$$\sum_{i=1}^{k} M_i = 0 \tag{1}$$

Ganz analog lassen sich die Komponentenbilanzen wie folgt aufschreiben

$$\sum_{i=1}^{k} M_i X_{ij} = 0, \qquad j = 1(1)\, n \tag{2}$$

Der Index j kennzeichnet die Komponente, es werden n Komponenten zugelassen. Wie man leicht sieht ist das System der Gln. (1) und (2) überbestimmt. Da die Bilanzen für die Schlüsselkomponente und alle Nichtschlüsselkomponenten aufgeschrieben sind, gilt entsprechend der Definition des Massenanteils

$$\sum_{j=1}^{n} X_{ij} = 1, \qquad i = 1(1)\, k \tag{3}$$

Die Gln. (2) und (3) stellen das System der Stoffbilanzgleichungen dar. Die Summenbilanz ist von diesen linear abhängig, wie die Summation von (2) über j zeigt. Mit (3) folgt aus

$$0 = \sum_{j=1}^{n} \left[\sum_{i=1}^{k} M_i X_{ij} \right] = \sum_{i=1}^{k} M_i \sum_{j=1}^{n} X_{ij} = \sum_{i=1}^{k} M_i$$

sofort die Behauptung. Das System (2) und (3) ist noch zu ergänzen durch die entsprechende Normierungsbedingung (3) für die Meßwerte x_{ij},

$$\sum_{j=1}^{n} x_{ij} = 1, \qquad i = 1(1)\,k \tag{4}$$

die als gültig vorausgesetzt werden kann. Die Bilanzen (2) werden von den Meßwerten m_i und x_{ij} allgemein nicht erfüllt. Es ist eine geeignete Zielfunktion zu bestimmen, um den Ausgleich der Meßwerte vornehmen zu können. Es wird ausdrücklich zugelassen, daß sowohl die Mengen als auch die Massenanteile dem Ausgleich unterworfen werden. Als Zielfunktion bietet sich die gemittelte quadratische Fehlerabweichung der Meßwerte von den Ausgleichswerten an. Da die Mengenwerte m schon von der Dimension her mit den Massenanteilen x, die dimensionslos sind, nicht gut verglichen werden können, liegt es nahe, die Fehlerabweichung nicht auf x sondern auf mx zu beziehen. Ein entsprechender Ansatz für die Zielfunktion lautet ausführlich:

$$Z = \sum_{i=1}^{k} \frac{(M_i - m_i)^2}{p_i} + \sum_{i=1}^{k} \sum_{j=1}^{n} \frac{(M_i X_{ij} - m_i x_{ij})^2}{p_{ij}} \to \text{Min.} \tag{5}$$

Die $p_i > 0$ und $p_{ij} > 0$ stellen zusätzlich anbringbare Gewichte dar, die ursächlich mit der Meßgenauigkeit und gegebenenfalls auch mit den Meßwerten selbst in Zusammenhang gebracht werden können. Mit der Zielfunktion (5) und den Gln. (2) bis (4) ist das Ausgleichsproblem vollständig formuliert. Die Zielfunktion ist quadratisch in den M_i und den X_{ij} und die Nebenbedingungen (2) und (3) sind es ebenfalls.

3. Ausgleichsalgorithmus

Das Extremalproblem Gln. (2) bis (5) wird mit Hilfe der Methode der LAGRANGEschen Multiplikatoren gelöst. Mit den Multiplikatoren u_j und v_i lautet die erweiterte Zielfunktion

$$Z^* = \frac{1}{2} Z + \sum_{i=1}^{k} v_i \left(\sum_{j=1}^{n} X_{ij} - 1 \right) + \sum_{j=1}^{n} u_j \sum_{i=1}^{k} M_i X_{ij} \to \text{Extr.},$$

von welcher ein Extremum gesucht ist. Als notwendige Bedingung müssen insbesondere die partiellen Ableitungen nach den M_i und den X_{ij} verschwinden.

$$\frac{\partial Z^*}{\partial M_i} = \frac{M_i - m_i}{p_i} + \sum_{j=1}^{n} \frac{X_{ij}(M_i X_{ij} - m_i x_{ij})}{p_{ij}} + \sum_{j=1}^{n} u_j X_{ij} = 0 \tag{6}$$

$$\frac{\partial Z^*}{\partial X_{ij}} = \frac{M_i(M_i X_{ij} - m_i x_{ij})}{p_{ij}} + v_i + M_i u_j = 0 \tag{7}$$

Dividiert man die Gl. (7) durch M_i und führt für die v_i die Multiplikatoren $w_i = \frac{v_i}{M_i}$ ein, so lautet Gl. (7)

$$\frac{M_i X_{ij} - m_i x_{ij}}{p_{ij}} = w_i - u_j \tag{8}$$

Multiplikation von (8) mit X_{ij} und Summation über alle j liefert

$$\sum_{j=1}^{n} \frac{X_{ij}(M_i X_{ij} - m_i x_{ij})}{p_{ij}} = w_i \sum_{j=1}^{n} X_{ij} - \sum_{j=1}^{n} X_{ij} u_j$$

Setzt man dies in Gl. (6) ein und benutzt noch Gl. (3) so folgt

$$\frac{M_i - m_i}{p_i} + w_i = 0$$

oder

$$M_i = m_i - p_i w_i, \qquad i = 1(1)\, k \tag{9}$$

Für die X_{ij} folgt aus (8)

$$X_{ij} = \frac{m_i x_{ij} + p_{ij}(w_i - u_j)}{m_i - p_i w_i} \tag{10}$$

Zu bestimmen sind noch die Multiplikatoren w_i und u_j, wozu die Nebenbedingungen (2) und (3) herangezogen werden. Einsetzen von $M_i X_{ij}$ aus (10) in die Bilanzgleichung (2) liefert

$$\sum_{i=1}^{k} [m_i x_{ij} + p_{ij}(w_i - u_j)] = 0 \tag{11}$$

Schließlich liefert Einsetzen von (10) in die Bedingung (3)

$$M_i \sum_{j=1}^{n} X_{ij} = m_i - p_i w_i = \sum_{j=1}^{n} [m_i x_{ij} + p_{ij}(w_i - u_j)]$$

Wegen Gl. (4) folgt weiter

$$p_i w_i + \sum_{j=1}^{n} p_{ij}(w_i - u_j) = 0 \tag{12}$$

Die Gln. (11) und (12) stellen ein lineares Gleichungssystem zur Bestimmung der w_i und u_j dar

$$-\sum_{i=1}^{k} p_{ij}w_i + u_j\sum_{i=1}^{k} p_{ij} = \sum_{i=1}^{k} m_i x_{ij} \tag{13}$$

$$-\left(p_i + \sum_{j=1}^{n} p_{ij}\right) w_i + \sum_{j=1}^{n} p_{ij}u_j = 0 \tag{14}$$

Dieses System kann mit Hilfe des GAUSSschen Algorithmus gelöst werden. Der Grad g hat den Wert $g = k + n$. Da (13) explizit nach den u_j und (14) explizit nach den w_i aufgelöst werden kann

$$u_j = \frac{\sum_{i=1}^{k} (m_i x_{ij} + w_i p_{ij})}{\sum_{i=1}^{k} p_{ij}}, \quad j = 1(1)\, n \tag{15}$$

$$w_i = \frac{\sum_{j=1}^{n} p_{ij}u_j}{p_i + \sum_{j=1}^{n} p_{ij}}, \quad i = 1(1)\, k \tag{16}$$

und entweder (15) in (14) oder (16) in (13) einsetzbar ist, erhält man lineare Gleichungssysteme entweder für die w_i vom Grad $g = k$ oder für die u_j von Grad $g = n$. Der Berechnungsaufwand wird dann minimal, wenn jeweils der kleinere Grad gewählt wird.

$$g = \mathrm{Min}\,(k, n)$$

Von Interesse zum Beispiel für den Vergleich verschiedener Meßwertsätze könnte der Wert der Zielfunktion sein. Aus Gl. (5) folgt mit (9) und (10)

$$Z_0 = \sum_{i=1}^{k} p_i w_i^2 + \sum_{i=1}^{k} \sum_{j=1}^{n} p_{ij}(w_i - u_j)^2$$

Durch Auflösung der Quadrate folgt

$$Z_0 = \sum_{i=1}^{k} w_i^2 \left(p_i + \sum_{j=1}^{n} p_{ij}\right) - 2\sum_{i=1}^{k} w_i \sum_{j=1}^{n} p_{ij}u_j + \sum_{j=1}^{n} u_j^2 \sum_{i=1}^{k}$$

Mit Gl. (14) folgt

$$Z_0 = \sum_{j=1}^{n} u_j \sum_{i=1}^{k} p_{ij}(u_j - w_i)$$

Für die innere Summe erhält man mit Gl. (15)

$$u_j \sum_{i=1}^{k} p_{ij} - \sum_{i=1}^{k} w_i p_{ij} = \sum_{i=1}^{k} m_i x_{ij}$$

Z_0 lautet schließlich

$$Z_0 = \sum_{j=1}^{n} u_j \sum_{i=1}^{k} m_i x_{ij} \tag{17}$$

Ein rechentechnisch besonders einfaches Lösungsverfahren erhält man, wenn man auf (15) und (16) ein Iterationsverfahren aufbaut. Sinnvolle Startwerte gewinnt man aus der Überlegung, daß für sehr große Werte p_i, also für $p_i \to \infty$ sofort $w_i \to 0$ folgt. Mit den Werten w_i werden mittels Gl. (15) neue u_j berechnet, mit diesen mittels Gl. (16) neue Werte w_i und so fort. Bei hinreichender Übereinstimmung der w_i wird die Iteration abgebrochen. Dieses Verfahren ist besonders für große g wegen der Einfachheit brauchbar. Sind die Werte u_j und w_i bekannt, können mit den Gln. (9) und (10) die gesuchten Ausgleichswerte bestimmt werden. Für die programmtechnische Realisierung erhält man den in Abb. 2 dargestellten Ablaufplan.

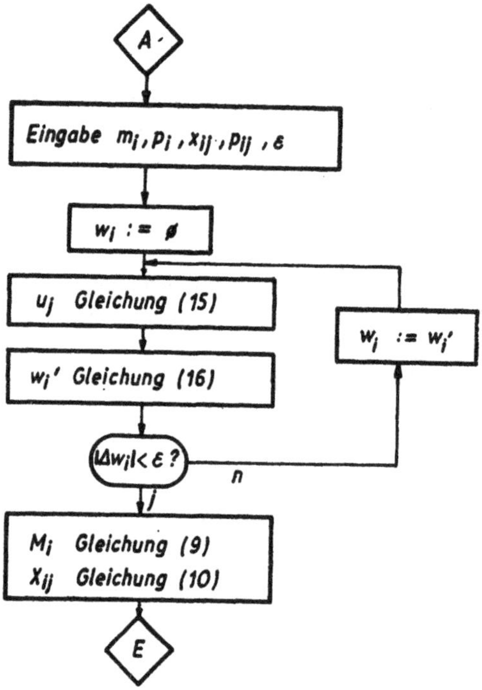

Abb. 2: Programmablaufplan des Ausgleichsverfahrens.

4. Konvergenz des Ausgleichsalgorithmus

Bezüglich der Anwendbarkeit des Iterationsverfahrens sind Konvergenzaussagen von Interesse. Folgende Abschätzungen sind dazu vorzunehmen. Es gelte nach endlich vielen Iterationsschritten mit zwei aufeinanderfolgenden Wertesätzen der w_i für die Differenzen $|\Delta w_i| < \varepsilon$, worin ε eine kleine Fehlerschranke bedeutet. Für die entsprechende Differenz der u_j folgt dann aus Gl. (15)

$$\Delta u_j = \frac{\sum_{i=1}^{k} \Delta w_i \cdot p_{ij}}{\sum_{i=1}^{k} p_{ij}}$$

die Abschätzung

$$|\Delta u_j| \leqq \frac{\sum_{i=1}^{k} |\Delta w_i|\; p_{ij}}{\sum_{i=1}^{k} p_{ij}} \leqq \frac{\sum_{i=1}^{k} \varepsilon p_{ij}}{\sum_{i=1}^{k} p_{ij}} = \varepsilon$$

Aus Gl. (16) folgt damit weiter wegen

$$\Delta' w_i = \frac{\sum_{j=1}^{n} p_{ij}\, \Delta u_j}{p_i + \sum_{j=1}^{n} p_{ij}}$$

sofort die Abschätzung

$$|\Delta' w_i| \leqq \frac{\sum_{j=1}^{n} p_{ij}\; |\Delta u_j|}{p_i + \sum_{j=1}^{n} p_{ij}} \leqq \frac{\varepsilon}{1 + \frac{p_i}{\sum_{i=1}^{n} p_{ij}}}$$

Bei den Abschätzungen wurde $p_{ij} > 0$ wesentlich benutzt. Führt man die Größe q mit

$$q = \operatorname*{Max}_{i} \frac{1}{1 + p_i \Big/ \sum_{j=1}^{n} p_{ij}} \tag{18}$$

ein, die definitionsgemäß positiv und kleiner als 1 ausfällt, so hat man das Ergebnis, daß aus $|\Delta w_i| \leqq \varepsilon$ nach einem Iterationsschritt $|\Delta' w_i| \leqq \varepsilon \cdot q$ folgt. Die erreichte Genauigkeit der w_i hat sich also mindestens um den Faktor $q < 1$ verbessert. Damit ist die beständige Konvergenz des Verfahrens nachgewiesen. Liegen die p_i wertemäßig in der Größenordnung der p_{ij} für festes i, so liegt q gemäß Gl. (17) etwa bei $q \approx 0{,}5$.

5. Spezielle Zielfunktionen

Werden die Gewichte p_{ij} speziell gewählt, so lassen sich gegebenenfalls die Lösungen explizit angeben.

Hier sollen einige solcher Sonderfälle diskutiert werden. Die Ergebnisse sind in Tab. 1 dargestellt.

1. Es werde $p_i \to \infty$, $i = 1(1)\,k$ angenommen.

In diesem Fall sind die Anteile $(M_i - m_i)^2/p_i$ nicht in der Zielfunktion enthalten, die dann lautet

$$Z = \sum_{i=1}^{k} \sum_{j=1}^{n} \frac{(M_i X_{ij} - m_i x_{ij})^2}{p_{ij}} \tag{19}$$

Aus Gl. (16) folgt $w_i \to 0$ für $i = 1(1)\,k$, womit die Größen u_j explizit bestimmt sind

$$u_j = \frac{\sum\limits_{i=1}^{k} m_i x_{ij}}{\sum\limits_{i=1}^{k} p_{ij}}, \quad j = 1(1)\,n \tag{20}$$

Das Produkt $w_i p_i$ hat gemäß Gl. (16) einen endlichen Wert. Der Grenzübergang liefert

$$p_i w_i = \frac{\sum\limits_{j=1}^{n} p_{ij} u_j}{1 + \dfrac{1}{p_i} \sum\limits_{j=1}^{n} p_{ij}} \to \sum_{j=1}^{n} p_{ij} u_j$$

Damit ist die Lösung explizit bestimmt und lautet gemäß Gl. (9) und (10)

$$\left.\begin{aligned} M_i &= m_i - \sum_{j=1}^{n} p_{ij} u_j, \quad i = 1(1)\,k \\ X_{ij} &= \frac{m_i x_{ij} - p_{ij} u_j}{m_i - \sum\limits_{j=1}^{n} p_{ij} u_j}, \quad j = 1(1)\,n \end{aligned}\right\} \tag{21}$$

Die Größen u_j sind der Gleichung (20) zu entnehmen. Der Wert Z_0 für die Zielfunktion lautet explizit

$$Z_0 = \sum_{j=1}^{n} \left(\sum_{i=1}^{k} m_i x_{ij} \right)^2 \Big/ \sum_{i=1}^{k} p_{ij} \tag{22}$$

2. Eine weitere Spezialisierung besteht in der Separierung der Gewichte p_{ij}. Es gelte

$$p_{ij} = a_i b_j, \quad i = 1(1)\,k, \quad j = 1(1)\,n$$

Dieser Ansatz bedeutet, daß die Fehlereinflüsse bezüglich der Komponente einerseits und bezüglich des Stromes andererseits multiplikativ in die Gewichtsfaktoren eingehen. Die Zielfunktion hat die spezielle Gestalt

$$Z = \sum_{i=1}^{k} \frac{1}{a_i} \sum_{j=1}^{n} \frac{(M_i X_{ij} - m_i x_{ij})^2}{b_j} \tag{23}$$

Führt man für die Summe einer Zahlenfolge die Bezeichnung

$$\sum_{i=1}^{k} a_i = [a], \sum_{j=1}^{n} b_j = [b] \quad \text{usw.}$$

ein, so lauten die u_j gemäß (20)

$$u_j = \frac{[mx]_j}{[a]\,b_j}$$

$[mx]_j$ bedeutet, daß die $m_i x_{ij}$ über i summiert werden.

In den Gln. (20) eingesetzt erhält man

$$M_i = m_i - \frac{a_i}{[a]} \left[[mx]_j\right]$$

Durch Vertauschung der Summationsreihenfolge im letzten Faktor folgt unter Benutzung von (4) in der Form $[x]_i = 1$

$$\left[[mx]_j\right] = \left[m[x]_i\right] = [m]$$

Damit gilt

$$\left.\begin{aligned} M_i &= m_i - \frac{a_i}{[a]}\,[m], \quad i = 1(1)\,k \\ X_{ij} &= \frac{m_i x_{ij} - \dfrac{a_i}{[a]}\,[mx]_j}{m_i - \dfrac{a_i}{[a]}\,[m]}, \quad j = 1(1)\,n \end{aligned}\right\} \tag{24}$$

Für den Wert Z_0 der Zielfunktion schließlich folgt aus Gleichung (22)

$$Z_0 = \frac{1}{[a]}\left[\frac{1}{b}\,[mx]^2\right] \tag{25}$$

3. Die im letzten Punkt vorgenommene Zerlegung der Gewichte p_{ij} sei jetzt für die allgemeine Zielfunktion (5) erfüllt, die dann lautet

$$Z = \sum_{i=1}^{k}\left\{\frac{(M_i - m_i)^2}{p_i} + \frac{1}{a_i}\sum_{j=1}^{n}\frac{(M_iX_{ij} - m_ix_{ij})^2}{b_j}\right\} \tag{26}$$

Die Bestimmungsgleichungen für die Größen w_i und u_j (15) und (16) lauten dann

$$u_j = \frac{[xm]_j}{[a]\,b_j} + \frac{[aw]}{[a]} \tag{27}$$

$$w_i = \frac{a_i[bu]}{p_i + a_i[b]} \tag{28}$$

Dabei ist die im vorigen Punkt benutzte Klammerschreibweise auch hier angewendet worden. Die Auflösung der Gleichungen gelingt wie folgt, Multiplikation Gl. (28) mit a_i und Summation über i liefert, da $[bu]$ bezüglich der Summation konstant ist

$$[aw] = \left[\frac{a^2}{p + a[b]}\right]\cdot[bu]$$

Analog liefert Multiplikation von (27) mit b_j und Summation über j

$$[bu] = \frac{[[xm]_j]}{[a]} + \frac{[aw]\,[b]}{[a]} = \frac{[m] + [b]\,[aw]}{[a]}$$

Die letzten beiden Gleichungen stellen ein lineares Gleichungssystem 2. Ordnung für $[bu]$ und $[aw]$ dar, das sofort gelöst werden kann

$$[a]\cdot[bu] = [m] + [b]\left[\frac{a^2}{p + a[b]}\right][bu]$$

$$[bu] = \frac{[m]}{[a] - [b]\left[\frac{a^2}{p + a[b]}\right]} = \frac{[m]}{\left[a - [b]\,\frac{a^2}{p + a[b]}\right]}$$

$$[bu] = \frac{[m]}{\left[\frac{ap}{p + a[b]}\right]} \;\&\; [aw] = [m]\,\frac{\left[\frac{a^2}{p + a[b]}\right]}{\left[\frac{ap}{p + a[b]}\right]} \tag{29}$$

Damit sind auch die u_j und w_i vollständig bestimmt, da nur die Ergebnisse Gln. (29) in (27) und (28) einzusetzen sind.

Die Lösung lautet explizit mit (9) und (10)

$$M_i = m_i - [m] \frac{a_i p_i}{p_i + a_i[b]} \Big/ \left[\frac{ap}{p + a[b]}\right], \quad i = 1(1)\,k \tag{30}$$

Für die X_{ij} erhält man nach einiger Rechnung

$$M_i X_{ij} = m_i x_{ij} - \frac{a_i}{[a]} [mx]_j + \frac{a_i b_j \left(\dfrac{a_i[a]}{p_i + a_i[b]} - \left[\dfrac{a^2}{p + a[b]}\right]\right)}{[a] \left[\dfrac{ap}{p + a[b]}\right]} \cdot [m] \tag{31}$$

Den Wert Z_0 der Zielfunktion Z bestimmt man aus Gl. (17) mit den Beziehungen (28) und (29) zu

$$Z_0 = \frac{1}{[a]} \left[\frac{1}{b} [mx]^2\right] + \frac{[aw]\,[[mx]]}{[a]}$$

$$Z_0 = \frac{1}{[a]} \left[\frac{1}{b} [mx]^2\right] + [m]^2 \frac{\left[\dfrac{a^2}{p + a[b]}\right]}{[a] \left[\dfrac{ap}{p + a[b]}\right]} \tag{32}$$

6. Spezielle Modelltypen

Neben den im letzten Abschnitt dargestellten speziellen Zielfunktionen sollen noch einige Modelltypen betrachtet werden. Erstens kann die Zahl der Ströme gering und die Zahl der Komponenten beliebig sein. Die Mindestzahl der Ströme ist 2, da für die Stoffbilanz mindestens ein Eingangs- und ein Ausgangsstrom erforderlich ist. Zweitens kann die Zahl der Komponenten gering und die der Ströme beliebig sein. Ist nur eine Komponente vorhanden, so reduziert sich das Ausgleichsproblem auf einen reinen Massenausgleich.

1. Es werde der spezielle Modelltyp einer Komponente $n = 1$ betrachtet. In diesem Fall ist nur ein Stoff vorhanden; sowohl der gemessene, als auch der ausgeglichene Massenanteil x_{i1} und X_{i1} hat für alle Ströme gemäß der Gln. (3) und (4) den Wert 1. Die Gleichungen zur Bestimmung der w_i und u_1 lauten

Tabelle 1: **Ergebnisse der Ausgleichsrechnung in Gleichungsform bei verschiedenen Zielfunktionen.**

Variante	1	2	3	4
Gewichte für Massen und Komponenten	$p_i > 0$ beliebig $p_{ij} > 0$ beliebig	$p_i > 0$ beliebig $p_{ij} = a_i b_j > 0$	$p_i \to \infty$ $p_{ij} > 0$ beliebig	$p_i \to \infty$ $p_{ij} = a_i b_j > 0$
Zielfunktion und minimaler Wert	$Z = \left[\frac{(M - m)^2}{p} + \left[\frac{(MX - mx)^2}{p}\right]\right]$ $Z_0 = [u[mx]]$	$Z = \left[\frac{(M - m)^2}{p} + \frac{1}{a} \times \left[\frac{(MX - mx)^2}{b}\right]\right]$ Z_0 Gl. (32)	$Z = \left[\left[\frac{(MX - mx)^2}{p}\right]\right]$ $Z_0 = \left[\frac{[mx]^2}{[p]}\right]$	$Z = \left[\frac{1}{a} \times \left[\frac{(MX - mx)^2}{b}\right]\right]$ $Z_0 = \left[\frac{[mx]^2}{[a]\,b}\right]$
Ausgleichswerte für Massen und Komponenten	$M_i = m_i - p_i w_i$ $M_i X_{ij} = m_i x_{ij} + p_{ij}(w_i - u_j)$ $u_j = [mx + wp]_j/[p]_j$ $w_i = [pu]_i/(p_i + [p]_i)$	$M_i = m_i - [m] \frac{a_i p_i}{p_i + a_i[b]} \times \left[\frac{ap}{p + a[b]}\right]$ $M_i X_{ij} = m_i x_{ij} - \frac{a_i}{[a]} [mx]_j$	$M_i = m_i - \left[p \frac{[mx]}{[p]}\right]_i$ $M_i X_{ij} = m_i x_{ij} - \frac{p_{ij}}{[p]_j} [mx]_j$	$M_i = m_i - \frac{a_i}{[a]} [m]$ $M_i X_{ij} = m_{ij} x_{ij} - \frac{a_i}{[a]} [mx]_j$

gemäß Tab. 1, Spalte 1:

$$w_i = \frac{p_{i1}}{p_i + p_{i1}} u_1$$

$$u_1 = \frac{[m] + [wp]_1}{[p]_1}$$

Es folgt durch Einsetzen von w

$$u_1[p_1] = [m] + \left[\frac{p_1^2}{p + p_1}\right] u_1$$

und schließlich

$$u_1 = \left[\frac{pp_1}{p + p_1}\right]^{-1} [m]$$

Einsetzen in die Gleichung für M_i (Tab. 1) liefert das Ergebnis

$$M_i = m_i - p_i w_i = m_i - \frac{p_i p_{i1}}{p_i + p_{i1}} u_1$$

Betrachtet man in der Zielfunktion (Tab. 1)

$$Z = \left[\frac{(M - m)^2}{p} + \frac{(M - m)^2}{p_1}\right] = \left[\left(\frac{1}{p} + \frac{1}{p_1}\right) (M - m)^2\right]$$

daß diese zwei gleiche Anteile enthält, also das kombinierte Gewicht

$$p_i^* = \frac{p_i p_{i1}}{p_i + p_{i1}}$$

eingeführt werden kann, so gilt

$$M_i = m_i - \frac{p_i^*}{[p_i^*]} [m], \quad i = 1(1)\, k$$

Dieser Modelltyp wurde nur der Vollständigkeit wegen diskutiert. Die Untersuchungen beziehen sich mehr auf Mehrkomponentengemische, für welche echte Messungen für Massenanteile vorliegen.

$$M_i = m_i - p_i^* \frac{\sum_{j=1}^{k} m_j}{\sum_{j=1}^{k} p_j^*} \tag{33}$$

2. Es möge jetzt ein Zweikomponentengemisch vorliegen $n = 2$. Es sind dann gemäß den Gleichungen in Tab. 1, Spalte 1 zwei Größen u_1 und u_2 aus folgendem

linearen Gleichungssystem, das man durch Einsetzen der w_i erhält, zu bestimmen.

$$u_j[p]_j = [mx]_j + \sum_{i=1}^{n} \frac{p_{ij}}{p_i + [p]_i} \sum_{l=1}^{2} p_{il} u_l$$

$$u_j \sum_{i=1}^{k} p_{ij} - \sum_{l=1}^{2} u_l \sum_{i=1}^{k} \frac{p_{ij} p_{il}}{p_i + p_{i1} + p_{i2}} = [mx]_j, \quad j = 1, 2$$

Die Determinante D der Koeffizientenmatrix lautet

$$D = \begin{vmatrix} \sum_{i=1}^{k} \left(p_{i1} - \frac{p_{i1}^2}{p_i - p_{i1} + p_{i2}} \right), & -\sum_{i=1}^{k} \frac{p_{i1} p_{i2}}{p_i + p_{i1} + p_{i2}} \\ -\sum_{i=1}^{k} \frac{p_{i1} p_{i2}}{p_i + p_{i1} + p_{i2}}, & \sum_{i=1}^{k} \left(p_{i2} - \frac{p_{i2}^2}{p_i + p_{i1} + p_{i2}} \right) \end{vmatrix}$$

oder wenn man die Summen mit den Abkürzungen

$$a_j = \sum_{i=1}^{k} \frac{p_i p_{ij}}{p_i + p_{i1} + p_{i2}}, \quad j = 1, 2, \quad a_{12} = \sum_{i=1}^{k} \frac{p_{i1} p_{i2}}{p_i + p_{i1} + p_{i2}} \tag{34}$$

bezeichnet

$$D = (a_1 + a_{12})(a_2 + a_{12}) - a_{12}^2 = a_1 a_2 + (a_1 + a_2) a_{12}$$

Da die Koeffizienten a positiv sind, ist auch die Positivität von D nachgewiesen. Die Größen u_1 und u_2 lauten

$$u_1 = \frac{1}{D} \begin{vmatrix} [mx]_1, & -a_{12} \\ [mx]_2, & a_2 + a_{12} \end{vmatrix}, \quad u_2 = \frac{1}{D} \begin{vmatrix} a_1 + a_{12}, & [mx]_1 \\ -a_{12}, & [mx]_2 \end{vmatrix}$$

Führt man zur Vereinfachung der Schreibweise die Konzentration x_i der Schlüsselkomponente ein

$$x_{i1} = x_i, \quad x_{i2} = 1 - x_i$$

so gilt

$$u_1 = \frac{a_2[mx] + a_{12}[m]}{a_1 a_2 + (a_1 + a_2) a_{12}}, \quad u_2 = \frac{a_1[m(1 - x)] + a_{12}[m]}{a_1 a_2 + (a_1 + a_2) a_{12}} \tag{35}$$

Wegen

$$w_i = \frac{p_{i1} u_1 + p_{i2} u_2}{p_i + p_{i1} + p_{i2}}$$

sind damit die Lösungen M_i und $M_i X_i$ bestimmt

$$M_i = m_i - p_i \frac{p_{i1} u_1 + p_{i2} u_2}{p_i + p_{i1} + p_{i2}} \tag{36}$$

$$M_i X_i = m_i x_i + p_{i1} \frac{p_{i2} u_2 - (p_i + p_{i2}) u_1}{p_i + p_{i1} + p_{i2}} \tag{37}$$

Die Gl. (37) kann naturgemäß nicht symmetrisch sein, da sie die Schlüsselkomponente beschreibt. Der zweite Massenanteil wird $1 - X_i$.

3. Es möge jetzt der Fall kleiner Werte k betrachtet werden. Zunächst soll $k = 1$ untersucht werden. Da nur ein Strom vorliegt (Eingang oder Ausgang) muß der Ausgleichswert $M_1 = 0$ erwartet werden. Dies zeigt die nachfolgende Notierung der Gleichungen Tab. 1, Spalte 1 für diesen speziellen Fall

$$w_1 = [pu]_1/(p_1 + [p]_1)$$

$$u_j = (m_1 x_{1j} + w_1 p_{1j})/p_{1j} = w_1 + m_1 \frac{x_{1j}}{p_{1j}}$$

$$w_1(p_1 + [p]_1) = \left[p\left(w_1 + m_1 \frac{x}{p}\right)\right]_1 = w_1[p]_1 + m_1[x]_1$$

Wegen $[x]_1 = 1$ folgt $w_1 = \frac{m_1}{p_1}$ und in die Gleichung für M_1 eingesetzt

$$M_1 = m_1 - p_1 w_1 = m_1 - p_1 \frac{m_1}{p_1} = 0$$

die Behauptung. Praktisch hat dieser betrachtete Grenzfall keine Bedeutung.

4. Von Bedeutung ist dagegen der Modelltyp zweier Ströme $k = 2$, die den Eingang und den Ausgang einer verfahrenstechnischen Einheit bilden.

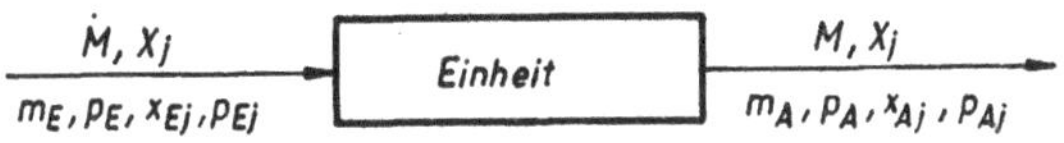

Abb. 3: Modelltyp mit einem Eingang und einem Ausgang.

Zu bestimmen sind die Lösungen w_1 und w_2 des linearen Gleichungssystems, das durch Einsetzen der u_j aus den Gleichungen Tab. 1, Spalte 1 entsteht.

$$w_i(p_i + [p]_i]) = \sum_{j=1}^{n} \frac{p_{ij}}{[p]_j} \sum_{l=1}^{2} (m_l x_{lj} + w_l p_{lj})$$

$$w_i(p_i + [p]_i) - \sum_{l=1}^{2} w_l \sum_{j=1}^{n} \frac{p_{ij} p_{lj}}{p_{1j} + p_{2j}} = \sum_{l=1}^{2} m_l \sum_{j=1}^{n} \frac{p_{ij} x_{lj}}{p_{1j} + p_{2j}}, \quad i = 1, 2$$

Die Determinante der Koeffizientenmatrix lautet

$$D = \begin{vmatrix} p_1 + \sum\limits_{j=1}^{n} \left(p_{1j} - \dfrac{p_{1j}^2}{p_{1j} + p_{2j}} \right), & -\sum\limits_{j=1}^{n} \dfrac{p_{1j} p_{2j}}{p_{1j} + p_{2j}} \\ -\sum\limits_{j=1}^{n} \dfrac{p_{1j} p_{2j}}{p_{1j} + p_{2j}}, & p_2 + \sum\limits_{j=1}^{n} \left(p_{2j} - \dfrac{p_{2j}^2}{p_{1j} + p_{2j}} \right) \end{vmatrix}$$

Führt man die Abkürzung

$$p_0 = \sum_{j=1}^{n} \frac{p_{1j} p_{2j}}{p_{1j} + p_2} = \sum_{j=1}^{n} \frac{p_{Ej} p_{Aj}}{p_{Ej} + p_{Aj}} = \left[\frac{p_E p_A}{p_E + p_A} \right] \tag{38}$$

ein, so folgt

$$D = \begin{vmatrix} p_1 + p_0, & -p_0 \\ -p_0, & p_2 + p_0 \end{vmatrix} = (p_1 + p_0)(p_2 + p_0) - p_0^2$$

$$= p_1 p_2 + (p_1 + p_2) p_0$$

Da die p-Werte nicht negativ und nicht alle Null sind, ist die Positivität von D nachgewiesen. Für w_1 folgt mit der abkürzenden Summenschreibweise

$$Dw_1 = \begin{vmatrix} m_1 \left[\dfrac{p_1 x_1}{p_1 + p_2} \right] + m_2 \left[\dfrac{p_1 x_2}{p_1 + p_2} \right], & -p_0 \\ m_1 \left[\dfrac{p_2 x_1}{p_1 + p_2} \right] + m_2 \left[\dfrac{p_2 x_2}{p_1 + p_2} \right], & p_2 + p_0 \end{vmatrix}$$

oder unter Beachtung von $[x_1] = 1$

$$Dw_1 = m_1 \left\{ p_0 + p_2 \left[\frac{p_1 x_1}{p_1 + p_2} \right] \right\} + m_2 \left\{ p_0 + p_2 \left[\frac{p_1 x_2}{p_1 + p_2} \right] \right\}$$

Mit w_1 ist gemäß den Lösungsgleichungen M_1 bestimmbar. Setzt man

$$M = M_A = -M_E, \quad m_1 = -m_E, \quad m_2 = m_A$$
$$p_1 = p_E, \qquad p_2 = p_A$$

so erhält man für M aus

$$M = m_E + p_E w_1$$

nach einiger Rechnung

$$M = \frac{m_E p_A \left(p_0 + p_E \left[\dfrac{x_E p_A}{p_E + p_A} \right] \right) + m_A p_E \left(p_0 + p_A \left[\dfrac{x_A p_E}{p_E + p_A} \right] \right)}{p_A p_E + p_0 (p_E + p_A)} \tag{39}$$

worin p_0 Gl. (38) zu entnehmen ist.

Da M mit (39) bekannt ist, wird X_j aus folgenden vier Gleichungen

$$\begin{aligned} M &= m_E + p_E w_1 \\ M &= m_A - p_A w_2 \\ \left.\begin{aligned} MX_j &= m_E x_{Ej} - p_{Ej}(w_1 - u_j) \\ MX_j &= m_A x_{Aj} + p_{Aj}(w_2 - u_j) \end{aligned}\right\} & j = (1)\,k \end{aligned}$$

durch Beseitigung von w_1, w_2 und den u_j bestimmt.

Nach einiger Rechnung hat man

$$X_j = \frac{m_E\left(\frac{x_{Ej}}{p_{Ej}} + \frac{1}{p_E}\right) + m_A\left(\frac{x_{Aj}}{p_{Aj}} + \frac{1}{p_A}\right)}{M\left(\frac{1}{p_{Ej}} + \frac{1}{p_{Aj}}\right)} - \frac{\frac{1}{p_E} + \frac{1}{p_A}}{\frac{1}{p_{Ej}} + \frac{1}{p_{Aj}}} \tag{40}$$

Die Ergebnisse dieses Abschnittes sind in Tab. 2 zusammengefaßt. Auf die Angabe des Wertes der Zielfunktion Z_0 wird verzichtet.

7. Sinnfälligkeit des Ausgleichs

Bekanntlich kann bei unsinnigen Meßwerten von den Ausgleichsverfahren nur im beschränkten Umfang erwartet werden, daß noch vernünftige Ausgleichswerte geliefert werden. Ausgehend von den in Tab. 1 dargestellten Ergebnissen sollen Mindestforderungen an die Meßwerte gestellt und diskutiert werden, die sich aus gewissen Mindestforderungen an die Ausgleichswerte ableiten lassen. In den Fällen, in denen die Sinnfälligkeit der Meßwerte nicht erfüllt ist, sind andere Ausgleichsmethoden anzuwenden, beispielsweise können sinnlose Meßwerte aus der Betrachtung ganz herausgenommen werden. Hierüber wird an anderer Stelle zu berichten sein. Zunächst wird ohne Verlust an Allgemeinheit $m_i \neq 0$, $i = 1(1)\,k$ vorausgesetzt. Ist nämlich der Massenstrom an einem Eingang oder Ausgang als Wert o gemessen worden, dann können wegen fehlender Analysen etc. auch keine Massenanteile vorliegen. Ein derartiger Strom ist aus dem Ausgleich ganz herauszunehmen.

Zur Bestimmung einer brauchbaren Bedingung für die Meßwerte m_i selbst wird die Lösung Tab. 1, Spalte 4 betrachtet.

$$M_i = m_i - \frac{a_i}{[a]}\,[m]$$

worin $a_i > 0$ für $i = 1(1)\,k$ und mithin

$$0 < \frac{a_i}{[a]} \leqq 1, \quad \frac{[a]}{a_i} \geqq 1$$

Tabelle 2: **Ergebnisse der Ausgleichsrechnung in Gleichungsform für verschiedene Modelltypen.**

Variante	1	2	3
k Zahl der Ströme	beliebig	beliebig	2
n Zahl der Komponenten	1	2	beliebig
Ausgleichswerte für Massen	$M_i = m_i - \dfrac{\dfrac{p_i p_{i1}}{p_i + p_{i1}}}{\left[\dfrac{pp_1}{p + p_1}\right]} [m]$ $i = 1(1)\, k$	$M_i = m_i - p_i \dfrac{p_{i1}u_1 + p_{i2}u_2}{p_i + p_{i1} + p_{i2}}$, $i = 1(1)\, k$ $u_1 = \dfrac{a_2[mx] + a_{12}[m]}{a_1 a_2 + (a_1 + a_2)\, a_{12}}$ $u_2 = \dfrac{a_1[m(1-x)] + a_{12}[m]}{a_1 a_2 + (a_1 + a_2)\, a_{12}}$ $a_1 = \left[\dfrac{pp_1}{p + p_1 + p_2}\right]$, $a_2 = \left[\dfrac{pp_2}{p + p_1 + p_2}\right]$, $a_{12} = \left[\dfrac{p_1 p_2}{p + p_1 + p_2}\right]$,	$M = \dfrac{m_E P_A + m_A P_E}{p_A p_E + p_0(p_A + p_E)}$ $P_A = p_A \left(p_0 + p_E \left[\dfrac{x_E p_A}{p_E + p_A}\right]\right)$ $P_E = p_E \left(p_0 + p_A \left[\dfrac{x_A p_E}{p_E + p_A}\right]\right)$ $p_0 = \left[\dfrac{p_E p_A}{p_E + p_A}\right]$
Ausgleichswerte für Komponenten	$X_i = 1$ $i = 1(1)\, k$	$M_i X_i = m_i x_i + p_{i1}$ $\times \dfrac{p_{i2}u_2 - (p_i + p_{i2})\, u_1}{p_i + p_{i1} + p_{i2}}$ $i = 1(1)\, k$	$X_j = \dfrac{m_E \left(\dfrac{x_{Ej}}{p_{Ej}} + \dfrac{1}{p_E}\right) + m_A \left(\dfrac{x_{Aj}}{p_{Aj}} + \dfrac{1}{p_A}\right)}{M \left(\dfrac{1}{p_{Ej}} + \dfrac{1}{p_{Aj}}\right)} - \dfrac{\dfrac{1}{p_E} + \dfrac{1}{p_A}}{\dfrac{1}{p_{Ej}} + \dfrac{1}{p_{Aj}}}$ $j = 1(1)\, n$

gilt. Für Ausgangsströme i ist nun wegen $m_i > 0$ sinnvoll auch $M_i \geqq 0$ zu fordern, also

$$m_i - \frac{a_i}{[a]} \geqq 0$$

$$[m] \leqq \frac{[a]}{a_i} m_i$$

Diese Bedingung für Sinnfälligkeit ist noch an die Gewichte gebunden. Da die rechte Seite positiv ist und $[a]/a_i \geqq 1$ gilt, kann sie verschärft werden zu

$$m_i \geqq [m]$$

Für Eingangsströme, für die wegen $m_i < 0$ sinnvoll $M_i \leqq 0$ zu fordern ist, folgt nach gleichen Überlegungen

$$m_i \leqq [m]$$

oder wenn man mit -1 durchmultipliziert

$$-m_i \geqq -[m]$$

Eine einheitliche Darstellung der Bedingung erhält man, indem durch m_i bei Ausgangsströmen und $-m_i$ bei Eingangsströmen dividiert in der Form

$$\frac{[m]}{m_i} \leqq 1, \quad m_i \neq 0, \quad i = 1(1)\,k \tag{41}$$

Am Beispiel der Zweistoffdestillation Abb. 1 soll die Bedingung (41) erläutert werden. Wegen $[m] = m_K + m_S - m_E$ folgt

$$\frac{m_K + m_S - m_E}{-m_E} \leqq 1, \quad \frac{m_K + m_S - m_E}{m_S} \leqq 1, \quad \frac{m_K + m_S - m_E}{m_K} \leqq 1,$$

oder

$$m_K + m_S \geqq 0$$

$$m_K \leqq m_E$$

$$m_S \leqq m_E$$

Die Bedingung besagt also hier, daß sowohl die Kopfstrommenge, als auch die Sumpfstrommenge nicht größer als die Eingangsstrommenge sein können.

Auf gleichem Wege findet man für die einzelnen Komponentenströme $m_i x_{ij}$ eine analoge Bedingung (Tab. 1, Spalte 4 oder Spalte 2)

$$\frac{[mx]_j}{m_i x_{ij}} \leqq 1 \quad \text{für } x_{ij} > 0, \quad i = 1(1)\,k, \quad j = 1(1)\,n \tag{42}$$

nur ist diese Bedingung auf andere Weise zu interpretieren und mit einem Zusatz zu versehen. Werte $x_{ij} = 0$ sind durchaus praktisch sinnvoll, beispielsweise dann, wenn eine Komponente in einem oder mehreren Strömen nicht vorkommt. Will man als sinnvoll erreichen, daß auch der Ausgleichswert X_{ij} in diesen Fällen den Wert 0 hat, dann ist der zugehörige Wert $p_{ij} = 0$ zu setzen. Fordert man diese Nulleigenschaft, so hat man den Zusatz

$$p_{ij} = 0 \quad \text{für} \quad x_{ij} = 0 \tag{43}$$

Da das Gleichungssystem Tab. 1, Spalte 1 für die w_i und u_j kein besonderes Verhalten zeigt, folgt aus $x_{ij} = p_{ij} = 0$ sofort $X_{ij} = 0$ wegen $M_i > 0$.

Die einzige Ausnahme, daß alle p_{ij} einer Komponente gleichzeitig verschwinden, würde bedeuten, daß auch alle x_{ij} Null sind, diese Komponente also nicht existent ist und daher zum Ausgleich nicht zuzulassen ist.

8. Beispiel

Für eine Zweistoffdestillation soll das Ausgleichsverfahren mit einem Zahlenbeispiel demonstriert werden.

Die angeschriebenen Werte in Abb. 4 bedeuten auf der Linie Masse m und Anteil x der Schlüsselkomponente und unter der Bilanzlinie die Gewichte p der Masse, p_1 der Schlüsselkomponente und p_2 der Nichtschlüsselkomponente.

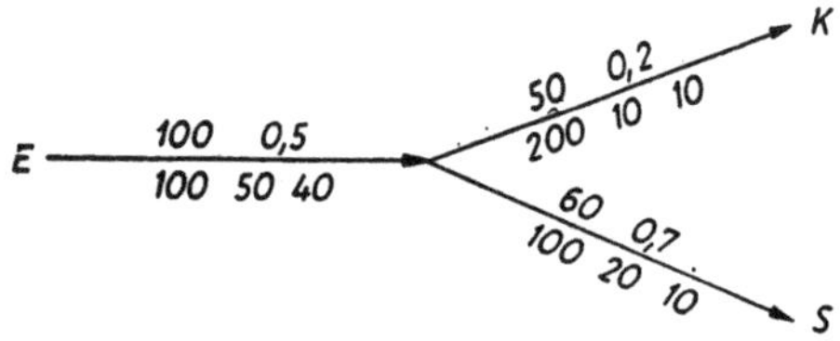

Abb. 4: Zahlenwerte Zweistoffdestillation.

Die Daten lauten in Zeilenvektorschreibweise (Reihenfolge Eingang E, Kopf K, Sumpf S):

$$m^T = (-100,\ 50,\ 60) \qquad p^T = (100,\ 200,\ 100)$$
$$x^T = (0{,}5;\ 0{,}2;\ 0{,}7) \qquad p_1^T = (50,\ 10,\ 20)$$
$$p_2^T = (40,\ 10,\ 10)$$

Zur Überprüfung der Sinnfälligkeit erkennt man aus

$$[m] = -100 + 50 + 60 = 10$$
$$[mx] = -50 + 10 + 42 = 2$$
$$[m(1-x)] = -50 + 40 + 18 = 8,$$

daß die Bedingungen (41) und (42) erfüllt sind.

Gemäß den Gleichungen Tab. 2, Spalte 2, die für $k = 3$ anzuwenden sind, erhält man nach leichten Zahlenrechnungen

$$a_1 = \frac{100 \cdot 50}{190} + \frac{200 \cdot 10}{220} + \frac{100 \cdot 20}{130} = 50{,}79$$

$$a_2 = \frac{100 \cdot 40}{190} + \frac{200 \cdot 10}{220} + \frac{100 \cdot 10}{130} = 37{,}84$$

$$a_{12} = \frac{50 \cdot 40}{190} + \frac{10 \cdot 10}{220} + \frac{20 \cdot 10}{130} = 12{,}52$$

$$[m] = -100 + 50 + 60 = 10$$

$$[mx] = -100 \cdot 0{,}5 + 50 \cdot 0{,}2 + 60 \cdot 0{,}7 = 2$$

$$[m(1 - x)] = [m] - [mx] = 10 - 2 = 8$$

$$a_1 a_2 + (a_1 + a_2)\, a_{12} = 3031$$

$$u_1 = \frac{37{,}83 \cdot 2 + 12{,}52 \cdot 10}{3031} = 0{,}06626$$

$$u_2 = \frac{50{,}79 \cdot 8 + 12{,}52 \cdot 10}{3031} = 0{,}1753$$

$$M_1 = -100 - 100\, \frac{50 \cdot 0{,}06626 + 40 \cdot 0{,}1753}{100 + 50 + 40} = -105{,}44$$

$$M_1 X_1 = -100 \cdot 0{,}5 + 50 \times \frac{40 \cdot 0{,}1753 - (100 + 40)\, 0{,}06626}{100 + 50 + 40} = -50{,}5956$$

$$X_1 = 0{,}480$$

Ganz analog sind M_2, X_2 und M_3, X_3 zu berechnen. Die Ergebnisse lauten

$$M = \begin{pmatrix} -105{,}44 \\ 47{,}80 \\ 57{,}64 \end{pmatrix} \quad \text{und} \quad X = \begin{pmatrix} 0{,}480 \\ 0{,}198 \\ 0{,}714 \end{pmatrix}$$

9. Literatur

[1] Autorenkollektiv: „*Analyse und Steuerung von Prozessen der Stoffwirtschaft*". Akademie-Verlag, Berlin 1971 und VEB Deutscher Verlag für Grundstoffindustrie, Leipzig 1971.

[2] Hoffmann, R., und R. Müller: Mathematische Bearbeitung der technischen Bilanzierung von Chemieanlagen als Baustein der elektronischen Datenverarbeitung. msr (1966) H. 7.

[3] Ackermann, W. G.: „Algorithmus zum automatischen Abgleich von Mengenbilanzen.“ msr 14 (1971) H. 2.
[4] Kaufmann, F., U. Hoffmann und H. Hofmann: „Rechenprogramme zur Bilanzierung von Anlagen“. Chemie-Ingenieurtechnik 1973, H. 7.
[5] Zscheyge, P.: „Bilanzausgleich bei fehlerhaften und fehlenden Meßwerten.“ TH „Carl Schorlemmer“ Leuna-Merseburg, Sektion Verfahrenstechnik, Diplomarbeit, 1976.

Ausgleich von Stoffbilanzen bei teilweise gemessenen Mengenströmen einer verfahrenstechnischen Einheit

(W. Kauschus)

Резюме:

Формулируется задача выравнивания балансов при измерении всех материальных потоков (но с погрешностями) и при неполных исходных данных. Подробно описывается алгоритм для случая непольных исходных данных. Приводится программа расчёта.

Summary

In the chemical industry, especially in continuous production the problem of the compensation of balances arises as a result of inaccurate or completely missing measured values. In the present paper, the compensation problem for a chemical unit of the mixer-separator type for imperfect and partially measured mass flow is solved on the base of the least squares method. For the compensation, the balances of components and the heat balance are taken into account. In this paper, a computer program is given.

1. Aufgabenstellung

1.1. Ausgleich für fehlerhafte Meßwerte

In [1] wurde der Ausgleich für fehlerhafte Messungen der Massen und Massenanteile der Stoffbilanzgleichungen einer verfahrenstechnischen Einheit beschrieben. Bedeuten die m_i bzw. M_i die Massen, x_{ij} bzw. X_{ij} die Massenanteile der j-ten Komponente, so gelten die Bilanzgleichungen

$$\sum_{i=1}^{k} M_i X_{ij} = 0, \quad j = 1(1)\,n \tag{1}$$

$$\sum_{j=1}^{n} X_{ij} = 1, \sum_{j=1}^{n} x_{ij} = 1, \quad i = 1(1)\,k, \tag{2}$$

wobei die Eingangsmassen der verfahrenstechnischen Einheit positiv und die Ausgangsmassen negativ genommen werden (die Umkehrung dieser Festlegung ist ebenfalls möglich). Auf die verfahrenstechnische Einheit (Abb. 1) wirken also k Ströme, worin jeder Strom n Komponenten besitzt. Die Gln. (2) stellen die Normierungsbedingungen für die Massenanteile dar, während die Gln. (1) die eigentlichen Bilanzgleichungen für die n Komponenten bedeuten.

Ausgleichsverfahren wird erforderlich, da die Bilanzgleichungen (1) für die gemessenen Werte auf Grund von Meßfehlern im allgemeinen nicht erfüllt werden. Mit der Zielfunktion

$$Z = \sum_{i=1}^{k} \left\{ \frac{(M_i - m_i)^2}{p_i} + \sum_{j=1}^{n} \frac{(M_i X_{ij} - m_i x_{ij})^2}{p_{ij}} \right\} \to \text{Min.}, \tag{3}$$

die ein Maß für die mittlere Abweichung der Meßwerte m_i und $m_i x_{ij}$ von den ausgeglichenen Werten darstellt, findet man mittels der Methode der LAGRANGEschen Multiplikatoren die Beziehungen

$$\frac{M_i X_{ij} - m_i x_{ij}}{p_{ij}} = w_i - u_j \tag{4}$$

$$\frac{M_i - m_i}{p_i} = -w_i \tag{5}$$

worin die w_i und die u_j die LAGRANGEschen Multiplikatoren bedeuten und die Indizes i und j in den Grenzen $i = 1(1)\,k$ und $j = 1(1)\,n$ variieren.

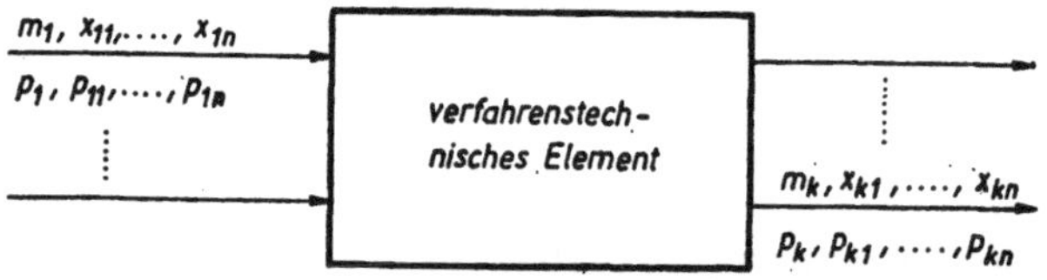

Abb. 1: Meßwerte und Gewichte für eine verfahrenstechnische Einheit.

Setzt man vermöge der Gln. (4) und (5) die M_i und X_{ij} in die Gln. (1) und (2) ein, so erhält man das folgende zu lösende lineare Gleichungssystem für die Multiplikatoren w_i und u_j

$$u_j \sum_{i=1}^{k} p_{ij} = \sum_{i=1}^{k} (m_i x_{ij} + w_i p_{ij}), \qquad j = 1(1)\,n \tag{6}$$

$$w_i \left(p_i + \sum_{j=1}^{n} p_{ij} \right) = \sum_{j=1}^{n} p_{ij} u_j, \qquad i = 1(1)\,k \tag{7}$$

Die Lösung der in [1] beschriebenen Aufgabe ergibt sich so, daß nach Angabe der Meßwerte m_i und x_{ij} aus dem linearen System (6) und (7) die Multiplikatoren w_i und u_j bestimmt werden und danach aus den Gln. (4) und (5) die Ausgleichswerte M_i und X_{ij} ermittelt werden.

1.2. Ausgleich für fehlende Meßwerte

Es seien jetzt einige der Werte m_i nicht gemessen oder nicht meßbar. Ohne Verlust an Allgemeinheit seien dies die Meßwerte der ersten l Ströme $1 \leqq l < k$, gegebenenfalls sind die Ströme entsprechend umzunumerieren. Es sind mithin neben den Ausgleichswerten M_i, $i = 1(1)\,k$ und X_{ij}, $i = 1(1)\,k$, $j = 1(1)\,n$ auch noch die fehlenden m_i, $i = 1(1)\,l$ zu bestimmen. Dazu sind l weitere Bedingungen erforderlich.

Den Zugang zur Lösung erhält man unter Verwendung der gleichen Zielfunktion (3). Ergänzt man Z gemäß (3) in üblicher Weise durch Anfügen der Nebenbedingungen (1) und (2) mittels LAGRANGEscher Multiplikatoren, so erhält man notwendige Bedingungen durch partielle Differentiation der erweiterten Zielfunktion Z nach den zu bestimmenden m_i, $i = 1(1)\,l < k$ und Nullsetzen der Ableitungen. Da weiter in den Nebenbedingungen die m_i explizit nicht vorkommen, genügt es, die entsprechenden partiellen Ableitungen der Zielfunktion (3) gleich Null zu setzen. Im einzelnen folgt aus (3)

$$\frac{1}{2}\,\frac{\partial Z}{\partial m_i} = \frac{M_i - m_i}{p_i} + \sum_{j=1}^{n} \frac{(M_i X_{ij} - m_i x_{ij})\,x_{ij}}{p_{ij}} = 0.$$

Benutzt man die Gln. (4) und (5) so folgt weiter

$$-w_i + \sum_{j=1}^{n} (w_i - u_j)\,x_{ij} = 0$$

$$w_i\left(1 - \sum_{j=1}^{n} x_{ij}\right) + \sum_{j=1}^{n} x_{ij}u_j = 0$$

Beachtet man schließlich noch die Normbedingungen (2) so sind mit

$$\sum_{j=1}^{n} x_{ij}u_j = 0, \qquad i = 1(1)\,l \tag{8}$$

die l gesuchten zusätzlichen Bedingungen gefunden.

Wie man sofort sieht, sind die Gln. (8) in den u_j linear. Mithin stellen die Gln. (6) bis (8) ein lineares Gleichungssystem von $n + k + l$ Gleichungen zur Bestimmung der gleichen Anzahl von Unbekannten u_j, $j = 1(1)\,n$, w_i, $i = 1(1)\,k$ und m_i, $i = 1(1)\,l$ dar. Die Lösung der eingangs genannten Aufgabe ergibt sich nach Bestimmung der w_i, u_j und m_i, indem aus den Gln. (4) und (5) die Ausgleichswerte M_i und X_{ij} ermittelt werden.

2. Lösungsverfahren

2.1. Transformation und Matrizengleichungen

Die Lösungsgleichungen (6) bis (8) stellen ein lineares Gleichungssystem für die Unbekannten m_i, w_i und u_j dar und können daher mit einem beliebigen Algorithmus für derartige Systeme gelöst werden. Es erscheint jedoch zweckmäßig, die spezielle Struktur des Systems zur Auffindung einer spezielleren zeitsparenden Lösungsstrategie heranzuziehen. In diesem Abschnitt sollen daher die Gleichungen durch Ausführung einer Transformation vereinfacht und durch Anwendung der Matrizenschreibweise übersichtlich gestaltet werden. Die Transformation lautet wie folgt:

$$\tilde{m}_i = m_i, \quad i = 1(1)\,k \tag{9}$$

$$\tilde{x}_{ij} = \frac{x_{ij}}{\sqrt{p_{\cdot j}}}, \; i = 1(1)\,k, \quad j = 1(1)\,n \tag{10}$$

$$\tilde{p}_{ij} = \frac{p_{ij}}{\sqrt{p_{\cdot j}(p_i + p_{i\cdot})}} \; i = 1(1)\,k, \quad j = 1(1)\,n \tag{11}$$

$$\tilde{w}_i = \sqrt{p_i + p_{i\cdot}}\; w_i, \quad i = 1(1)\,k \tag{12}$$

$$\tilde{u}_j = \sqrt{p_{\cdot j}} \cdot u_j, \quad j = 1(1)\,n \tag{13}$$

In diesen Gleichungen treten Größen auf mit · an der Stelle des entsprechenden Index; über diesen Index ist zu summieren. Es gilt also als Bezeichnung

$$p_{\cdot j} = \sum_{i=1}^{k} p_{ij}, \quad p_{i\cdot} = \sum_{j=1}^{n} p_{ij} \tag{14}$$

Führt man die Transformation (9) bis (13) aus, so lauten die Gln. (6) bis (8)

$$\tilde{u}_j = \sum_{i=1}^{k} (\tilde{m}_i \tilde{x}_{ij} + \tilde{w}_i \tilde{p}_{ij}), \quad j = 1(1)\,n \tag{15}$$

$$\tilde{w}_i = \sum_{j=1}^{n} \tilde{p}_{ij} \tilde{u}_j, \quad i = 1(1)\,k \tag{16}$$

$$\sum_{j=1}^{n} \tilde{x}_{ij} \tilde{u}_j = 0, \quad i = 1(1)\,l < k \tag{17}$$

Die Gln. (15) bis (17) lassen sich übersichtlich darstellen, wenn folgende Vektoren und Matrizen eingeführt werden.

$$\left.\begin{array}{ll} u = (\tilde{u}_j) & P = (\tilde{p}_{ij}) \\ w = (\tilde{w}_i) & \begin{pmatrix} X \\ X_0 \end{pmatrix} = (\tilde{x}_{ij}) \\ \begin{pmatrix} m \\ m_0 \end{pmatrix} = (m_i) & \end{array}\right\} \tag{18}$$

Dabei ist der Vektor (m_i) und die Matrix (x_{ij}) in die entsprechenden Anteile für variable und gemessene Mengen zerlegt worden. Die Dimensionen der einzelnen Matrizen lauten

$$\begin{aligned} &\dim u = (n, 1) && \dim P = (k, n) \\ &\dim w = (k, 1) && \dim X = (l, n) \\ &\dim m = (l, 1) && \dim X_0 = (k - l, n) \\ &\dim m_0 = (k - l, 1) && \end{aligned} \tag{19}$$

Mit den Bezeichnungen (18) lautet Gl. (15)

$$u = \begin{pmatrix} X \\ X_0 \end{pmatrix}^T \begin{pmatrix} m \\ m_0 \end{pmatrix} + P^T w = (X^T, X_0^T) \begin{pmatrix} m \\ m_0 \end{pmatrix} + P^T w$$

$$u = X^T m + X_0^T m_0 + P^T w$$

Da X_0^T und m_0 gemessene Werte beinhaltet, liegt es nahe, für das Produkt einen konstanten Vektor σ einzuführen

$$b = X_0^T m_0, \qquad \dim b = (n, 1) \tag{20}$$

b — Bilanzanteil, für den Mengenmeßwerte m_0 vorliegen

Die Lösungsgleichungen lauten mithin

$$u = X^T m + P^T w + b \tag{21}$$

$$w = Pu \tag{22}$$

$$Xu = 0 \tag{23}$$

Für den speziellen Fall, daß alle Mengen m_i als Meßwerte vorliegen, also $l = 0$ gilt, ist Gl. (23) und der Anteil $X^T m$ in der Gl. (21) nicht vorhanden.

2.2. Lösung

Zur Festlegung des Lösungsverfahrens ist das System der drei Matrizengleichungen (21) bis (23) näher zu diskutieren. Die unbekannten Vektoren u, w und m sind nacheinander zu eliminieren. Da jeweils 2 von den 3 Vektoren eliminiert werden können hat man 6 Möglichkeiten eines Auflösungsverfahrens. Die bestmögliche Auswahl wird bestimmt von Dimensionsüberlegungen. Hier sei zur Festlegung einer universell anwendbaren Lösungsreihenfolge die heuristische Annahme gemacht, daß die Zahl der Komponenten n immer vertretbar klein sei. Wegen der einfachen Gestalt der Gl. (22) werde zunächst w eliminiert

$$u - P^T P u = X^T m + b$$

$$u = (E - P^T P)^{-1} (X^T m + b) \tag{24}$$

Wegen (19)

$$\dim(E - P^T P) = \dim P^T \cdot \dim P = (n, k) \cdot (k, n) = (n, n)$$

ist eine $n \times n$-Matrix zu invertieren, die mit $\bar{P}$ bezeichnet werden möge.

$$\bar{P} = (E - P^T P)^{-1} \tag{25}$$

Für den Spezialfall, daß alle Mengen m gemessen sind, ist damit die Lösung bereits bestimmt.

Wegen $m = 0$ folgt

$$u = \bar{P}b \quad \text{und} \quad w = \bar{P}Pb \tag{26}$$

wobei in b gemäß (20) die Meßwerte eingehen.

Sind nichtgemessene Mengen vorhanden, so ist aus Gleichung (24) durch Einsetzen in (23) u zu eliminieren

$$X\bar{P}(X^T m + b) = 0$$

$$m = -(X\bar{P}X^T)^{-1} X\bar{P}b \tag{27}$$

Wegen $\dim X\bar{P}X^T = \dim X \cdot \dim P \cdot \dim X^T = (l, n) \cdot (n, n) \cdot (u, l) = (l, l)$ ist hierzu ein lineares Gleichungssystem mit l Unbekannten m zu lösen. Damit sind die nichtgemessenen Werte m gemäß (27) bestimmt. Einsetzen in (24) und (22) liefert explizit u und v.

$$u = \bar{P}[-X^T(X\bar{P}X^T)^{-1}X\bar{P}b + b]$$

$$u = \bar{P}[E - X^T(X\bar{P}X^T)^{-1} X\bar{P}]\, b \tag{28}$$

$$w = P\bar{P}[E - X^T(X\bar{P}X^T)^{-1} X\bar{P}]\, b \tag{29}$$

Sind die Mengen gemessen, dann reduziert sich wegen $X = 0$ die Matrix in der Klammer $[J] = E$ auf die Einheitsmatrix und man hat das Ergebnis (26) erhalten.

2.3. Zielfunktion

Zu Vergleichszwecken ist es erforderlich, gelegentlich den Zielfunktionswert zu kennen. Aus Gl. (3) erhält man mit (4) und (5)

$$Z = \sum_{i=1}^{k} \left\{ p_i w_i^2 + \sum_{j=1}^{n} p_{ij}(w_i - u_j)^2 \right\}$$

$$Z = \sum_{i=1}^{k} \left\{ (p_i + p_{i\cdot})\, w_i^2 - 2w_i \sum_{j=1}^{n} p_{ij} u_j \right\} + \sum_{j=1}^{n} p_{\cdot j} u_j^2$$

Mit den Transformationsgleichungen (9) bis (13) folgt weiter

$$Z = \sum_{i=1}^{k} \left\{ \tilde{w}_i^2 - 2\tilde{w}_i \sum_{j=1}^{n} \bar{p}_{ij}\tilde{u}_j \right\} + \sum_{j=1}^{n} \tilde{u}_j^2$$

Beachtet man weiter Gl. (16), so folgt

$$Z = \sum_{j=1}^{n} \tilde{u}_j^2 - \sum_{i=1}^{k} \tilde{w}_i^2$$

oder in Matrizenschreibweise mit den Festlegungen (18)

$$Z = u^T u - w^T w \tag{30}$$

Mit den im Punkt (22) erhaltenen Ergebnissen wird der Zielfunktionswert noch etwas weiter ausgerechnet.

Mit (22) folgt zunächst

$$Z = u^T u - u^T P^T P u = u^T (E - P^T P)\, u = u^T \bar{P}^{-1} u$$

Einsetzen von u gemäß (28) liefert

$$Z = b^T [E - \bar{P} X^T (X \bar{P} X^T)^{-1} X]\, \bar{P} \bar{P}^{-1}\, \bar{P} [E - X^T (X \bar{P} X^T)^{-1} X \bar{P}]\, b$$

$$Z = b^T \bar{P} [E - X^T (X \bar{P} X^T)^{-1} X \bar{P}]\, b \tag{31}$$

oder, falls der Vektor u bereits berechnet ist, die einfache Form

$$Z = b^T u \tag{32}$$

2.4. Dimensionsbetrachtungen

Es entsteht die Frage, ob die Zahl der nichtgemessenen Mengen beliebig groß sein kann. Es zeigt sich, daß dies nicht der Fall ist.

Zunächst ist diese Zahl kleiner als die Zahl der Ströme, das heißt, mindestens für einen Strom muß ein Meßwert m vorliegen. Andernfalls würde die triviale Lösung $M_i = m_i = 0$ für $i = 1(1)\, k$ alle Bedingungen erfüllen und es wäre der ideale Zielfunktionswert $Z = 0$ erreicht. Diese triviale Lösung ist aber im Sinne der Aufgabenstellung praktisch nicht brauchbar. Daher gilt für l die Beschränkung

$$l < k$$

Eine weitere Beschränkung ergibt sich aus der Betrachtung der Gl. (23). Die Matrix X hat als Meßwertematrix im allgemeinen den maximalen Rang, d. h. es kann ohne Verlust an Allgemeinheit

$$\text{Rg}\, X = \text{Min}\, (l, n)$$

vorausgesetzt werden. Für $l \geqq n$ folgt aber wegen $\operatorname{Rg} X = n$ aus (23) sofort $u = 0$ und aus (22) dann auch $w = 0$. Wegen (32) hat die Zielfunktion den Idealwert $Z = 0$ und Gl. (21) geht über in

$$X^T m + b = 0$$

Für $l > n$ ist wegen (19) $\dim X^T = (u, l)$ die Lösung m nicht eindeutig bestimmt, also nicht angebbar. Nur im Fall $l = n$ folgt eindeutig

$$m = -X^{T-1} b = X^{T-1} X_0{}^T m_0$$

Diese Lösung bedeutet aber $X^T m + X_0{}^T m_0 = 0$

$$\sum_{j=1}^{n} x_{ij} m_j = 0$$

Es wird mit anderen Worten kein Ausgleich mehr vorgenommen. Die fehlenden Meßwerte m_j können in diesem Fall aus den Bilanzgleichungen direkt ermittelt werden. Es ist mithin sinnvoll entweder $l \leqq n$ oder $l < n$ vorauszusetzen; man legt sich zweckmäßig auf den letzten Fall fest, da für den Fall $l = n$ der Ausgleichsalgorithmus und damit auch die Angabe von Gewichten p_i, p_{ij} usw. nicht erforderlich ist. Zusammengenommen ist also die Zahl der nichtgemessenen zulässigen Mengen beschränkt durch

$$l < \text{Min.}\,(k, n) \tag{33}$$

3. Spezieller Fall

3.1. Spezielle Wahl der Gewichte

Die Zahl der auszuwählenden Gewichte p_i und p_{ij} in der Zielfunktion beträgt $k(n + 1)$ und ist zu groß für praktische Anwendungen. Es liegt nahe, insbesondere die $k \cdot n$ Werte p_{ij} spezieller zu wählen, indem man sie den Meßwerten x_{ij} proportional setzt. Der Proportionalitätsfaktor sei von Strom zu Strom verschieden. Mithin gilt

$$p_{ij} = q_i \cdot x_{ij}, \quad i = 1(1)\,k, \quad j = 1(1)\,n \tag{34}$$

Der Ansatz (33) beinhaltet die Hypothese, daß die Massenanteile x_{ij} innerhalb eines festen Stromes i mit etwa der gleichen Genauigkeit gemessen werden. Die Zahl der anzugebenden Gewichte p_i und g_i für die Zielfunktion beträgt damit nur noch $2 \cdot k$.

Für die transformierten Größen folgt aus (34) wegen (11) und (10)

$$\tilde{p}_{ij} = \frac{p_{ij}}{\sqrt{p_{\cdot j}(p_i + p_{i\cdot})}} = \frac{q_i \sqrt{p_{\cdot j}}\, \tilde{x}_{ij}}{\sqrt{p_{\cdot j}}\sqrt{p_i + q_i}}$$

$$\tilde{p}_{ij} = \frac{q_i}{\sqrt{p_i + q_i}}\, \tilde{x}_{ij} \tag{35}$$

Bei der Umrechnung wurde die Norm (2) in folgender Weise benutzt

$$p_{i\cdot} = \sum_{j=1}^{n} p_{ij} = \sum_{j=1}^{n} q_i x_{ij} = q_i \sum_{j=1}^{n} x_{ij} = q_i$$

Bei der Umformung in die Matrixschreibweise ist zu beachten, daß die Matrix $X = (x_{ij})$ geteilt ist. Man schreibt daher für (3.2.) zweckmäßig

$$\begin{pmatrix} \tilde{P} \\ P_0 \end{pmatrix} = (\tilde{p}_{ij}), \quad \begin{pmatrix} Q & 0 \\ 0 & Q_0 \end{pmatrix} = \left(\frac{q_i}{\sqrt{q_i + p_i}} \right), \quad \begin{pmatrix} \tilde{w} \\ w_0 \end{pmatrix} = w \tag{36}$$

worin Q und Q_0 Diagonalmatrizen der Dimensionen $\dim Q = (l, n)$ und $\dim Q_0 = (n - l, n)$ bedeuten, deren Elemente $q_i/\sqrt{q_i + p_i}$ lauten.

Mit den Bezeichnungen (36) folgt für (35)

$$\tilde{P} = QX \quad \text{und} \quad P_0 = Q_0 X_0 \tag{37}$$

Analog ist in Gl. (22) der Vektor w aufzuteilen, wie schon in (36) notiert wurde.

Die Gln. (21) und (22) lauten mithin

$$u = X^T m + \tilde{P}^T \tilde{w} + P_0^T w_0 + b \tag{38}$$

$$\tilde{w} = \tilde{P} u \quad \text{und} \quad w_0 = P_0 u \tag{39}$$

3.2. Lösung

Die Bestimmung der Lösung erfolgt analog zum Abschnitt 2.2. Es ist die Lösung des linearen Systems (23), (38) und (39) unter Beachtung von (37) für die Unbekannten m, u, w_0 und $\tilde{w}$ zu bestimmen. Man erkennt leicht, daß durch die spezielle Wahl der Gewichte $\tilde{w}$ ein Nullvektor wird. Setzt man $\tilde{P}$ aus (37) in (39) ein, so folgt unter Beachtung von (23)

$$\tilde{w} = \tilde{P} u = QXu = Q \cdot 0 = 0$$

Damit reduziert sich das System um l Unbekannte auf

$$\left.\begin{array}{l} u = X^T m + P_0{}^T w_0 + b \\ w_0 = P_0 u,\ P_0 = Q_0 X_0 \\ X u = 0 \end{array}\right\} \tag{40}$$

und hat damit die gleiche Struktur, wie das System (21) bis (23). Der Unterschied besteht lediglich darin, daß die Matrix P auf eine Teilmatrix P_0 reduziert ist und diese die spezielle Struktur Q_0X_0 hat. Damit ist der im Abschnitt 2. entwickelte Lösungsalgorithmus auch hier verwendbar; es ist in $\bar{P}$ gemäß Gleichung (25) nur P_0 an die Stelle von P zu setzen

$$\bar{P} = (E - P_0{}^T P_0)^{-1} \tag{41}$$

Die Lösungen sind dann gegeben durch die Gln. (27), (28) und (42)

$$w = \begin{pmatrix} 0 \\ P_0 u \end{pmatrix} \tag{42}$$

3.3. Spezielle Eigenschaften

Ein wesentliches Ergebnis (42) des vorigen Abschnitts lautet:

$$w_i = 0 \quad \text{für} \quad i = 1(1)\,l \tag{43}$$

Gemäß Gl. (5) folgt daraus

$$M_i = m_i \quad \text{für} \quad i = 1(1)\,l \tag{44}$$

Das heißt, die für die nichtgemessenen Mengen berechneten Mengen m_i stimmen mit den Ausgleichswerten M_i überein, was allgemein, also ohne den Ansatz (34) nicht gilt.

Es sei auch auf einige weitere Folgerungen aus dem speziellen Ansatz (34) hingewiesen. Trägt man (34) in (4) ein, so gilt

$$M_i X_{ij} = m_i x_{ij} - (u_j - w_i)\, q_i x_{ij}$$

und mit (5)

$$X_{ij} = x_{ij}\, \frac{m_i - q_i(u_j - w_i)}{m_i - p_i w_i} \tag{45}$$

Insbesondere folgt wegen (43) für die ersten l Werte

$$X_{ij} = x_{ij} \left(1 - \frac{q_i \cdot u_j}{m_i}\right) \tag{46}$$

Mit anderen Worten ausgedrückt werden die X_{ij} mit x_{ij} klein, da die w_i und u_j und in der Regel auch die m_i für $i = 1(1)\,l$ kein singuläres Verhalten zeigen. Speziell gilt $X_{ij} = 0$ für $x_{ij} = 0$. Damit wird eine praktisch oft erhobene Forderung, daß für verschwindende Massenanteile der Messung auch die entsprechenden Ausgleichswerte verschwinden, erfüllt.

Für die Meßwerte m_i tritt dieses Problem nicht auf, denn wird ein Mengenmeßwert 0 festgestellt, so wird dieser Strom zum Ausgleich überhaupt nicht erst zugelassen.

Die Zielfunktion (3) hat mit dem speziellen Ansatz (34) die Gestalt

$$Z = \sum_{i=1}^{k} \left\{ \frac{(M_i - m_i)^2}{p_i} + \frac{1}{q_i} \sum_{j=1}^{n} \frac{(M_i X_{ij} - m_i x_{ij})^2}{x_{ij}} \right\}$$

Über das Verhältnis p_i/q_i lassen sich daher die Wichtungen der Komponenten zu den Gesamtmengen beeinflussen.

4. Berechnungsprogramm

Als rechentechnische Hinweise genügt es, den Programmablaufplan und einige Erläuterungen zu geben.

Die Eingangsdaten sind so anzuordnen, wie es die folgende Laufanweisung erforderlich macht.

```
for i: = 1 step 1 until k do
begin read g[i], m[i], p[i];
      for j: = 1 step 1 until n do
      read x[i, j], p[i, j];
end;
```

Im reduzierten Fall (34) entfällt die Eingabe der Gewichte p_{ij} und es werden die Werte q_i nach dem entsprechenden Wert p_i eingelesen.

Bei der Ausgabe der Ergebnisse werden die Eingangsdaten zur Kontrolle und zum Vergleich mit ausgegeben.

Die obige Liste ist durch die Ausgleichswerte M_i und X_{ij} zu ergänzen.

```
for i: = 1 step 1 until k do
begin print g[i], M[i], m[i], p[i];
      for j: = 1 step 1 until n do
      print X[i, j], x[i, j], p[i, j];
end;
```

Je nach der genannten Zahl der Komponenten kann der Druck auf Schnelldrucker in Listenform erfolgen. Analog kann der reduzierte Fall (34) realisiert werden. Welcher Fall vorliegt, kann durch eine ganzzahlige Kennzahl angemerkt werden, $r = 0$ gilt im reduzierten und $r = 1$ im allgemeinen Fall.

Es ist sinnvoll, die Ströme so zu sortieren, daß nichtgemessene Ströme im

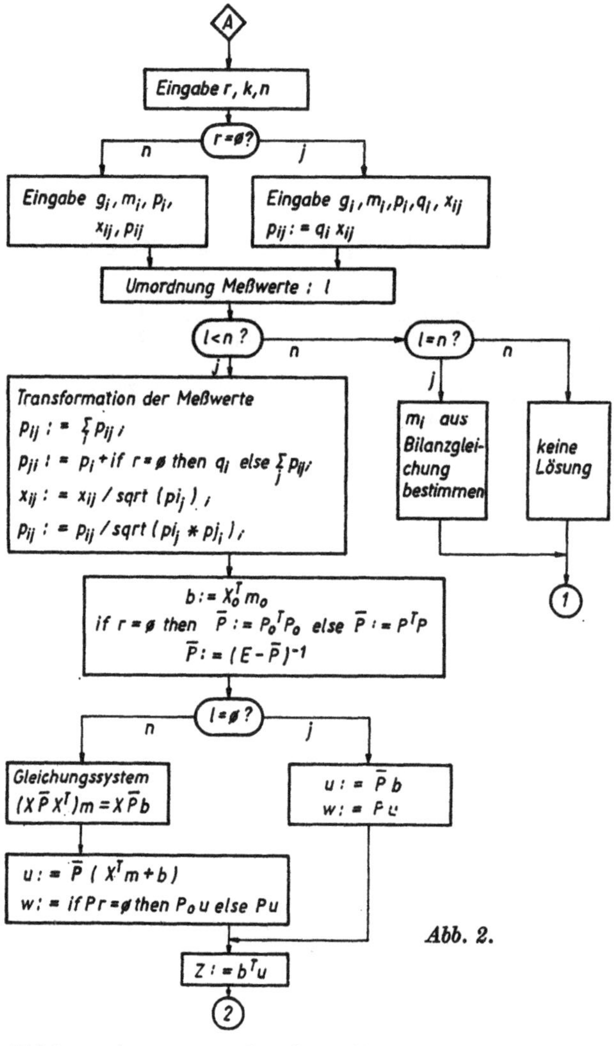

Abb. 2.

Kopf des Feldes stehen; es werden dazu die g_i wie folgt benutzt und die Größe l gebildet.

```
l: = ø;
for i: = 1 step 1 until k do
if g[i] > ø then
begin l: = l + 1;
      g[i]: = l;
      tausch (i, l);
end;
```

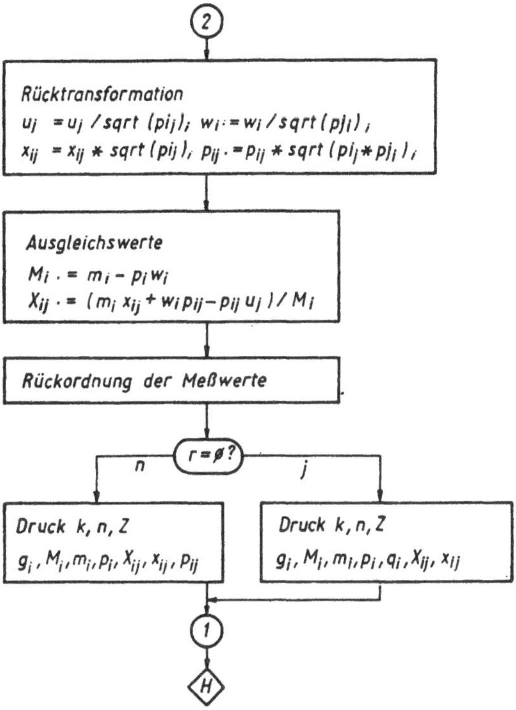

Abb. 2: Programmablaufplan für die Ausgleichsrechnung.

Mehrmaliges Tauschen derselben Zeile ist zugelassen. Vor dem Druck der Ergebnisse erfolgt der Rücktausch wie folgt

for i: $=$ k **step** -1 **until** 1 **do**
if $g\ [i] < \varnothing$ **then**
begin tausch (i, $g[i]$);
$g[i]$: $=$ 1;
end;

Das Berechnungsprogramm wird abgebrochen, falls l die Bedingung $l <$ Min. (n, k) verletzt. Der Sonderfall $l = 0$ wird durch Verzweigung berücksichtigt, das heißt, der Ausgleich wird auch durchgeführt falls alle Mengenmeßwerte vorliegen. Der Programmablaufplan ist in Abb. 2 dargestellt.

5. Literatur

[1] „Ausgleich von Stoffbilanzen bei fehlerbehafteten Meßwerten." Vorliegender Sammelband.

Bei Fragen zur Produktsicherheit wenden Sie sich bitte an:
If you have any questions regarding product safety,
please contact:

Walter de Gruyter GmbH
Genthiner Straße 13
10785 Berlin
productsafety@degruyterbrill.com